この一冊で安心

Google Pixel 9 /9 Pro/9 Pro XL/9 Pro Fold スタートブック

原田和也 著

本書の利用機種とOSバージョン

本書の掲載情報は、Google Pixel 9 ProにAndroid OSバージョン15をセットアップした環境で解説しております。Pixel 9シリーズの機種やAndroid OSのバージョンによっては、異なる部分があります。またAndroid OSやアプリは、アップデートによって更新されていきますので、ご利用の環境などによって機能や操作画面が変更されている場合があります。

本書に関するお問い合わせ

この度は小社書籍をご購入いただき誠にありがとうございます。小社では本書の内容に関するご質問を受け付けております。本書を読み進めていただきます中でご不明な箇所がございましたらお問い合わせください。なお、ご質問の前に小社Webサイトで「正誤表」をご確認ください。最新の正誤情報を下記のWebページに掲載しております。

本書サポートページ https://isbn2.sbcr.jp/30140/

上記ページに記載の「正誤情報」のリンクをクリックしてください。
なお、正誤情報がない場合、リンクをクリックすることはできません。

ご質問送付先

ご質問については下記のいずれかの方法をご利用ください。

Webページより

上記のサポートページ内にある「この商品に関する問い合わせはこちら」をクリックすると、メールフォームが開きます。要綱に従ってご質問をご記入の上、送信ボタンを押してください。

郵送

郵送の場合は下記までお願いいたします。

〒106-0032
東京都港区六本木2-4-5
SBクリエイティブ　読者サポート係

はじめに

Google Pixel 9シリーズの登場により、私たちの生活に生成AI技術がより身近になりました。その進化は目覚ましく、カメラ関連の機能を中心としてAIが導入され、手軽に、そして誰でも最新の技術に触れながらプロフェッショナルなテクニックを効率的に取り扱えるようになっています。もちろん、Googleの音声AIアシスタントも健在で、さらに自然な会話で私たちの生活をサポートしてくれます。

本書は、はじめてGoogle Pixel 9シリーズを使うユーザーや、もっと便利に使いこなしたい人に向けたガイドブックです。初心者でも、手順通りに操作すれば基本的な操作が自然と身に付くようになっています。
みなさまが安心して、より便利にスマートフォンを使う助けとなれば幸いです。ぜひ手に取ってみてください。

2024年11月
原田　和也

ご購入・ご利用の前に必ずお読みください

- 本書では、2024年11月現在の情報に基づき解説を行っています。
- 画面および操作手順の説明には、以下の環境を利用しています。他機種やAndroid OSのバージョンによっては異なる部分があります。あらかじめご了承ください。
  - ・端末：Google Pixel 9 Pro
  - ・Android OSのバージョン：Android 15
  - ・画面：ダークモードをオフ（P.192参照）
- スマートフォンがモバイル通信もしくはWi-Fiに 接続されていることを前提にしています。
- 本書の発行後、Android 15がアップデートされた際に、一部の機能や画面、操作手順が変更になる可能性があります。また、アプリのサービスの画面や機能が予告なく変更される場合があります。あらかじめご了承ください。

目次 | Contents

Pixelの基本操作を知ろう

Chapter 3

SMSやメールを使おう

Chapter 4

写真・動画を楽しもう

Chapter 6 Pixelを便利に使いこなす設定をしよう

トラブル対策・その他

Google Pixel 9シリーズとは

2024年8月に発表されたGoogleのPixel 9シリーズには、4機種あります。本書では、Google Pixel 9 Proを使用して操作を解説しています。

	Pixel 9	Pixel 9 Pro	Pixel 9 Pro XL	Pixel 9 Pro Fold
サイズ（※広げた状態）	約W72.0×H152.8×D8.5mm		約W76.6×H162.8×D8.5mm	約W150.2×H155.2×D5.1mm
ディスプレイ（外部カバー）	約6.3インチ		約6.8インチ	約6.3インチ
重量	約198g	約199g	約221g	約257g
最大輝度	1,800 ニト（HDR）	2,000 ニト（HDR ）		1,800 ニト（HDR）
充電（有線）	27 W		37 W	21 W
バッテリー容量	4,700 mAh		5,060 mAh	4,650 mAh
ワイヤレス充電	○			
防塵／防水性能	IP68			IPX8
メモリ	12GB	16 GB		
ストレージ	128 GB / 256 GB	128 GB / 256 GB / 512 GB		256 GB / 512 GB
プロセッサ	Google Tensor G4			
生体認証	指紋／顔			
背面カメラ	50MP×48MP	50MP×48MP×48MP		48MP×10.5MP×10.8MP
前面カメラ	10.5MP	42MP		10MP
超解像ズーム（動画）	7倍	20倍		
超解像ズーム（写真）	8倍	30倍		20倍

Google Pixelの基本操作

タップ（ダブルタップ）

画面を指で叩くことを「タップ」、2回叩くことを「ダブルタップ」といいます。

タッチ（ロングタッチ）

画面に触れることを「タッチ」、長押しすることを「ロングタッチ」といいます。

ドラッグ＆ドロップ

長押ししながら指を動かすことを「ドラッグ」、指を離すことを「ドロップ」といいます。

ピンチイン／ピンチアウト

画面を2本の指で摘まむように近づけることを「ピンチイン」、遠ざけることを「ピンチアウト」といいます。

スワイプ／スライド

指を任意の方向にすばやく短く動かすことを「スワイプ」、ゆっくりと動かすことを「スライド」といいます。

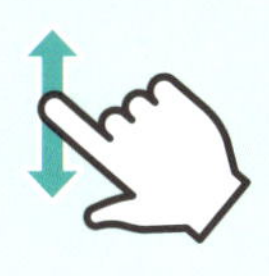

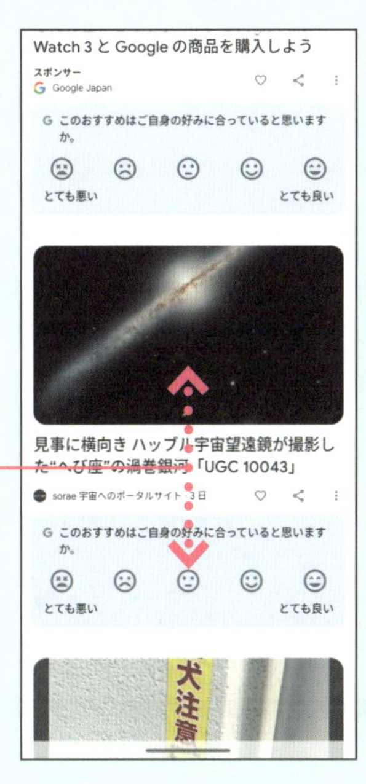

Android 15の主な追加機能

Googleの最新OSであるAndroid 15では、セキュリティ機能が大幅に強化され、他人に見られないようにアプリを隠せるプライベートスペース機能や、端末がひったくられたり、奪われたりするのを感知して自動的にロックがかかる盗難保護機能が追加されました。

プライベートスペース機能

盗難保護機能

充実したAI機能

Google Pixelシリーズの従来のGoogleデジタルAIアシスタントはGoogleアシスタントですが、Google Pixel 9シリーズでは、デフォルトでGeminiに設定されており、さらにスムーズな会話ができるGemini Liveや画像生成機能が利用できるようになりました。また、写真の編集機能やカメラの撮影機能にも充実した新たなAI関連機能の強化も進められています。なお、機能の詳細は、機種別に操作が異なる場合があります。自分の端末を確認して調べてみましょう。

Gemini

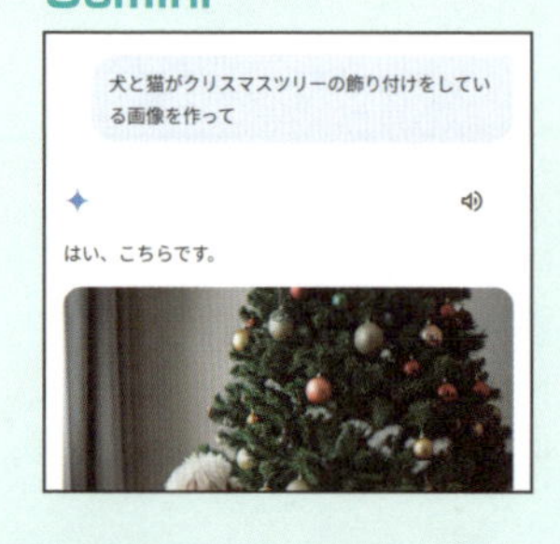

Gemini Live

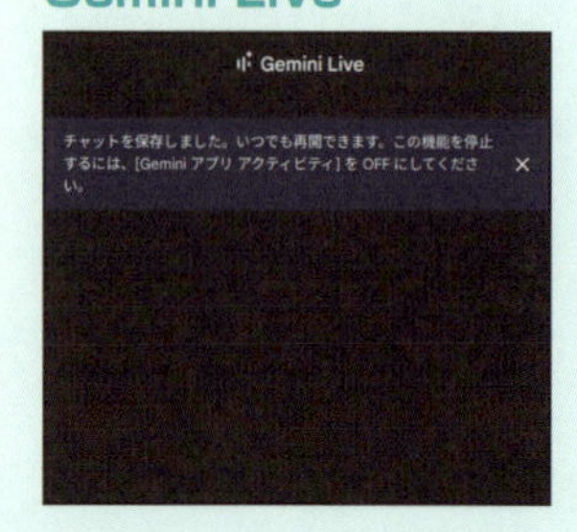

「一緒に写る」機能

Chapter

1

Pixelの基本操作を知ろう

画面構成を知ろう

スマートフォンのホーム画面には、アプリやウィジェット、通知アイコンなどが表示されており、さまざまな情報にアクセスできます。本書では、Pixel 9 Proを使って画面構成を解説します。

Pixel 9 Proのホーム画面

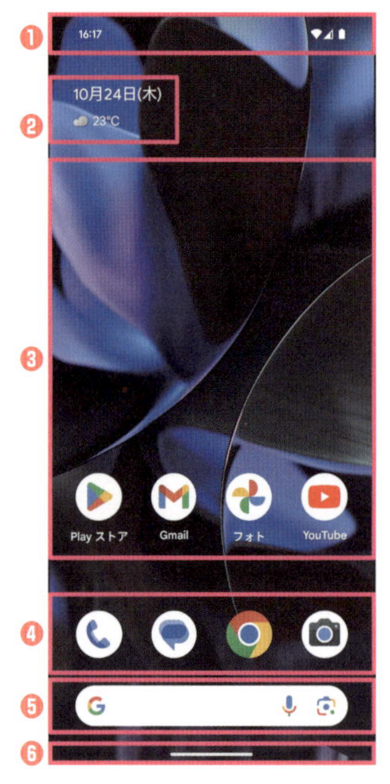

❶ステータスバー
通知アイコンやステータスアイコンが表示されます。

❷スナップショット
Pixel固有のウィジェットです。天気や予定などの情報がGoogleサービスやアクティビティに基づいてホーム画面やロック画面に表示されます。

❸スクリーン
アプリアイコンやフォルダ、ウィジェットなどを好きな位置に配置して画面をカスタマイズできます。

❹ドック
ホーム画面を切り替えても常時表示される領域です。使用頻度の高いアプリを登録しましょう。

❺Google検索ウィジェット
キーワードを入力して、Google検索を行えます。

❻ナビゲーションバー
ナビゲーションキーが表示されます。ここではジェスチャーナビゲーションが設定されています。

TIPS スナップショットの設定

スナップショットは、ホーム画面を長押しして、「カスタマイズ」→「スナップショット」→「OFFにする」をタップすると、非表示に切り替えられます。また、デフォルトでは現在地の天気情報が表示されていますが、「スナップショット」を長押しして、「カスタマイズ」をタップし、「スナップショット」の⚙をタップすると、表示するコンテンツなど変更できます。

COLUMN

通知アイコンとステータスアイコン

ホーム画面上部のステータスバーには、左側に通知アイコンが、右側にステータスアイコンが表示されます。通知アイコンではアプリからの情報が、ステータスアイコンでは、Pixel 9の現在の状態が確認できます。

通知アイコンの例	ステータスアイコンの例
新着Gmailあり	サイレントモード
新着メッセージあり	Wi-Fi接続中
不在着信あり	データ通信状態
データをダウンロード中	電池の状態

ホーム画面を切り替える

1 複数のホーム画面になっている場合、左方向にスワイプします。

2 ホーム画面が切り替わります。右方向にスワイプすると戻ります。

HINT ホーム画面が3枚以上になった場合、左右にスワイプを連続して切り替えられます。一番左のホーム画面で右方向にスワイプすると「Google」アプリのGoogle Discoverになります（P.129参照）。

ロック画面とスリープ

Pixel 9を起動中に電源ボタンを押したり一定時間操作しなかったりすると、画面が消灯してスリープモードになります。画面をタップ、電源ボタンを押す、本体を持ち上げる、といったことをすると、ロック画面が表示されます。

スリープモードからホーム画面を表示する

1 起動中に電源ボタンを押します。

2 画面が消灯し、スリープモードになります。再度電源ボタンを押します。

3 ロック画面が表示されます。画面を上方向にスワイプします。

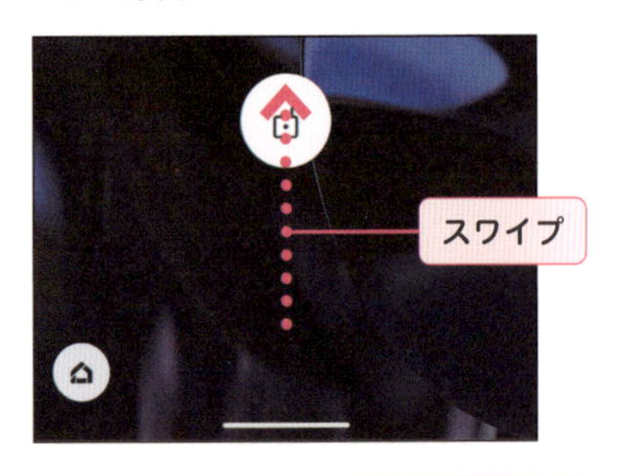

HINT 画面ロック（P.174～175参照）を設定している場合は認証します。

4 ロックが解除され、ホーム画面が表示されます。

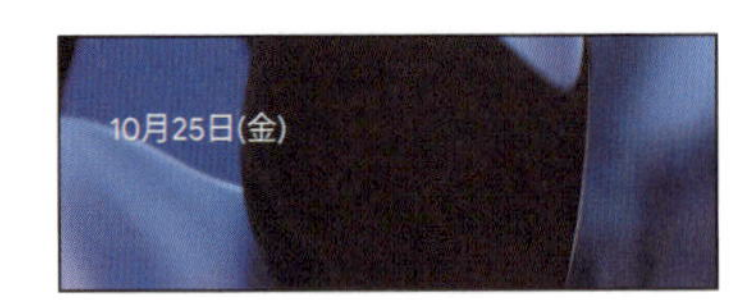

TIPS 画面消灯の時間を設定

「設定」アプリを起動し（P.021参照）、「ディスプレイとタップ」→「画面消灯」をタップし、スリープ状態になるまでの時間をタップして選択します。画面消灯するまでの時間を長くすると、バッテリー消費量が多くなります。

電源ボタンと音量ボタン

Pixel 9の電源ボタンと音量ボタンは、端末の右側にあり、長押ししたり、同時に押したりすることで、電源のオン／オフの切り替えや音量の調整ができます。

電源をオン／オフにする

1 電源オフの状態で、電源ボタンを長押しします。

2 電源が入り、ロック画面が表示されます。

3 電源ボタンと音量ボタンの上部を同時に押します。

4 「電源を切る」をタップします。

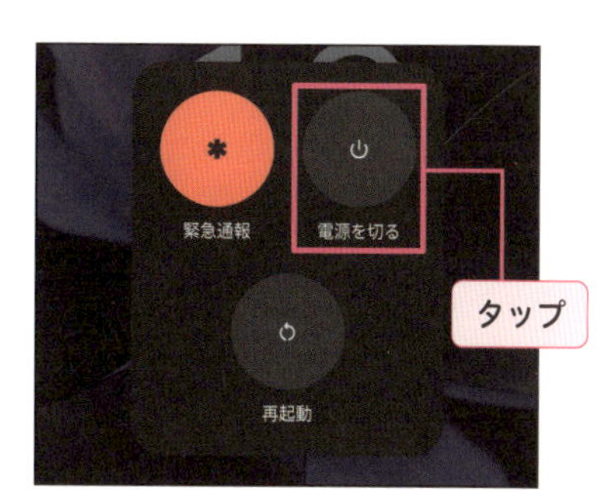

HINT 再起動をするには「再起動」を、消防や警察に発信するには「緊急通報」をタップします。

音量を調整する

音量ボタンを押すと、音量設定メニューが表示されPixel 9の音量を調整できます。また、メニュー上部の色付きのアイコンが、現在設定されている音声モード（ここでは着信音アイコン）です。タップすると、3つのアイコンが表示されバイブレーションやミュートに変更できます。

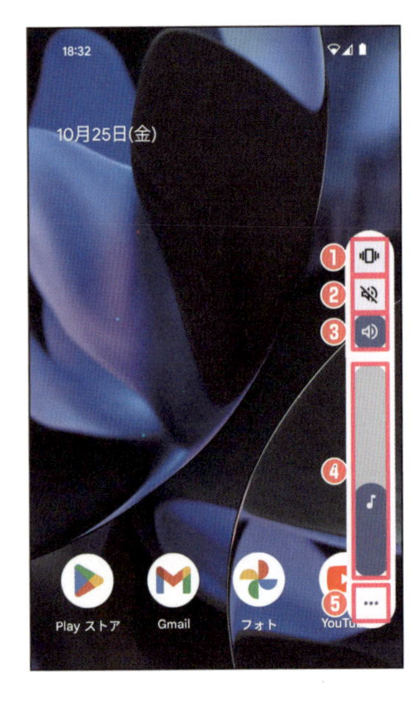

❶バイブレーションアイコン
着信音と通知音がミュートされ、バイブレーションがオンになります。

❷ミュートアイコン
着信音と通知音とバイブレーションがミュートされます。

❸着信音アイコン
着信音と通知音がオンになります。

❹音量スライダー
上下にスライド、または音量ボタンを押すと、メディアの音量（音楽、ゲーム、動画など）を調整できます。

❺その他アイコン
「メディア」「通話」「着信音」「通知」「アラーム」の音量調整メニューが表示されます。

TIPS カテゴリごとに音量をさらに調整する

上の画面で❺の…（その他アイコン）をタップすると、「メディア」「通話」など、各カテゴリごとに音量を調整できます。スライダーを左右に動かして「完了」をタップして確定します。「設定」をタップすると、「設定」アプリが起動し、音量調整画面が表示されます。

Googleアカウントを設定しよう

Pixel 9を使いこなすには、利用者のGoogleアカウントが必要です。セットアップ時に設定や作成ができますが、あとから設定することも可能です。ここでは、新しくGoogleアカウントを作成して、Pixelに設定してみます。

Googleアカウントを作成する

1 「すべてのアプリ」画面（P.028参照）で（設定）をタップして、「設定」アプリを起動します。

2 「パスワード、パスキー、アカウント」をタップします。

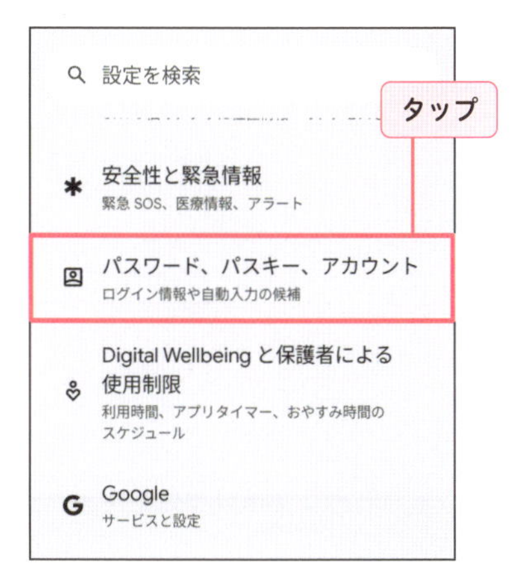

3 「アカウントを追加」をタップします。

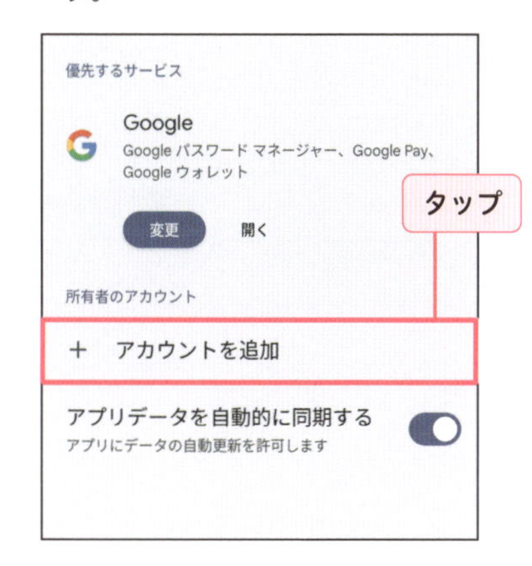

4 「Google」をタップします。

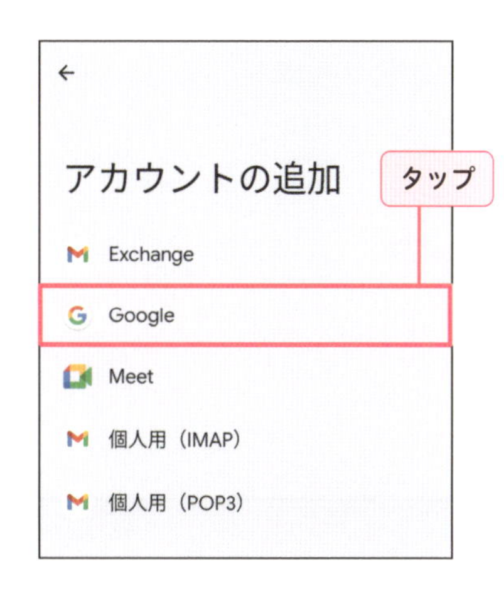

5 「アカウントを作成」をタップし、「個人で使用」をタップします。「次へ」をタップします。

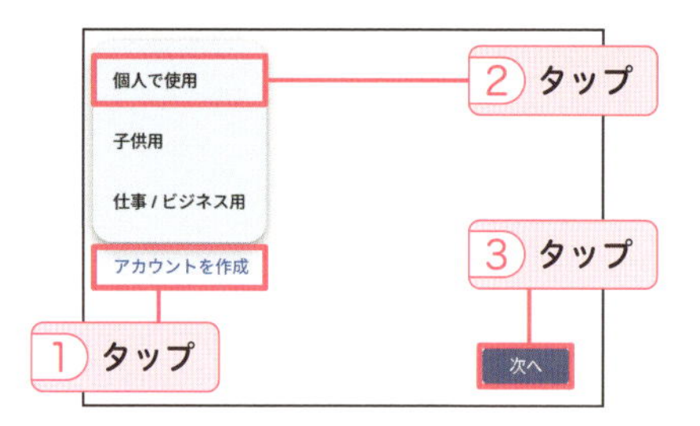

HINT 保有しているGoogleアカウントを追加する場合は、メールアドレスを入力してログインします。

6 名前を入力し、「次へ」をタップします。

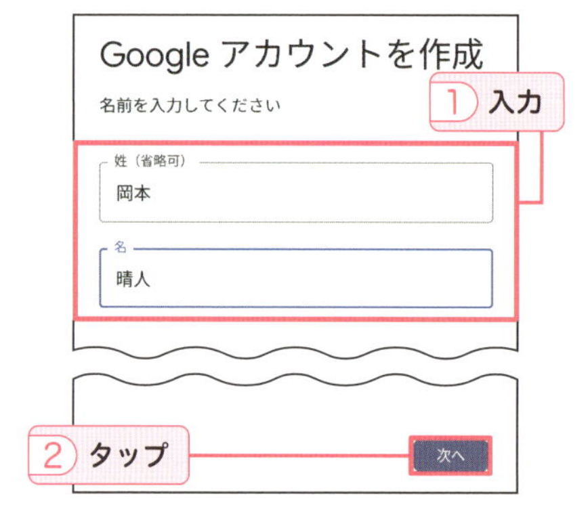

7 生年月日と性別を設定し、「次へ」をタップします。

8 「自分でGmailアドレスを作成」をタップし、任意のGmailアドレスを入力します。「次へ」をタップします。

9 忘れない任意のパスワードを入力し、「次へ」→「次へ」をタップし、画面の指示に従って利用規約に同意します。

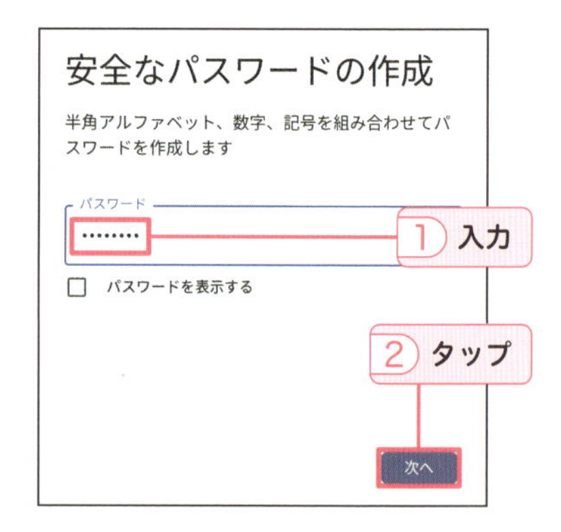

10 Googleアカウントが作成され、端末に追加されます。

クイック設定を利用しよう

クイック設定とは、インターネットや機内モード、サイレントモードなどといったさまざまな機能にアクセスしたり、オン/オフを切り替えたりを素早く行えるツールです。

「クイック設定」画面の画面構成

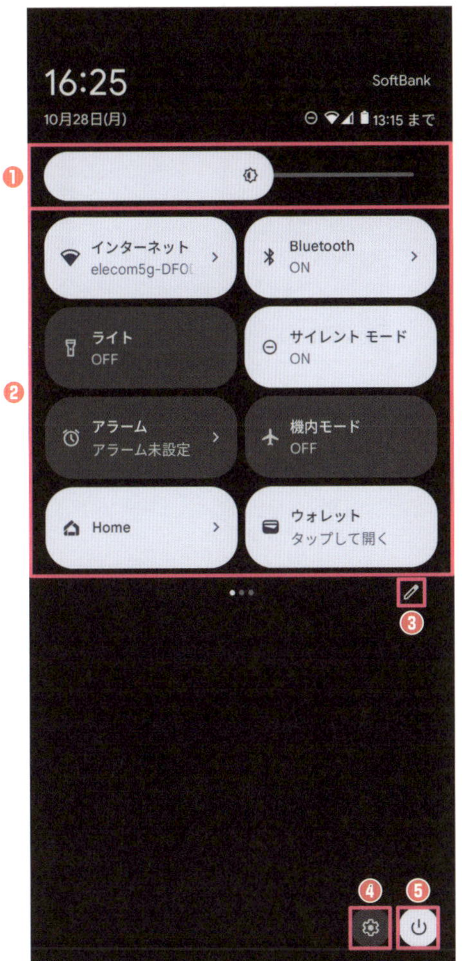

❶スライダー
左右にスライドすると、画面の明るさを調整できます。左にスライドすると暗くなり、右にスライドすると明るくなります。

❷タイル
設定できる項目がタイルで表示されます。各項目をタップしてオン/オフを切り替えたり、長押しして設定画面にアクセスしたりします。左右にスワイプしてページを切り替えてほかのタイルを確認できます。

❸編集
クイック設定の編集画面が表示されます。タイルを追加、削除したり、移動したりして編集できます。

❹設定
「設定」アプリが起動します。

❺電源
P.019手順4の画面が表示され、電源をオフにしたり、再起動したりできます。

「クイック設定」画面の表示と操作、編集

1 ホーム画面を下方向にスワイプします。

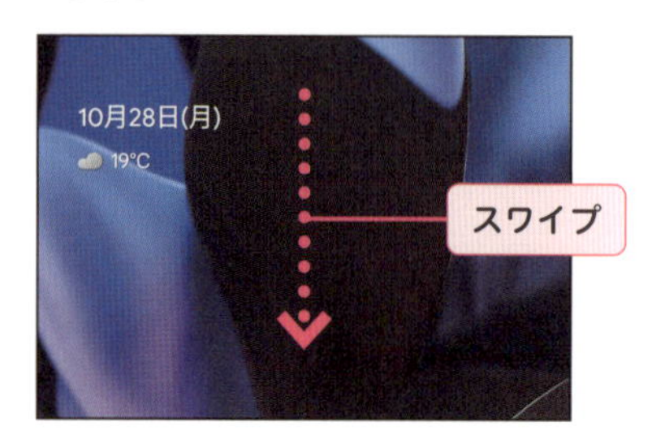

2 通知パネルが表示され、通知を確認できます。

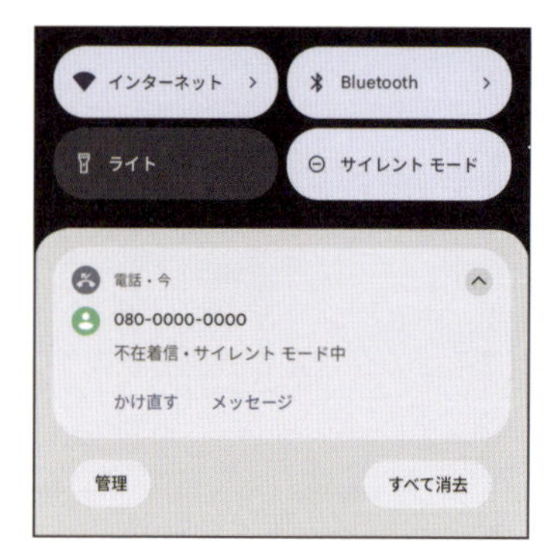

3 再度下方向にスワイプすると、「クイック設定」画面が表示されます。

4 ✎をタップします。

5 「編集」画面が表示されます。タイルを長押しして、そのままドラッグして好きな位置に移動できます。

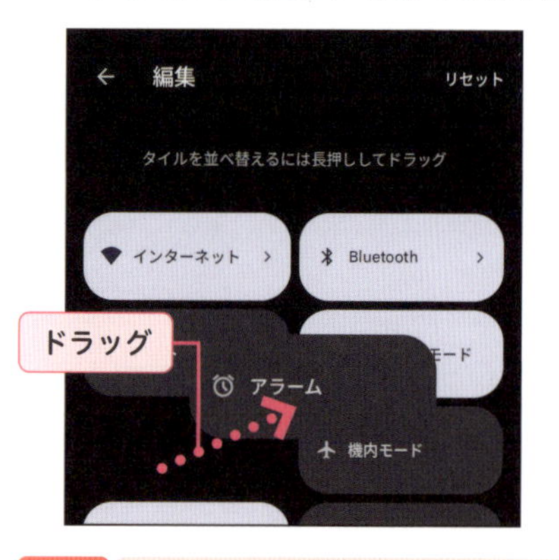

HINT 「リセット」をタップすると「クイック設定」画面が初期状態に戻ります。

6 「編集」画面下部には、追加できるタイルが表示されています。

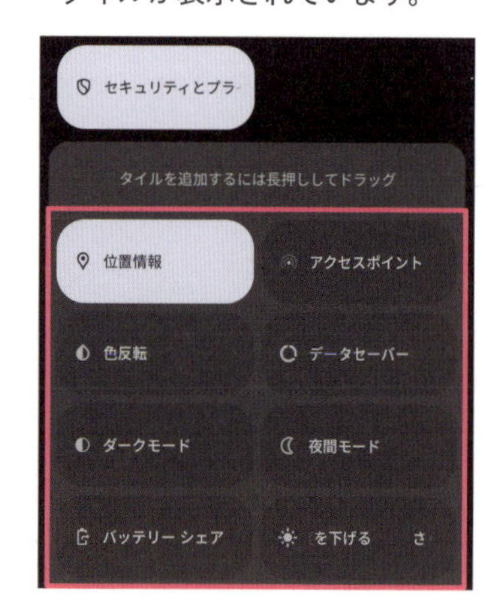

アプリアイコンを操作しよう

インストールしているアプリは、アイコンを長押ししてドラッグすることで、好きな場所に移動したり、メニューからアプリの操作を実行したりできます。

ホーム画面にアプリアイコンを追加／削除する

1 「すべてのアプリ」画面を表示し(P.028参照)、ホーム画面に追加したいアプリを長押しして、そのまま指を離さずに上方向にドラッグします。

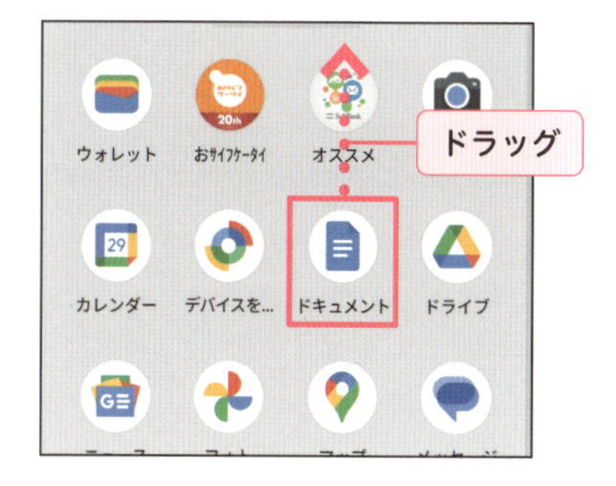

2 ホーム画面に切り替わったら好きな位置にドロップします。

HINT 画面上部の「キャンセル」までドラッグすると、ホーム画面へのアプリの追加をキャンセルできます。

3 ホーム画面からアプリアイコンを削除する場合は、アプリアイコンを長押しして、ホーム画面上部の「削除」までドラッグします。

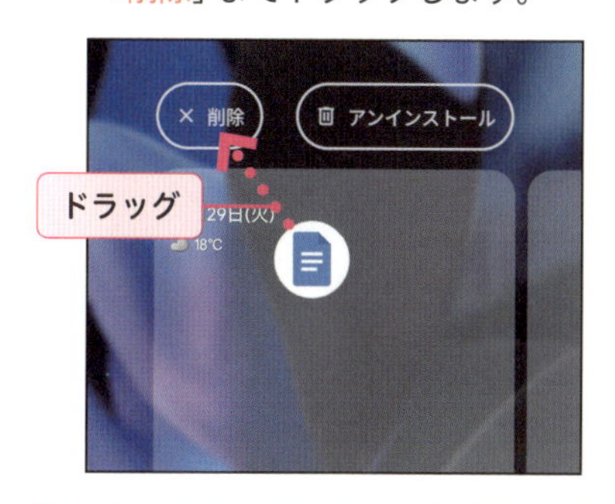

HINT 削除しても「すべてのアプリ」画面から起動できます。「アンインストール」では完全にアプリが削除されます。

TIPS アプリアイコンのメニューを表示する

アプリを長押しすると、アプリのメニューが表示されます。メニューはアプリによって異なり、ウィジェットを追加したりアプリを一時停止したりできるほか、「Gmail」アプリではメール作成画面を表示でき、「フォト」アプリでは素早く「コレクション」の「スクリーンショット」を開けます。

ホーム画面を整理しよう

ホーム画面は、スマホを起動したときに表示される画面です。アプリを起動するアイコンの配置は、見やすく、操作しやすく整理して、効率を上げましょう。

アプリアイコンをフォルダにまとめる

1 ホーム画面でアプリアイコンを長押しし、まとめたいアプリアイコンまでドラッグして重ねます。

2 フォルダにまとめられます。フォルダをタップして開きます。

3 フォルダが開いたら、「名前の編集」をタップします。

HINT フォルダ内のアプリアイコンもドラッグ＆ドロップして移動できます。フォルダ内のアプリが1つになるとフォルダがなくなります。

4 フォルダの名前を入力し、✓をタップしてフォルダ名を決定します。

ドックを整理しよう

ホーム画面下部のドックにあるアプリアイコンは、簡単に別のものと入れ替えることができます。使用頻度の高いアプリにしておくと、すぐにアクセスでき便利です。

ドック内のアプリアイコンを入れ替える

1 ホーム画面のドックから移動したいアプリアイコンを長押しし、ドックの外にドラッグして移動します。

HINT ドックのアプリアイコンもフォルダでまとめられます。

2 ドックに移動したいアプリアイコンを長押しし、ドックにドラッグして移動します。

3 ドックのアプリアイコンが入れ替わります。

TIPS ドックの候補アプリを自動的に入れ替えする

ホーム画面を長押しし、「ホームの設定」→「候補」→「ホーム画面上に候補を表示」→「アプリの候補を利用」をタップしてオンにすると、現在のドックに表示されているアプリアイコンが候補アプリに設定され、使用履歴や頻度、ルーティンに基づいて自動で入れ替わり、表示されるようになります。手動でほかのアプリアイコンに入れ替えると、固定されます。

「すべてのアプリ」画面を利用しよう

「すべてのアプリ」画面では、インストールしているすべてのアプリアイコンが表示されています。アプリを検索したり、自分以外のユーザーが利用できないプライベートスペースを作成して特定のアプリを隠したりできます。

アプリを検索する

1 ホーム画面を上方向にスワイプします。

2 「すべてのアプリ」画面が表示されます。

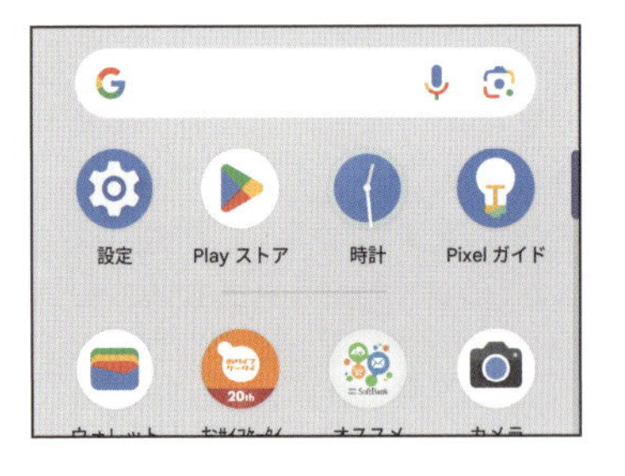

3 画面上部の入力欄をタップし、検索したいアプリ名を入力します。

4 候補のアプリやアプリの検索候補が表示されます。

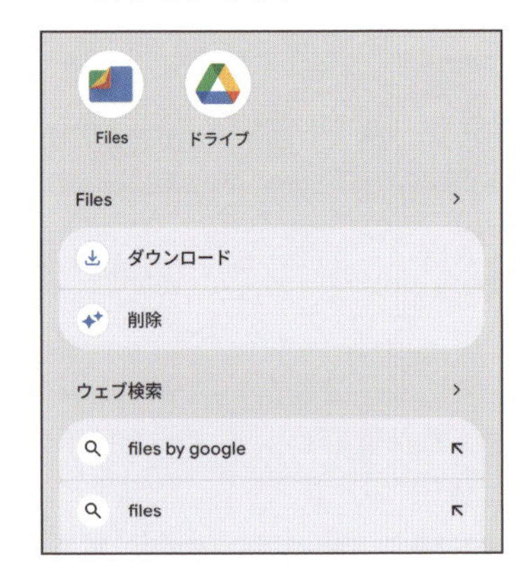

TIPS 「すべてのアプリ」画面の候補のアプリを非表示にする

手順**2**の「すべてのアプリ」画面上部には、よく起動するアプリの候補が表示されています。ホーム画面を長押しして、「ホームの設定」→「候補」→「「すべてのアプリ」リスト内に候補を表示」をタップしてオフにすると非表示になります。

プライベートスペースを作成する

1 「設定」アプリを起動し、「セキュリティとプライバシー」をタップします。

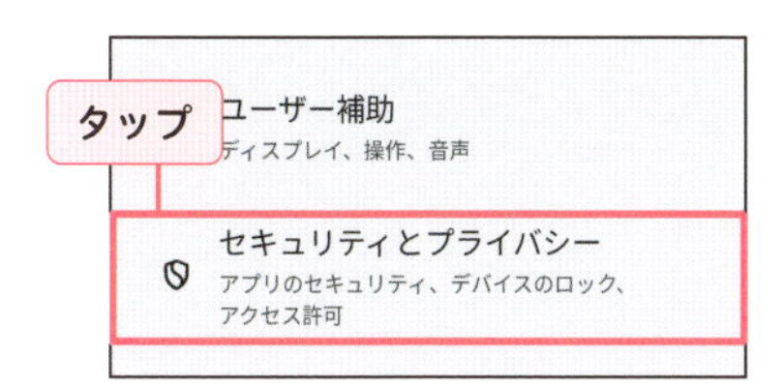

2 「プライベートスペース」をタップし、画面ロックを解除します。

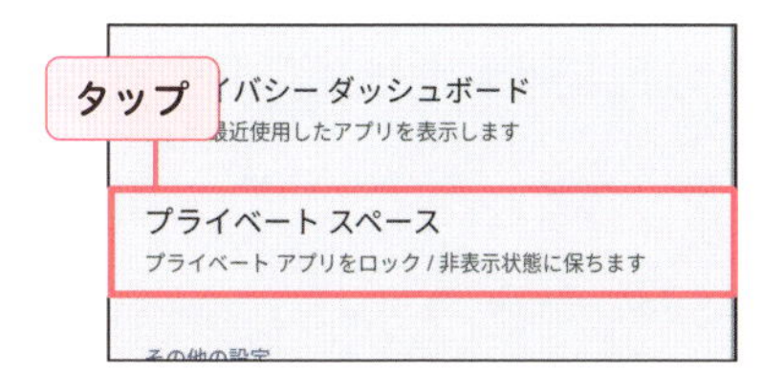

HINT プライベートスペースを作成するには画面ロックの設定が必要です（P.174〜175参照）。

3 初回はプライベートスペースのガイドが表示されるので、「設定」をタップします。

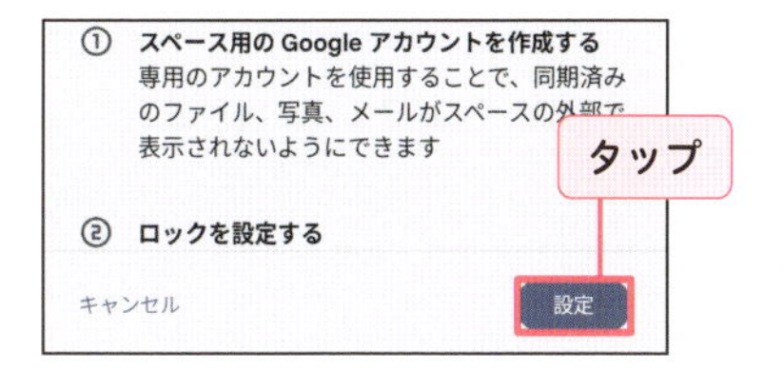

4 ここでは「OK」をタップし、画面の指示に従ってGoogleアカウントにログインまたは新しく作成します。

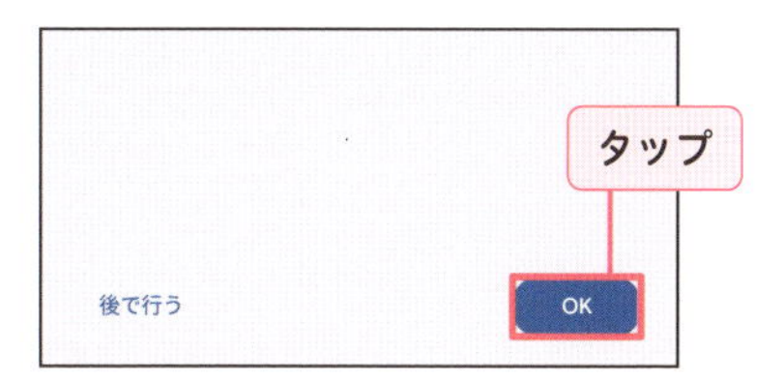

HINT Googleアカウントがなくても利用できますが制限がかかります。

5 ここでは「画面ロックを使用」→「完了」をタップすると、「すべてのアプリ」画面の最下部に作成されます。

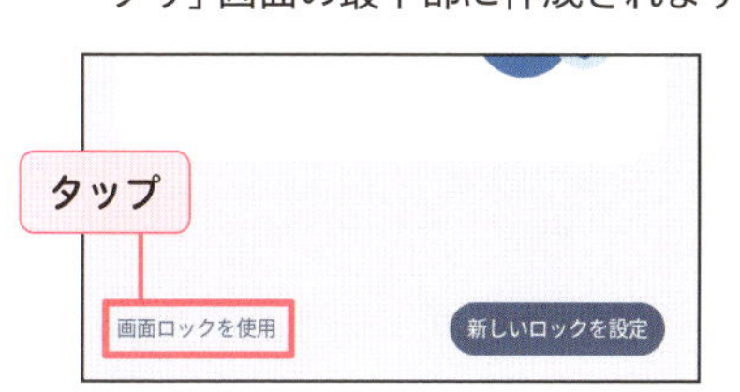

6 最下部の「プライベート」をタップし、画面ロックを解除するとプライベートスペースが表示されます。

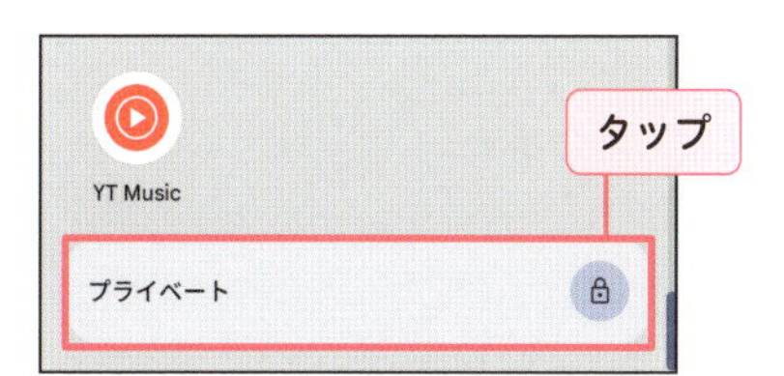

TIPS プライベートスペースを活用する

手順4と5でプライベートスペース専用のGoogleアカウントと画面ロックを新たに作成することで、1つの端末に別のアカウントで同じアプリを2つインストールして使い分けることもできます。スペース内のアプリやデータは、外部に表示されません。

アプリを起動／終了しよう

Pixel 9では多種多様なアプリで様々なことが行えます。「すべてのアプリ」画面やホーム画面のアプリアイコンから起動します。ここでは、アプリを起動／終了する基本的な操作方法を解説します。

アプリを起動する

1 ホーム画面や「すべてのアプリ」画面でアプリアイコンをタップします。

2 アプリが起動します。ホームキーを上方向にスワイプします。

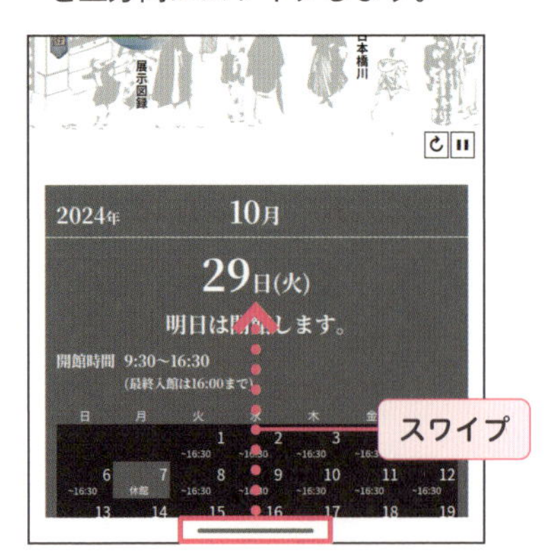

HINT 3ボタンナビゲーションの場合はホームボタンをタップします（P.038参照）。

3 アプリが一時的に閉じ、ホーム画面に戻ります。

HINT アプリは終了したわけではなく、「アプリの履歴」に移動します。

4 再度アプリアイコンをタップすると、閉じたときの画面から操作を再開できます。

アプリを終了する

1 ホーム画面でホームキーを上方向にスワイプし途中で止めます。

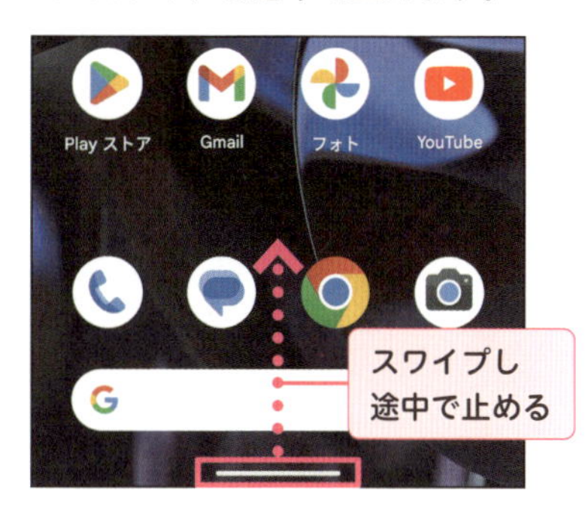

2 「アプリの履歴」が表示されます。左右にスワイプして終了したいアプリを表示します。

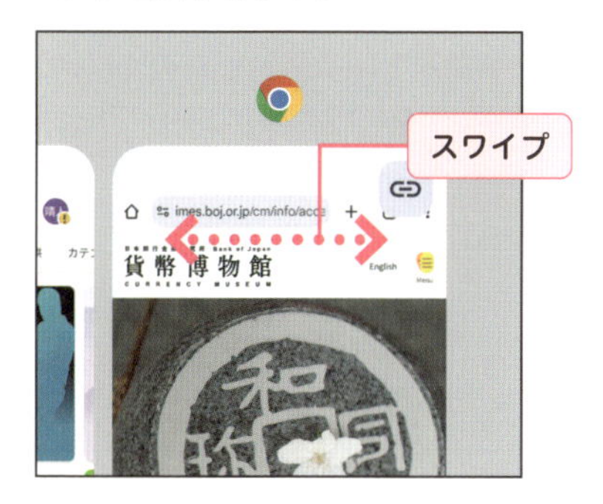

HINT 画面内の🔗はリンクを、🖼は画像をコピーしたり共有したりできます。

3 アプリを上方向にスワイプしてアプリを終了します。

4 画面を右方向に端までスワイプし、「すべてクリア」をタップすると、すべてのアプリが終了します。

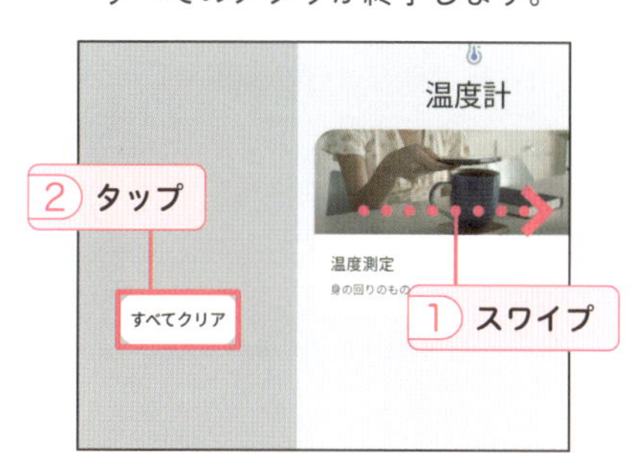

HINT 画面下部の「スクリーンショット」はアプリ画面を撮影、「選択」はアプリ画面内のテキストを選択できます。

TIPS アプリを強制停止する

アプリが反応せず操作できない、操作に不具合がある、といった場合は、アプリを強制停止してみましょう。手順**2**でアプリ画面上のアプリアイコンをタップし、「アプリ情報」→「強制停止」→「OK」をタップします。

ウィジェットを活用しよう

ウィジェットとは、アプリを起動せずに、天気や予定などの情報を常に画面に表示しておけるショートカット機能です。使用頻度の高いコンテンツはホーム画面上に追加しておくとすぐにアクセスできます。

ウィジェットを追加／削除する

1 ホーム画面を長押しして、「ウィジェット」をタップします。

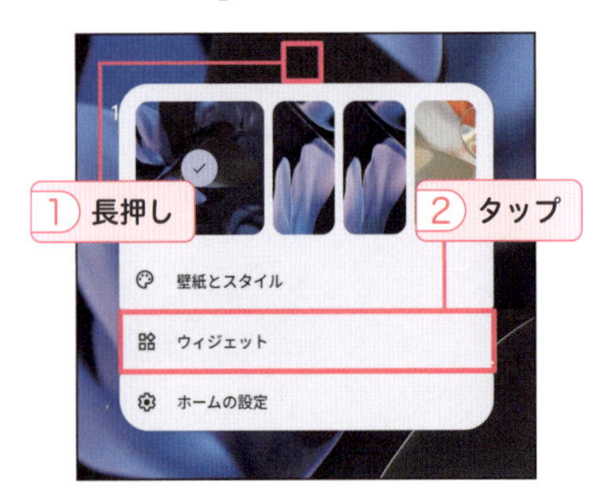

2 追加したいウィジェットのアプリ（ここでは「時計」）をタップします。

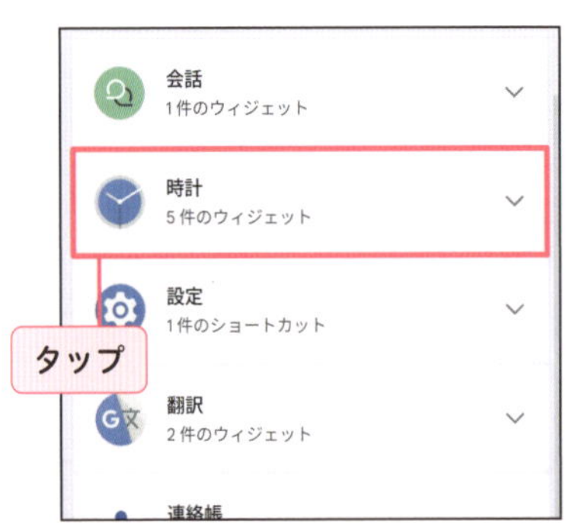

HINT 手順3でウィジェットをドラッグ＆ドロップすることでも配置できます。画面上部の「キャンセル」までドラッグするとウィジェットの追加をキャンセルできます。

3 追加したいウィジェットをタップし、「追加」をタップします。

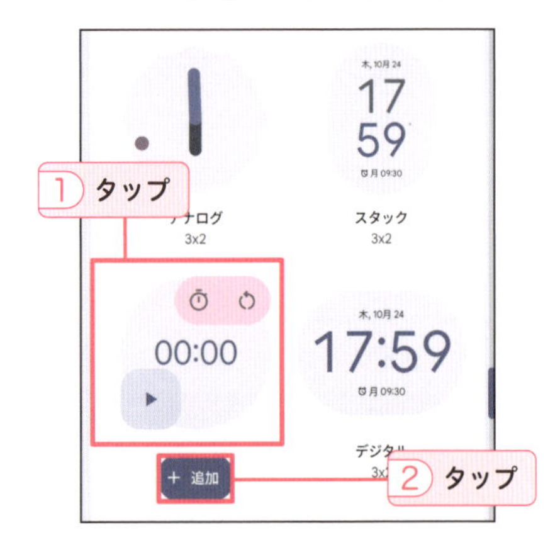

4 ホーム画面にウィジェットが追加されます。周囲の枠の◯をドラッグして大きさを変更できます。

HINT ウィジェットによっては、手順4でウィジェットのデザインやカラーなどを選択できます。

5 ウィジェットを長押しして、移動したい場所までドラッグ＆ドロップで配置します。

6 何もない場所をタップすると、周囲の枠が表示されなくなります。

7 ウィジェットを長押しして、「削除」までドラッグ＆ドロップすると削除されます。

TIPS 新しいホーム画面にウィジェットを追加する

アプリアイコンやウィジェットを長押しして、ホーム画面の端までドラッグすると、新しいホーム画面が追加されます。そのまま好きな場所にドロップして完了です。追加されたホーム画面にアプリアイコンやウィジェットがなくなると、自動的に削除されます。

2つのアプリを同時に起動しよう

Pixel 9では、画面を分割して2つのアプリを1つの画面に同時に起動したり、ピクチャーインピクチャーを使用してアプリの上に重ねて表示したりして作業できます。

分割画面で2つのアプリを使用する

1 「アプリの履歴」を表示し(P.031参照)、分割したいアプリアイコンをタップして「分割表示」をタップします。

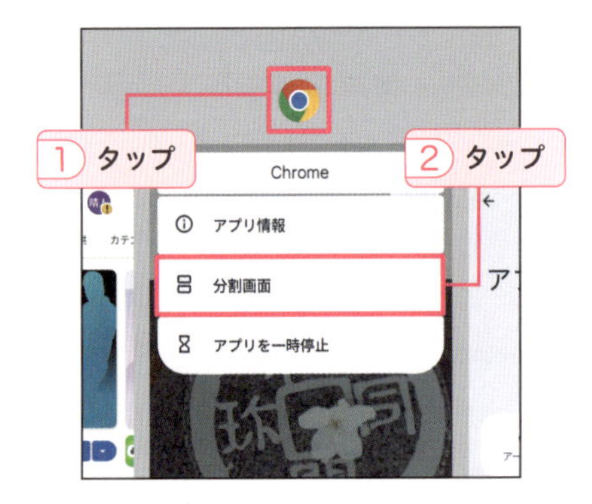

2 アプリが画面上半分に移動します。下半分に表示したいアプリをタップして選択します。

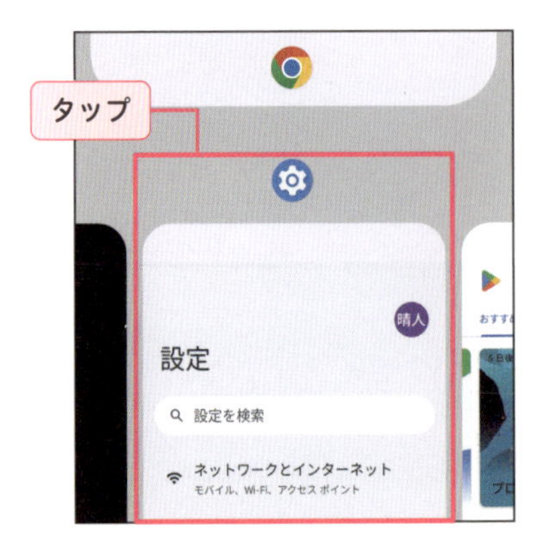

3 画面が上下に分割されて表示されます。2つのアプリの境の▬▬を上下にドラッグして画面の大きさを調整できます。

4 上部のアプリを残したい場合は下方向に、下部のアプリを残す場合は上方向に▬▬を最後までドラッグすると分割表示が終了します。

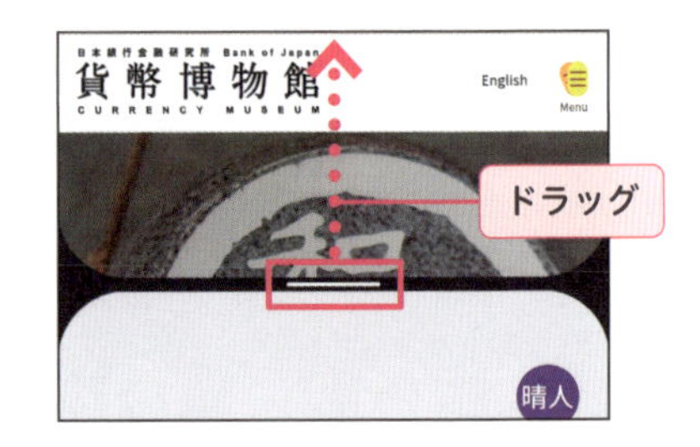

ピクチャーインピクチャーを使用する

1 ここでは、「マップ」アプリを起動し、ナビゲーションを開始して（P.143参照）、ホームキーを上方向に軽くスワイプします。

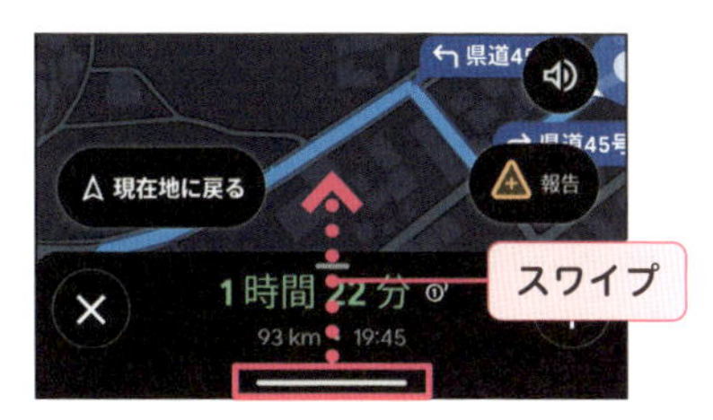

2 「マップ」アプリが小さいウィンドウで表示されます。別のアプリをタップして起動します。

HINT 小さいアプリのウィンドウをタップして⛶をタップすると全画面で表示されます。

3 起動したアプリの画面上にピクチャーインピクチャーで表示されます。

4 ピクチャーインピクチャーのアプリはドラッグして移動できます。☒までドラッグするとピクチャーインピクチャーを終了できます。

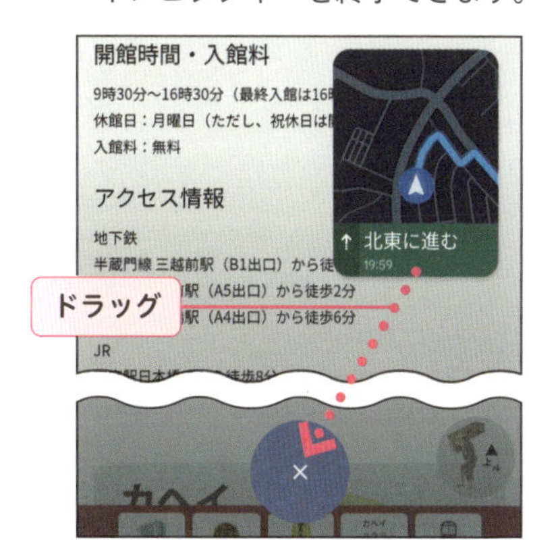

TIPS ピクチャーインピクチャーできるアプリ

「設定」アプリを起動し、「アプリ」→「特別なアプリアクセス」→「ピクチャーインピクチャー」をタップすると、ピクチャーインピクチャーに対応しているアプリが表示されます。たとえば「マップ」アプリではナビゲーション中、「YouTube」アプリでは動画再生中にピクチャーインピクチャーを使用できます（※有料プランのみ）。

ピクチャー イン ピクチャー

ドライブ
許可

マップ
許可

ホーム画面から Google検索を利用しよう

ホーム画面にあるGoogle検索ウィジェットを利用すれば、「Chrome」アプリや「Edge」アプリといったWebブラウザーを起動しなくても、気になったことをすぐにGoogleで調べられます。

Google検索ウィジェットでWeb検索をする

1 ホーム画面でGoogle検索ウィジェットをタップします。

2 入力欄にキーワードを入力し、🔍をタップします。

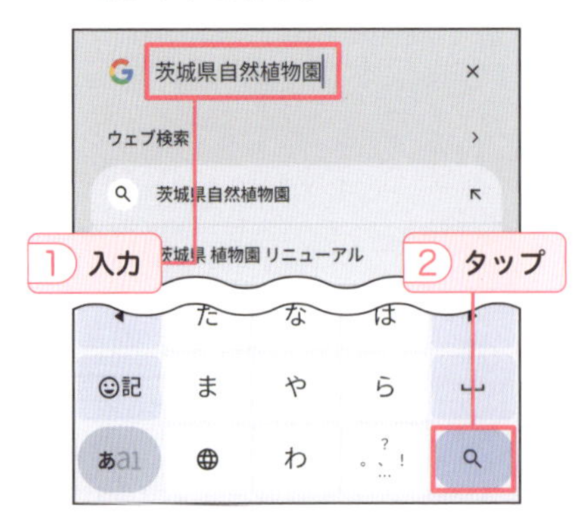

HINT 表示される検索候補をタップすることでも検索できます。

3 「Google」アプリが起動し、Web検索結果が表示されます。

TIPS マイクを使って音声検索する

手順1で🎙をタップすると、ウィジェットの入力欄に「認識中」と表示されます。デバイスに話しかけて、Web検索できます。

「Google」アプリのGoogle検索ウィジェットを追加する

1 「すべてのアプリ」画面で、G(Google)をタップして「Google」アプリを起動し、右上のアカウントアイコンをタップします。

2 「設定」をタップします。

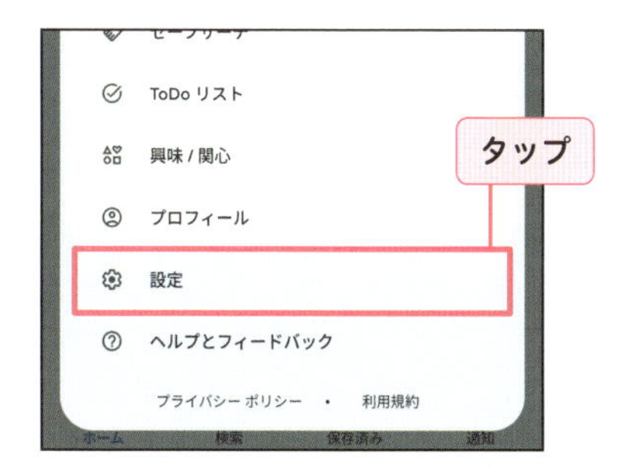

3 「検索ウィジェットのカスタマイズ」をタップします。

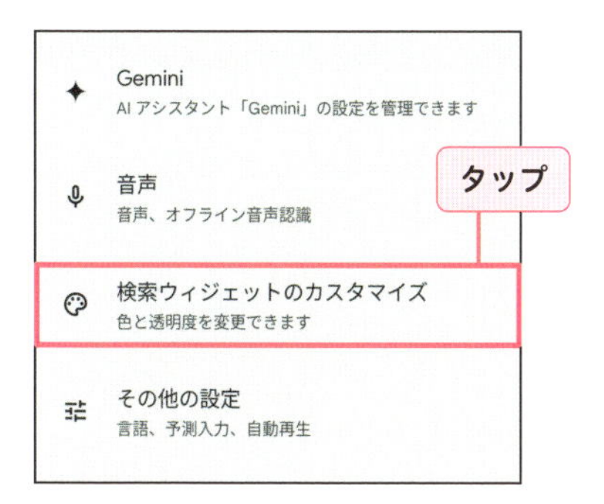

HINT 手順**4**で設定したものは「プレビュー」に反映されます。

4 Google検索ウィジェットの「カラーテーマ」をタップして選択し、「透過性」の●を左右にドラッグして調整します。「追加」をタップします。

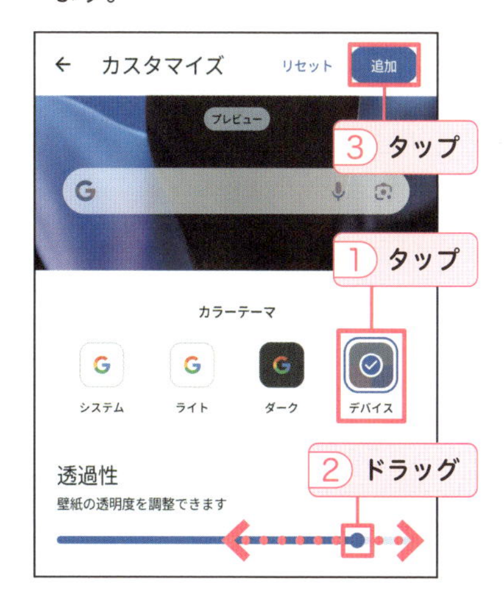

HINT 「リセット」をタップすると設定前の状態に戻ります。

5 ウィジェットを長押し、または「ホーム画面に追加」をタップしてホーム画面に追加します。

HINT Pixelシリーズにデフォルトで設置されているGoogle検索ウィジェットは、「Pixel Launcher」アプリのウィジェットで、移動したりカスタマイズしたりといったことはできません。

ジェスチャー操作を知ろう

Pixel 9の標準設定のナビゲーションモードは、画面をスワイプするジェスチャーナビゲーションですが、画面下に3つのボタンを配置する3ボタンナビゲーションにも変更できます。また、デバイスを振るなどの特定のジェスチャー操作もあります。

ナビゲーションモードの種類

ジェスチャーナビゲーション

❶ホームキー
上方向にスワイプすると、ホーム画面に戻ります。途中で止めると「アプリの履歴」が表示されます。

❷戻るキー
左右どちらかの端から中央に向かってスワイプすると表示され、前の画面に戻ります。

3ボタンナビゲーション

❶戻るボタン
直前に操作していた画面に戻ります。

❷ホームボタン
ホーム画面が表示されます。

❸履歴ボタン
最近操作したアプリのリストが「アプリの履歴」で表示されます。左右にスワイプして履歴を確認し、タップしてアプリを起動します。

ナビゲーションモードを変更する

ジェスチャーナビゲーションと3ボタンナビゲーションのどちらを使うかは、「設定」アプリで指定できます。「設定」アプリを起動し、「システム」→「ナビゲーションモード」をタップし、「ジェスチャーナビゲーション」または「3ボタンナビゲーション」をタップして変更できます。
本書は標準設定のジェスチャーナビゲーションで解説しています。

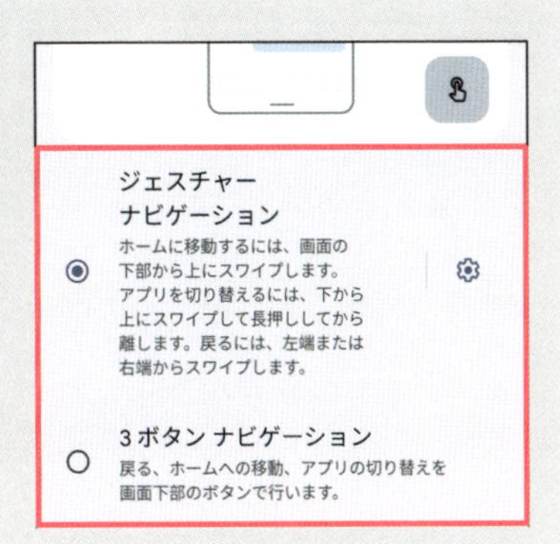

ジェスチャーでPixel 9を操作する

1 「設定」アプリを起動し、「システム」をタップします。

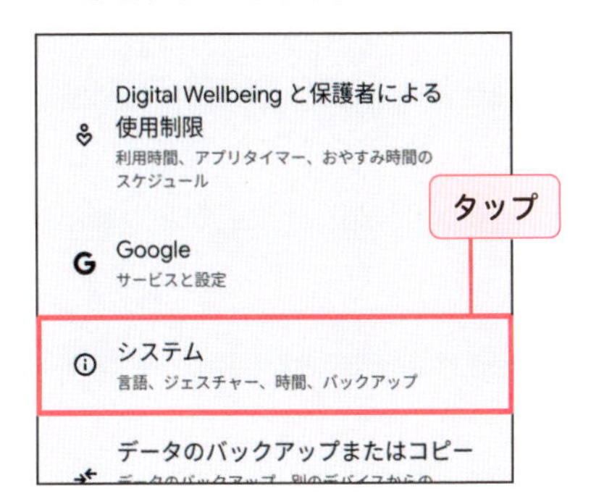

2 「ジェスチャー」をタップします。

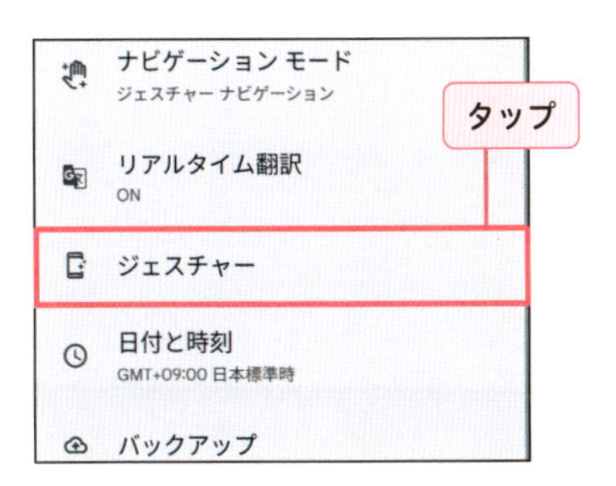

3 利用できるジャスチャーの項目が表示されます。設定を変更したいジェスチャー（ここでは「ふせるだけでサイレントモードをオン」）をタップします。

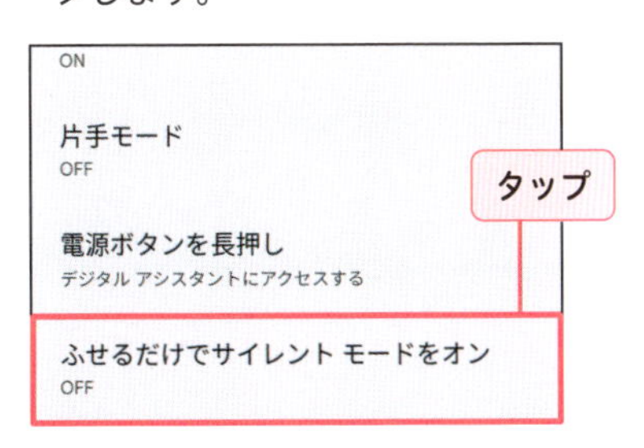

4 「「ふせるだけでサイレントモードをオン」機能を使う」をタップしてオンにします。

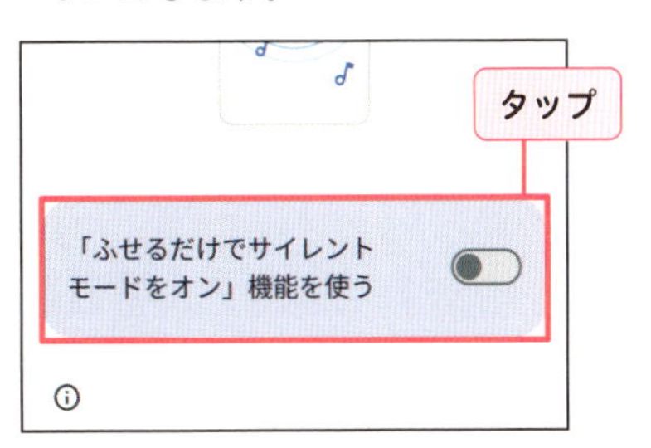

キーボードを活用しよう

文字入力する場所をタップすると、日本語入力アプリのキーボードが開きます。Pixel 9にはGoogleの「Gboard」が標準で用意されています。Gboardでは複数のキーボードが用意されているので、利用するものを設定しましょう。

キーボードの種類

12キー

手書き

QWERTY

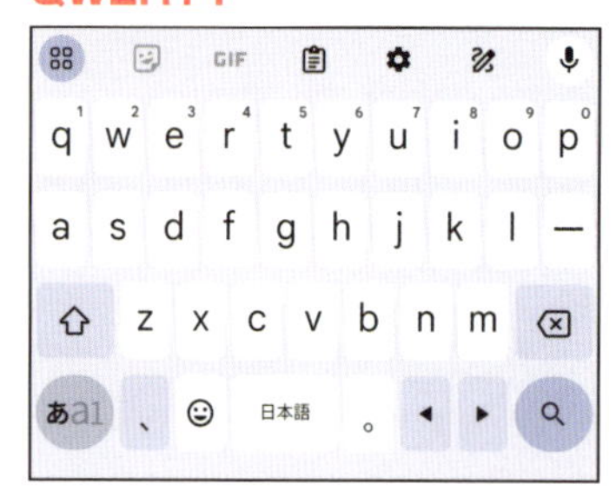

GODAN

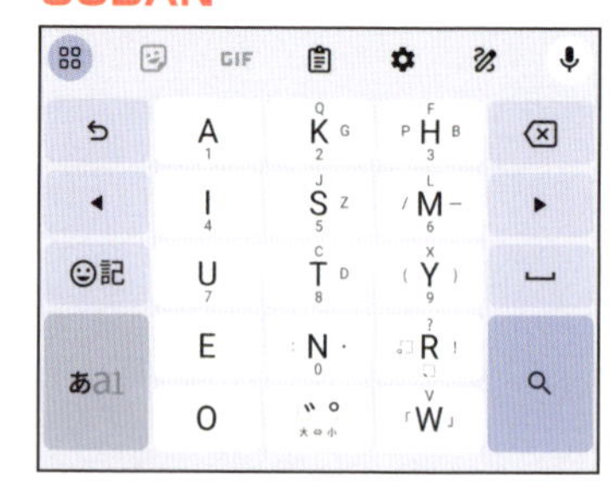

五十音

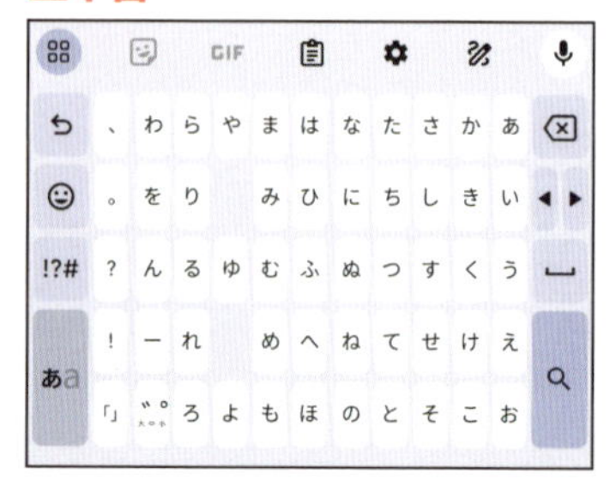

使用するキーボードの種類を追加する

1 文字の入力欄をタップしてキーボードを表示し、⚙をタップします。

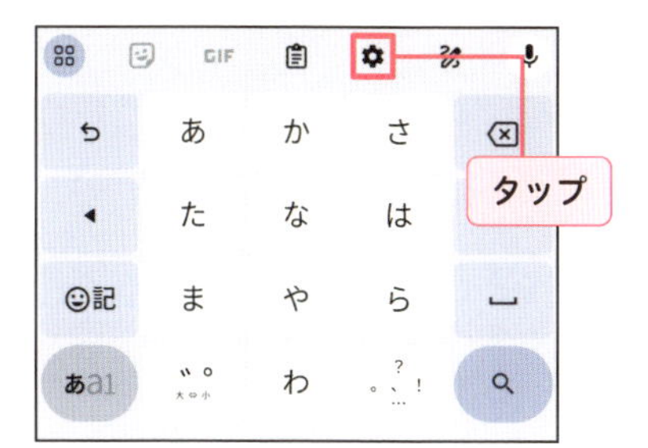

2 「言語」をタップします。

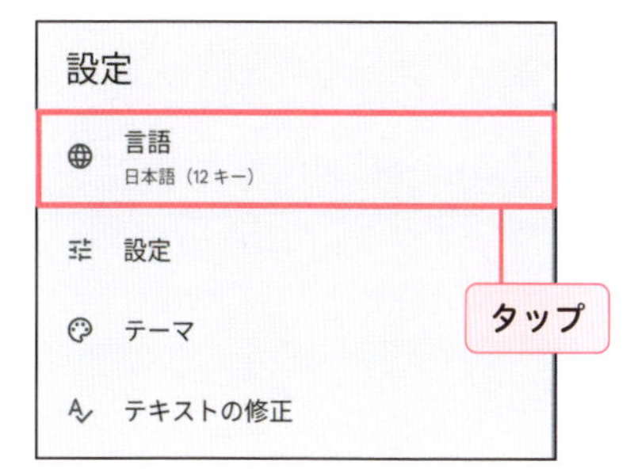

HINT 手順**3**で「キーボードを追加」をタップすると、使用するキーボードの言語を選択できます。

3 「日本語」をタップします。

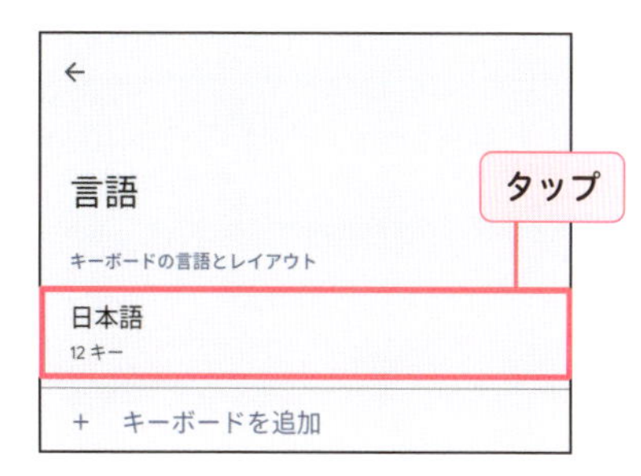

4 追加したいキーボードをタップして有効にし、「完了」をタップします。

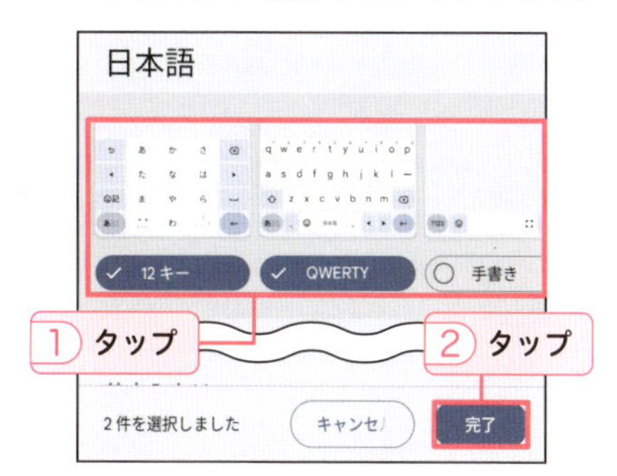

HINT 1つ以上選択する必要があり、再度タップすると選択が解除されます。

TIPS キーボードの初期設定

はじめてテキストを入力する際は、入力欄をタップしたあとに、ひらがなとアルファベットの入力レイアウト（キーボード）の選択画面が表示されます。それぞれ設定したりスキップしたりでき、スキップした場合は、12キーに設定されます。

キーボードの種類や入力モードを変更しよう

使用するキーボードを追加したら、実際にキーボードの種類やキーボードごとに入力モードを切り替えて文字を入力してみましょう。ここでは「12キー」と「QWERTY」を使用しています。

キーボードの種類や入力モードを切り替える

1 キーボードを表示し、🌐をタップします。🌐は複数のキーボードを追加していると表示されます。

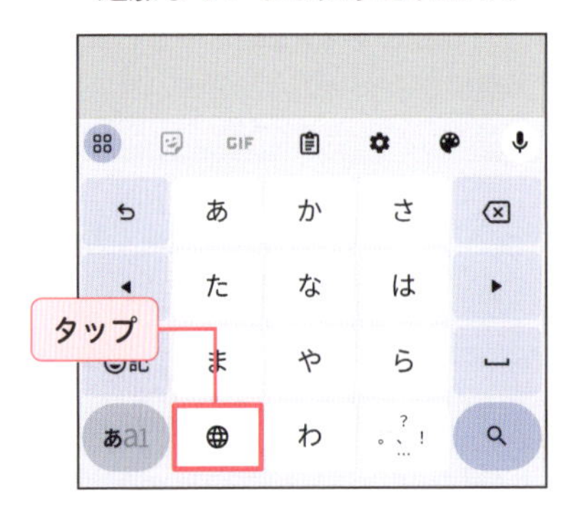

2 タップするごとに、P.041で追加したキーボードへと切り替わります。

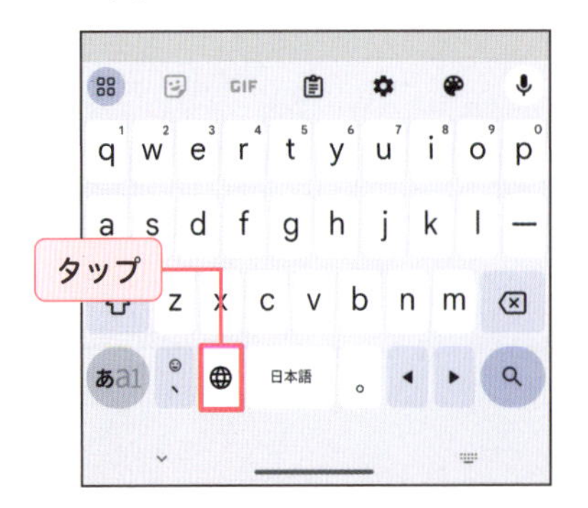

HINT キーボード下の⌄をタップするとキーボードが非表示になります。

3 あa1をタップすると、ひらがな→英字→数字の順に入力モードが切り替わります。

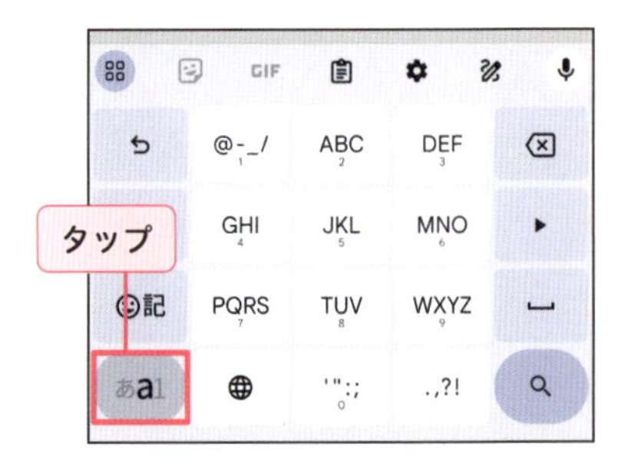

TIPS キーボードのアイコンをカスタマイズ

キーボードを表示し、左上の⊞をタップすると、キーボード上部に表示されるアイコンを編集できます。ドラッグ&ドロップで変更できます。

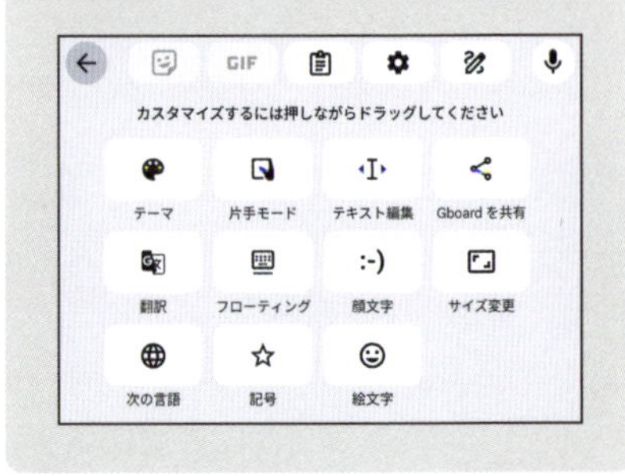

絵文字や顔文字、記号を入力しよう

キーボードで入力できる文字は、日本語や英数字だけではありません。文字や顔文字で自分の気持ちを表現したり、記号で情報を簡潔にまとめたりできます。

絵文字、顔文字、記号を入力する

1 キーボードを表示し、☺記をタップします。

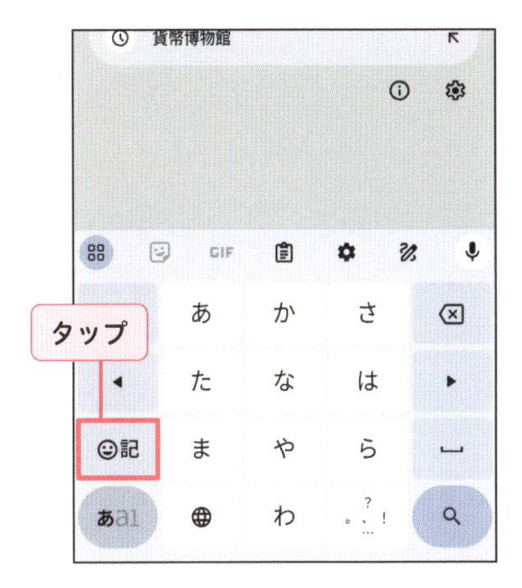

2 ☺をタップすると、絵文字入力モードに切り替わります。

3 :-)をタップすると、顔文字入力モードに切り替わります。

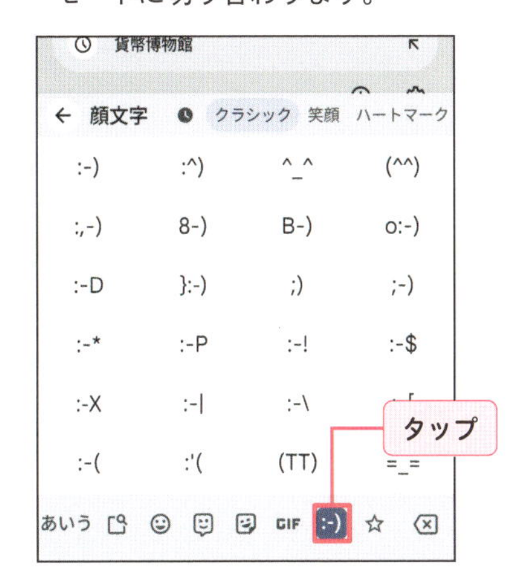

4 ☆をタップすると、記号入力モードに切り替わります。

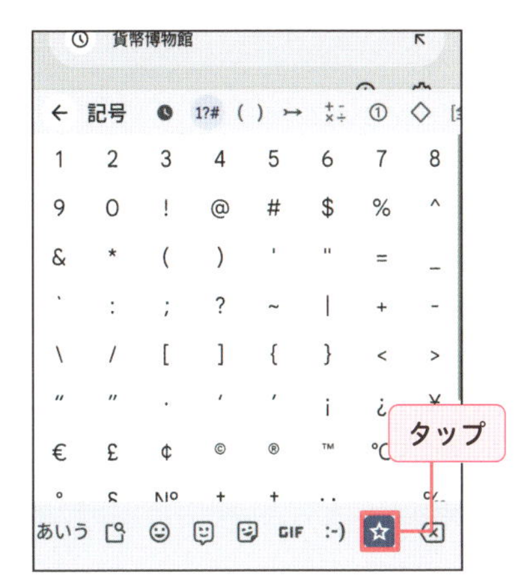

文字を手書きしよう

読みがわからない漢字の入力に便利なのが、「手書き」キーボードです。指で文字を書くと、認識して候補を表示してくれます。

手書き入力する

1 P.041手順4で、「手書き」をタップし、「完了」をタップします。

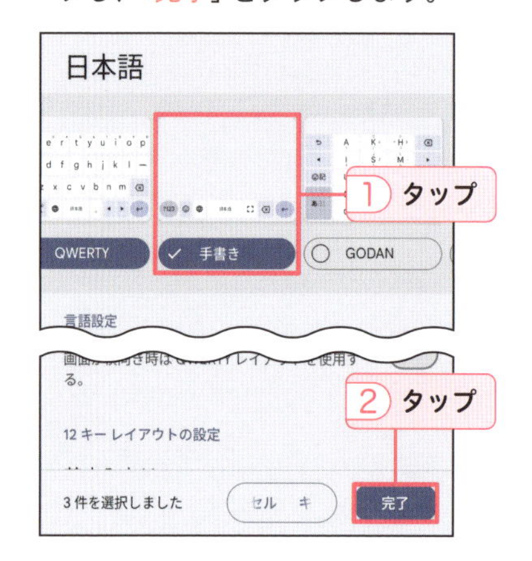

2 キーボードを表示し、⊕をタップしてキーボードを「手書き」に切り替えます。

3 画面に指で文字を書くと候補が表示されます。最初の太字の候補でよければ入力した文字が消えるまで待ちます。

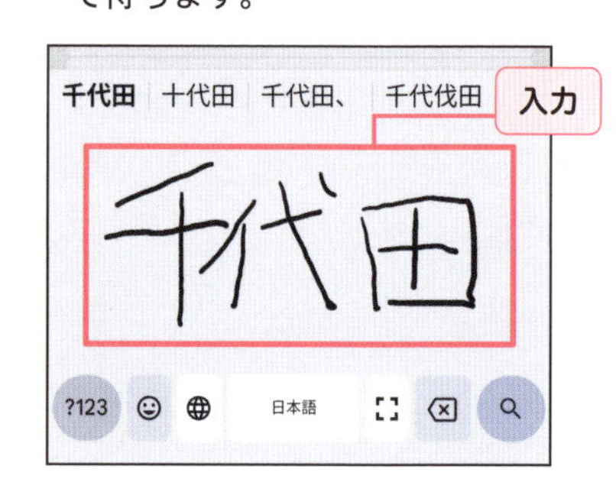

4 文字が消えて次の文字を入力すると最初の候補が入力欄に反映されます。次の文字を入力し、最後は候補からタップで確定して入力欄に反映します。

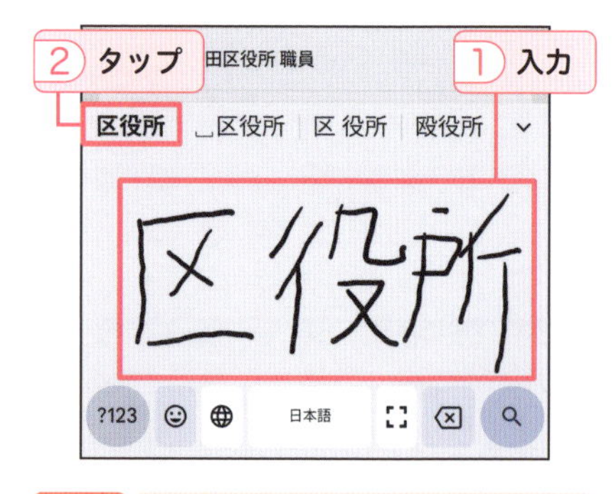

HINT ⌫をタップすると入力した文字を削除できます。

音声入力をしよう

「Gboard」の音声入力は、デフォルトでオンになっています。キーボードを操作することなくデバイスに向かって話すだけで文字を入力できます。

音声入力する

1 検索ウィジェットの入力欄をタップしてキーボードを表示し、🎤をタップします。

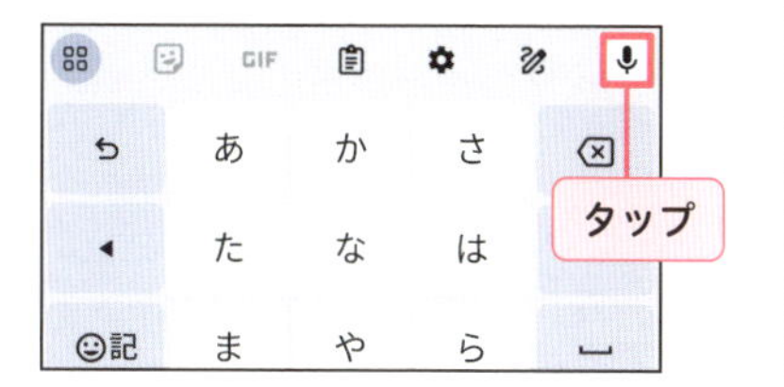

2 初回は音声の録音をGboardに許可し、「お話しください」と表示されたら、入力する内容を話します（ここでは「バラ園」）。

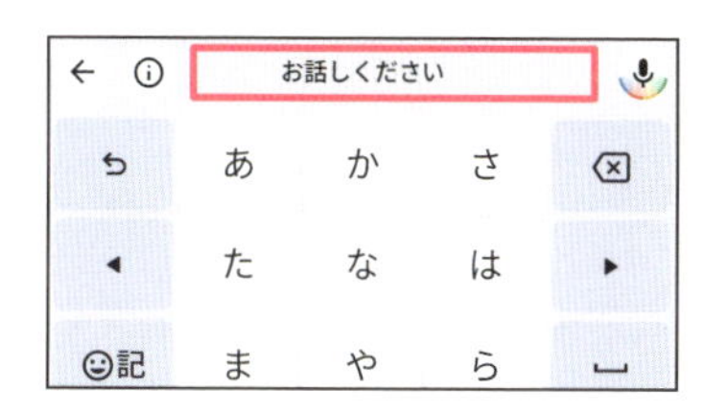

3 文字が入力欄に反映されると、音声コマンドの候補が表示されるので声で入力します（ここでは「検索」）。

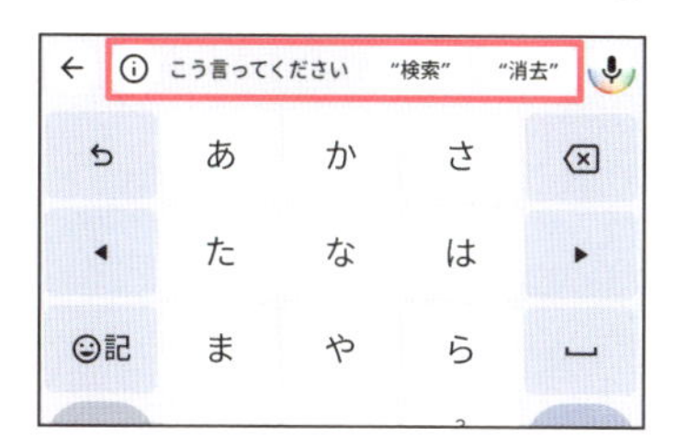

HINT ⓘをタップすると、ほかのコマンドを確認できます。

4 話した入力内容でWeb検索されます。

TIPS Googleアシスタントを使用した音声入力

Pixel 9では、デフォルトで「アシスタントの音声入力」がオンになっており、音声コマンドを使用して文字の入力や編集、絵文字の追加などを行えます。キーボードを表示し、⚙→「音声入力」をタップします。「音声入力を使用」をタップしてオフにするとキーボードから🎤が削除され、「アシスタントの音声入力」をタップしてオフにすると、音声コマンドでの操作をオフにできます。

文字をコピー&ペーストしよう

文章を入力するとき、同じ文字を入力するときには、文字をコピーしてペーストしたり、クリップボードに単語を保存して利用したりすると、入力時間を短縮できます。

文字をコピー&ペーストする

1 キーボードを表示し、入力した文字を長押し、またはダブルタップします。

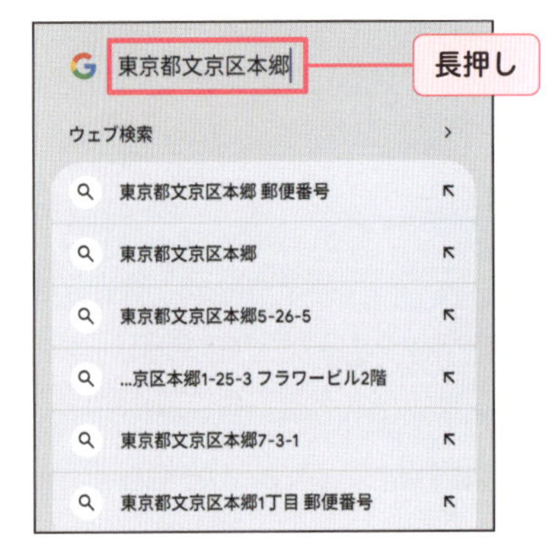

2 ●や●を左右にドラッグしてコピーする文字を選択します。

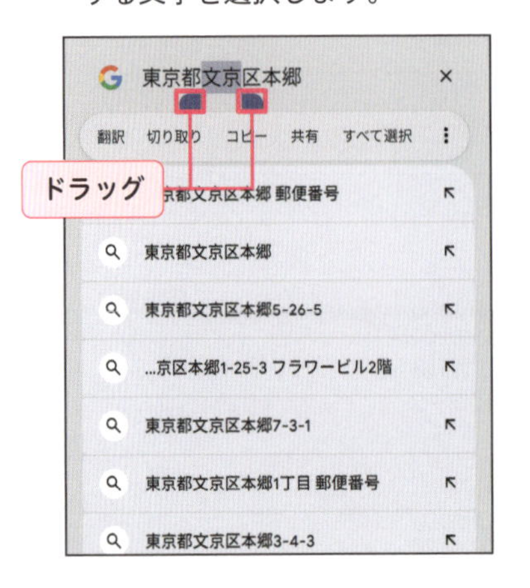

3 「コピー」をタップします。

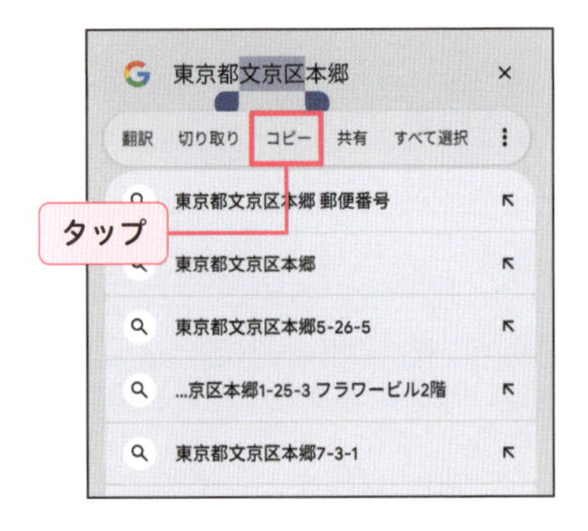

4 文字を貼り付けたい場所をタップし、●をタップします。

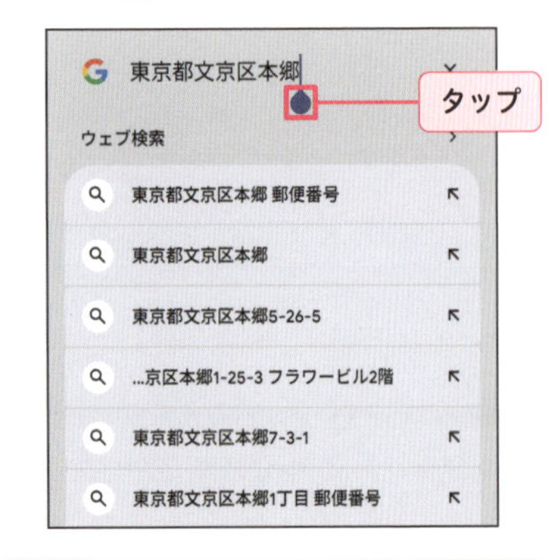

HINT キーボードの◀や▶をタップするとカーソルを左右に移動できます。

5 「貼り付け」をタップします。

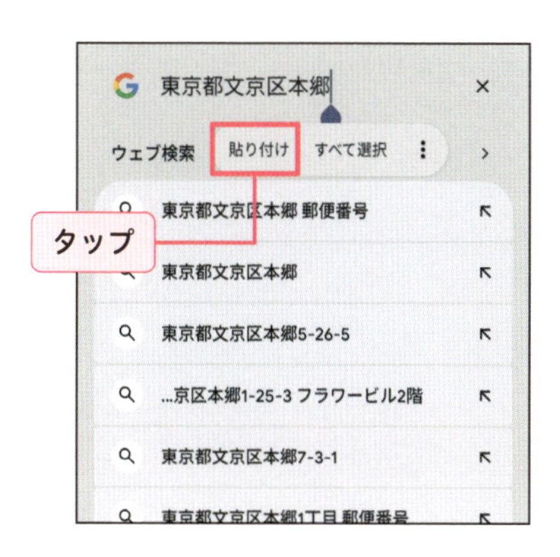

6 コピーした文字が貼り付けられます。

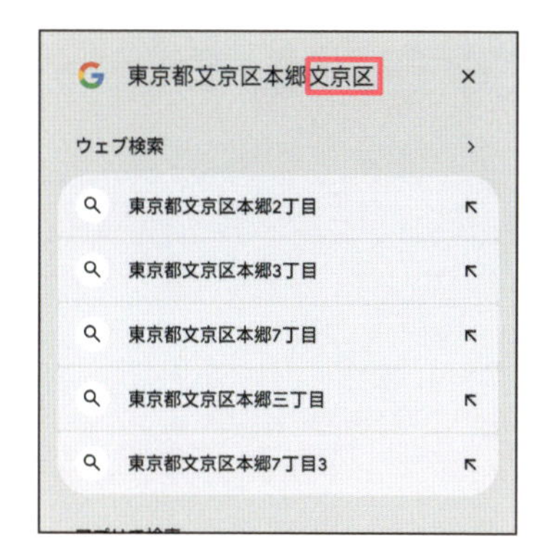

Gboardのクリップボードを使用する

1 キーボードを表示し、📋→「クリップボードをオンにする」または⊂●⊃をタップしてクリップボードをオンにします。

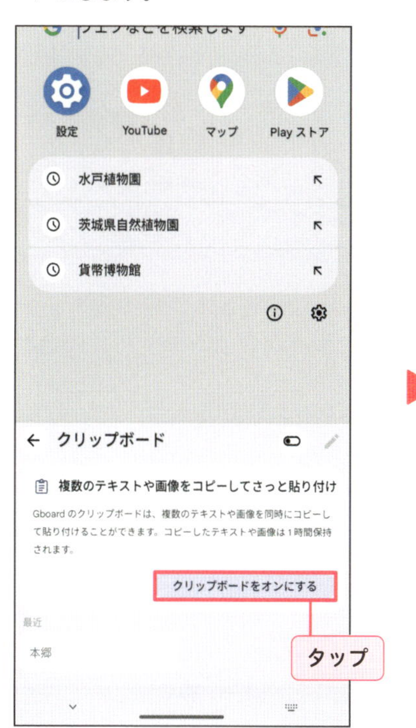

2 これでコピーすると一時的にクリップボードに保存されます。P.046のコピー操作をしてから、キーボードの📋をタップし、クリップボードのコピー内容をタップして入力できます。

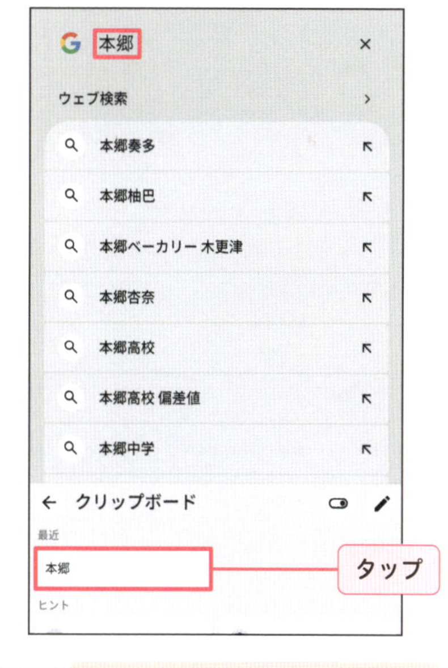

HINT ⊂●⊃をタップするとオフにできます。

スクリーンショットを撮ろう

スクリーンショットとは、画面内の情報を画像ファイルとして保存できる機能です。保存したい情報が記載されたWebサイトや画像をそのまま残したり編集したりして保存できます。

スクリーンショットを撮影する

1 電源ボタンと音量ボタンの下部を同時に押します。

2 画面が撮影されます。スクリーンショットのプレビューをタップします。

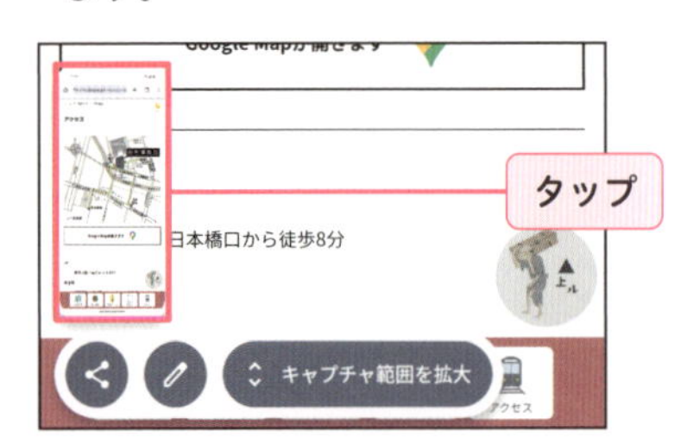

HINT <は共有、✎は編集、「キャプチャ範囲を拡大」は保存する画像の範囲を選択できます。

3 画面をトリミングしたり、テキストを書き込んだりして画像を編集できます。「保存」をタップして完了です。

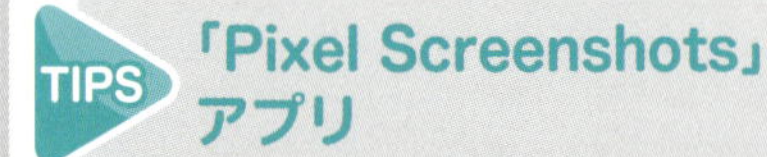

HINT 保存したスクリーンショットは、「フォト」アプリの「コレクション」にある「スクリーンショット」に保存されます。

TIPS 「Pixel Screenshots」アプリ

Pixel 9でスクリーンショットした画像の情報を検索したり、保存したりしてAI処理を実装できるアプリです。2024年11月現在、日本では使用できません。

Chapter 2

電話を使いこなそう

電話をかけよう

電話を発信するときは「電話」アプリから行います。連絡先を登録していない場合でも、電話番号を入力するとすぐに発信できます。

電話を発信する

1 ホーム画面で📞をタップし、「電話」アプリを起動します。

2 ▦をタップします。

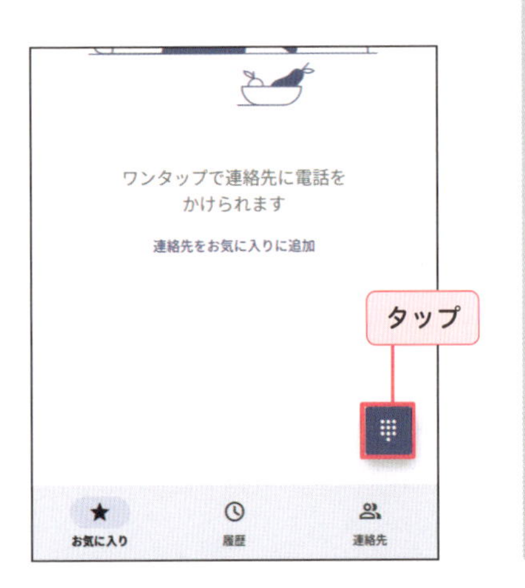

3 電話番号を入力し、「音声通話」をタップします。

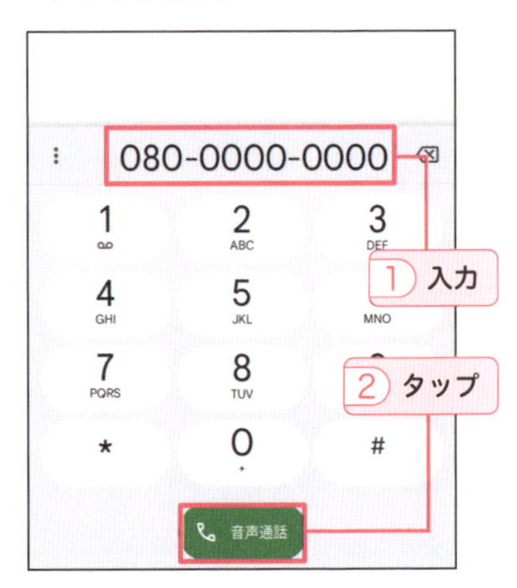

4 電話が発信されます。

電話を受ける

1 画面の操作中に着信があると、ポップアップ通知が表示されるので、タップします。

HINT スリープ状態では全画面で表示されます。

HINT 「応答」をタップするとすぐに通話を開始できます。

2 着信画面が全画面表示になります。📞を上方向にスワイプします。

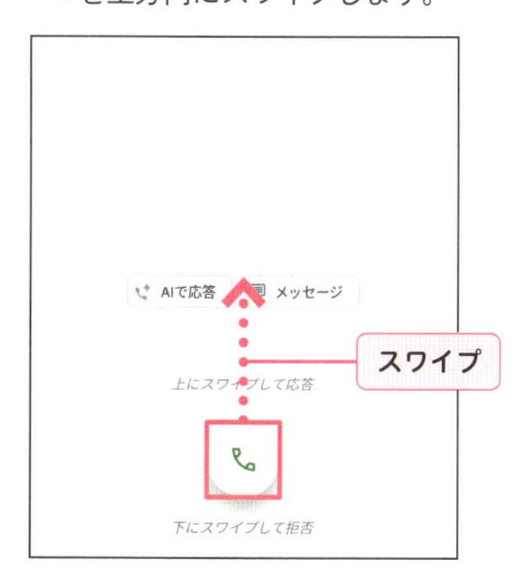

HINT 下方向にスワイプすると、拒否できます。

HINT 着信時に電源ボタンまたは音量ボタンを押せばすぐに着信音を消せます。

3 通話が開始されます。📞をタップすると通話が終了します。

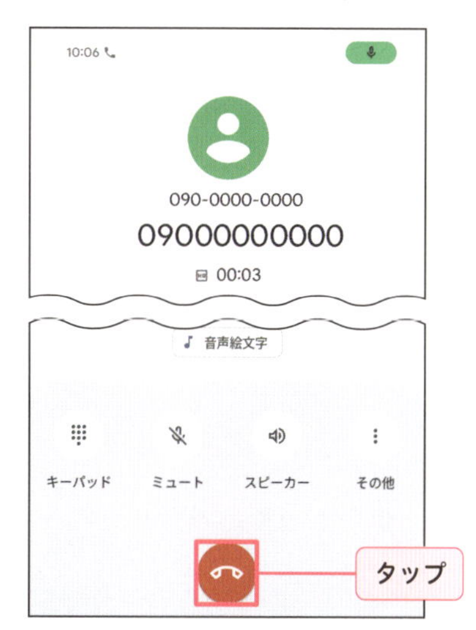

HINT 「音声絵文字」では、拍手の音、ドラムの音などを出して相手に自分の感情を表現できます。

TIPS ビデオ通話をする

通話中の画面で「その他」→「ビデオ通話」をタップすると「Meet」アプリが起動します。画面の指示に従ってビデオ通話を行います。

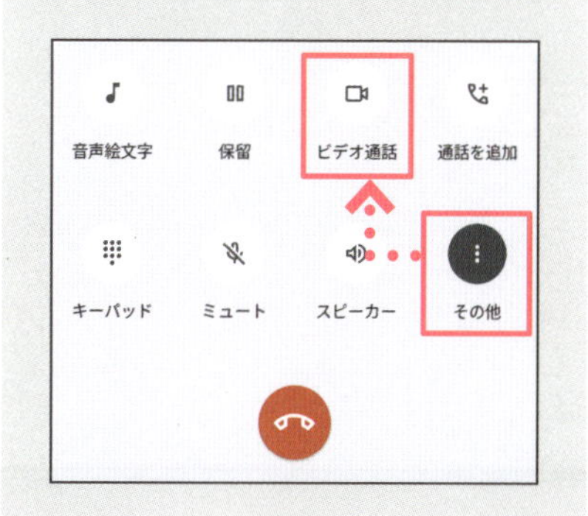

連絡帳に登録しよう

友人や家族など、頻繁に連絡を取り合う相手の連絡先を「連絡帳」アプリに登録しておくと、連絡先からワンタップで電話を発信できます。

「連絡帳」アプリから連絡先を登録する

1 「すべてのアプリ」画面で、(連絡帳)をタップして、「連絡帳」アプリを起動します。

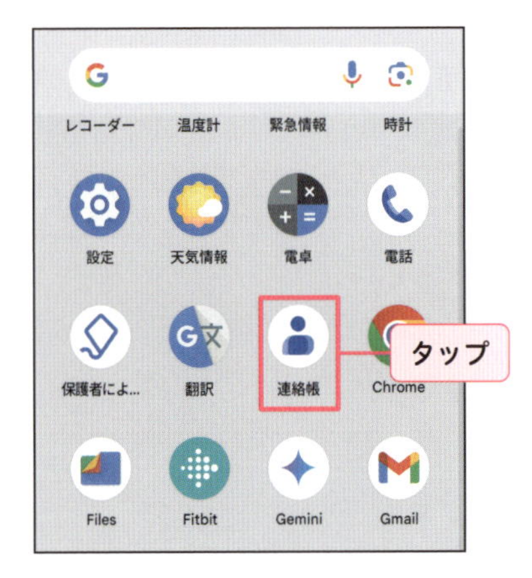

2 「連絡先」をタップし、+をタップします。

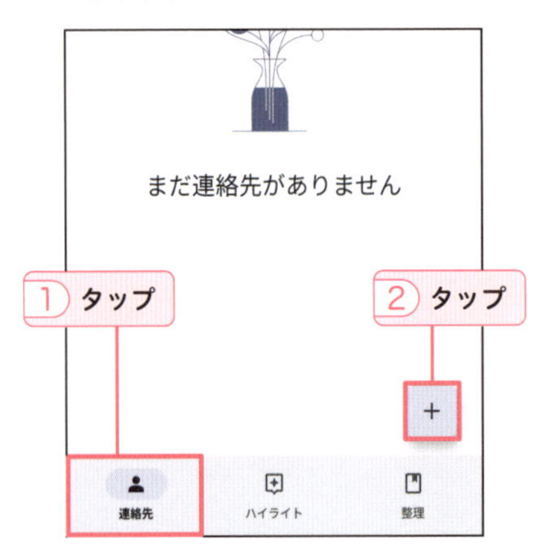

3 連絡先を保存するGoogleアカウントを設定し、登録したい相手の名前や電話番号を入力して、「保存」をタップします。

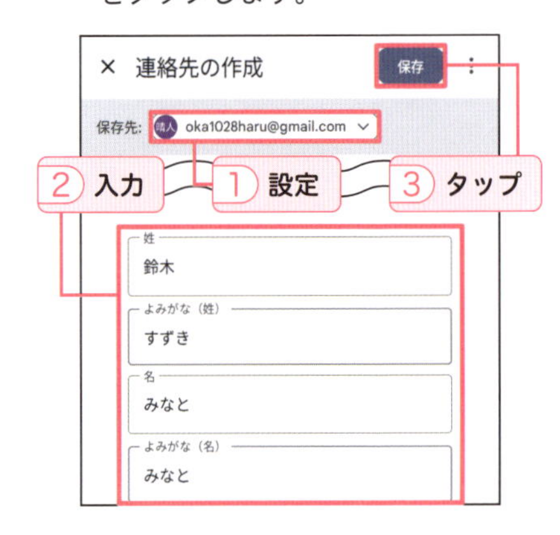

4 連絡先が登録されます。←をタップすると「連絡先」画面に戻り、一覧表示されます。

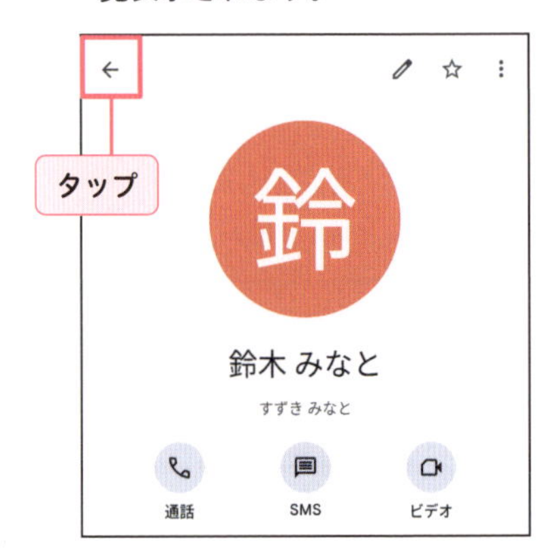

TIPS 情報を追加する

P.052手順3で画面を上方向にスワイプし、追加したい項目をタップして選択すると、メールアドレスや住所などの情報を追加できます。⊖をタップすると、項目を削除できます。

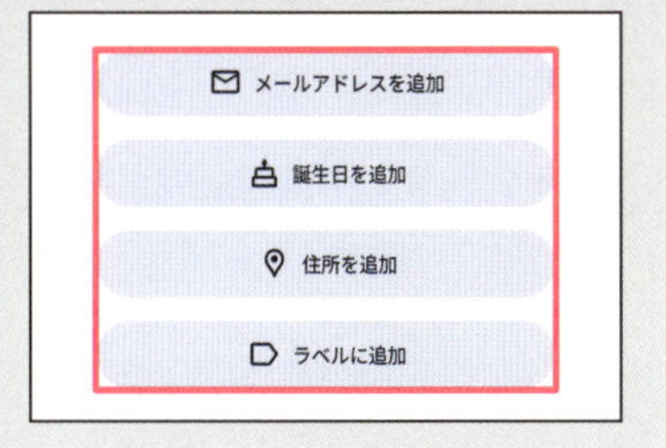

「電話」アプリから連絡先を登録する

1 「電話」アプリを起動し、「連絡先」をタップして、「新しい連絡先を作成」をタップします。

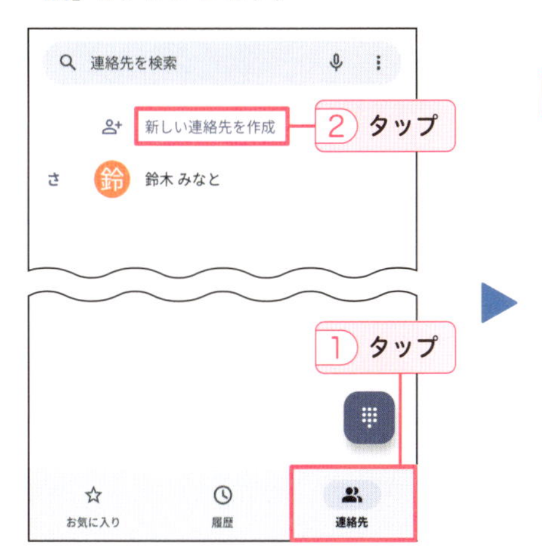

2 連絡先を保存するGoogleアカウントを設定し、登録したい相手の名前や電話番号などを入力して、「保存」をタップします。

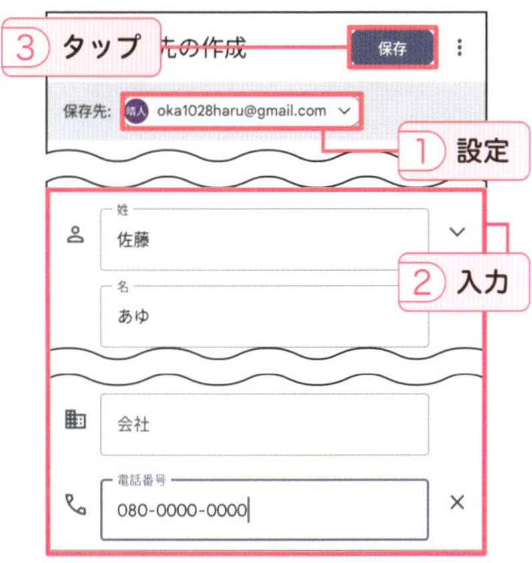

TIPS 「連絡帳」アプリと「電話」アプリ

「連絡帳」アプリや「電話」アプリに登録した連絡先は、双方の「連絡先」に反映されます。「連絡帳」アプリではGoogleアカウントを切り替えてアカウントごとに保存した連絡先を表示することもできます。「電話」アプリでは、Googleアカウントに関係なく一覧での表示となります。

連絡帳から電話をかけよう

「連絡帳」アプリに連絡先を登録すると、「電話」アプリからも電話を発信できます。手順は「連絡帳」アプリと同じです。

「連絡帳」アプリから電話を発信する

1 「連絡帳」アプリを起動し、「連絡先」をタップします。

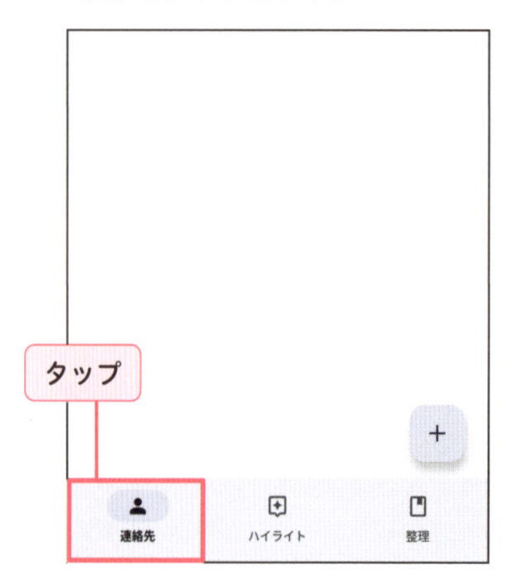

2 電話をかけたい相手をタップして選択します。

3 プロフィール画面が表示されます。「通話」をタップして発信します。

HINT をタップすると、プロフィール編集画面が表示されます。

TIPS 連絡先を削除する

プロフィール画面で、⋮→「削除」→「ゴミ箱に移動」をタップすると、連絡先が削除されます。誤って削除してしまった場合は、30日以内であれば、画面下部の「整理」→「ゴミ箱」→削除した連絡先→「復元」をタップすると、復元できます。

履歴から電話をかけよう

「電話」アプリの履歴には、過去の通話履歴が一覧で表示されています。通話相手の名前や着信があった時刻、連絡帳に登録していない相手の電話番号などを確認できます。

「電話」アプリの履歴から電話を発信する

1 「電話」アプリを起動し、「履歴」をタップします。

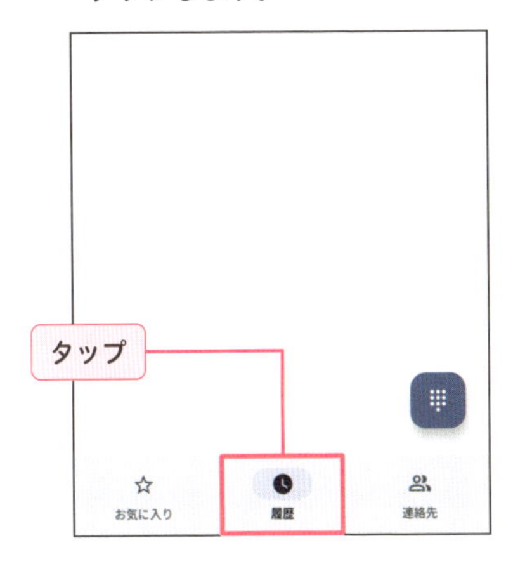

2 通話履歴が表示されます。電話をかけたい相手の📞をタップします。

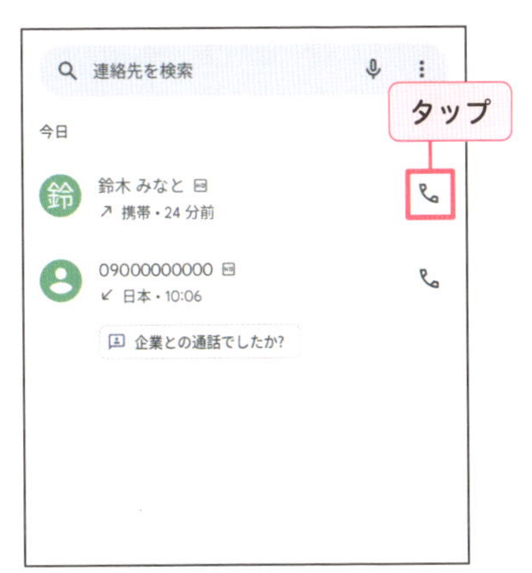

3 電話が発信されます。

TIPS 通知パネルから電話を発信する

不在着信があった場合は、通知パネルにも着信があったことが通知されます。P.024手順**1** **2**を参考に通知パネルを表示し、「かけ直す」をタップします。

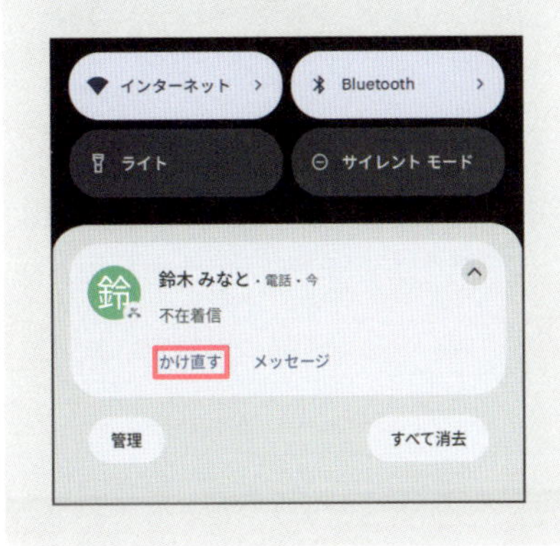

取り込み中の着信はSMSで返信しよう

電話に出られない状態のときは、着信をスルーしたり、拒否したりといったこともできますが、特定のメッセージを相手に送信して状況を伝えることもできます。

着信時にSMSでメッセージを送信する

1 着信画面で、「メッセージ」をタップします。

2 送信したいメッセージをタップして選択します。

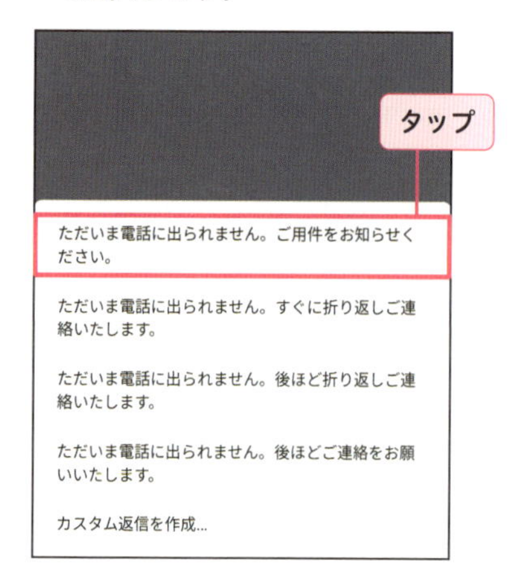

3 相手にメッセージが送信されます。あとからは、「メッセージ」アプリ（P.068参照）で確認できます。

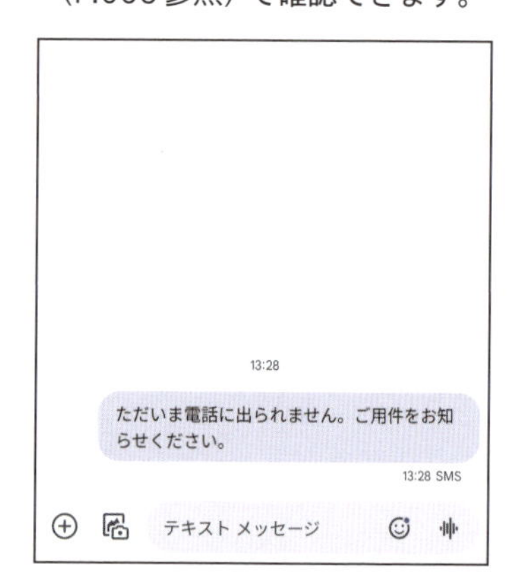

TIPS メッセージをカスタムする

手順**2**で「カスタム返信を作成」をタップすると、その場でメッセージを入力し、「送信」をタップして相手に送れます。

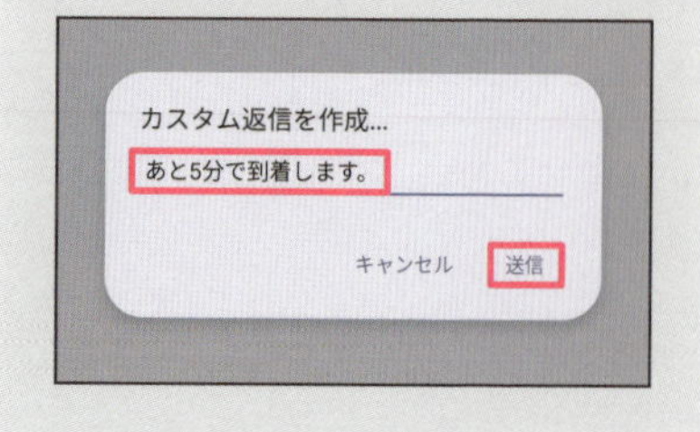

送信するメッセージを編集する

1 「電話」アプリを起動し、⋮をタップします。

2 「設定」をタップします。

3 「クイック返信」をタップします。

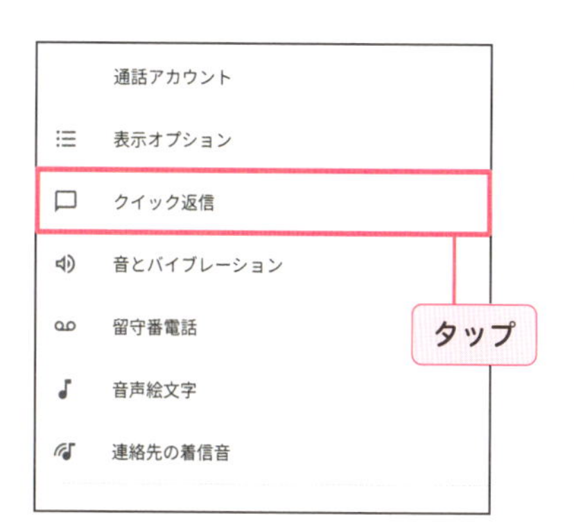

4 編集したいメッセージをタップします。

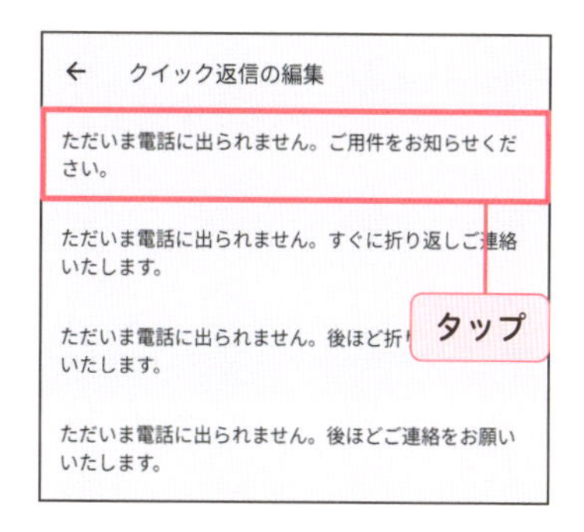

5 オリジナルのメッセージを入力し、「OK」をタップします。

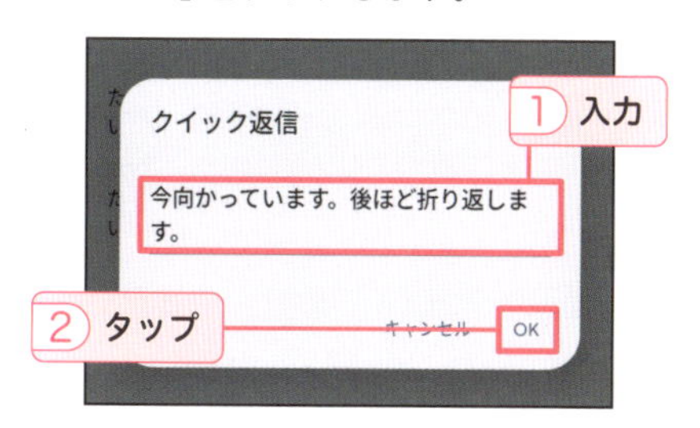

TIPS 通知パネルからメッセージを発信する

P.024手順**1** **2**を参考に通知パネルを表示し、着信通知の「メッセージ」をタップすると、「メッセージ」アプリが起動します。

電話を録音しよう

Pixel 9には電話を録音する機能は含まれていませんが、通話スクリーニング機能を使用すると、通話の音声と内容の文字起こしを保存でき、通話履歴からいつでも確認できます。

通話を録音する

1 着信画面で、「AIで応答」をタップします。

2 通話スクリーニングが開始されます。Googleアシスタントが音声で応答します。

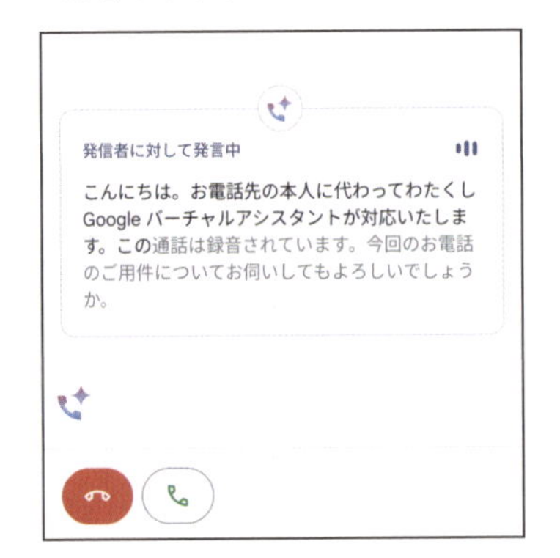

HINT で拒否、で電話に応答できます。

3 相手からの返答が文字入力されます。内容に応じて、電話に出たり、候補のフレーズをタップしたりして対応します。

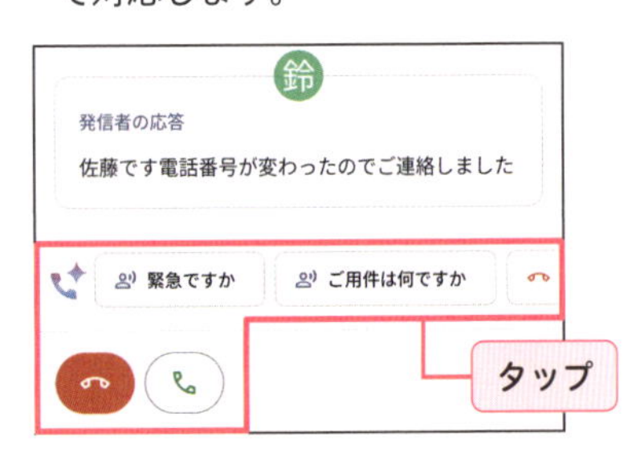

4 終了後、「電話」アプリの通話履歴を表示し、スクリーニングした相手をタップしてをタップすると音声を確認できます。

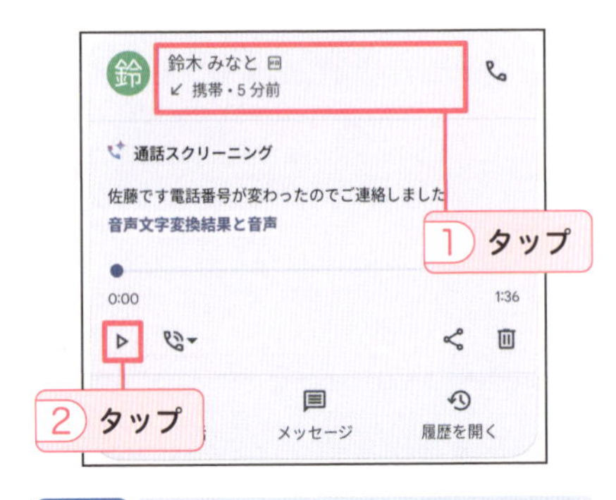

HINT 「音声文字変換結果と音声」をタップすると、文字起こしされた通話内容が表示されます。

電話を文字起こししよう

Pixel 9の自動字幕起こし機能により、通話相手の音声が字幕で表示されるほか、文字を入力して相手に自動音声でメッセージを伝えることができます。

通話を自動文字起こしする

1 「設定」アプリを起動し、「ユーザー補助」→「自動字幕起こし」をタップします。

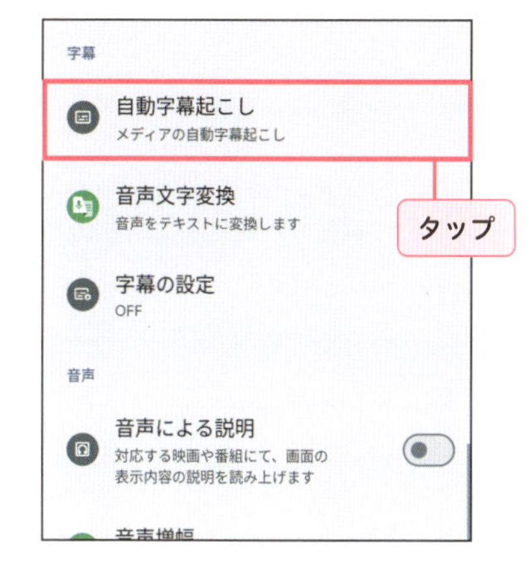

2 「自動字幕起こしを使用する」をタップしてオンにしておきます。

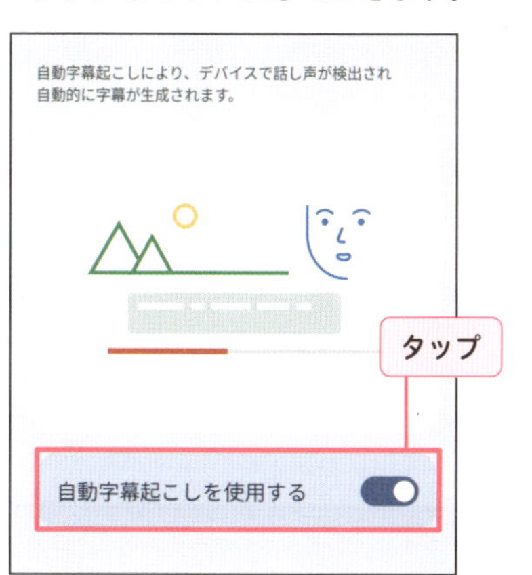

3 「電話」アプリで通話を開始すると、確認画面が表示されるので、「通話の字幕起こしをする」をタップします。

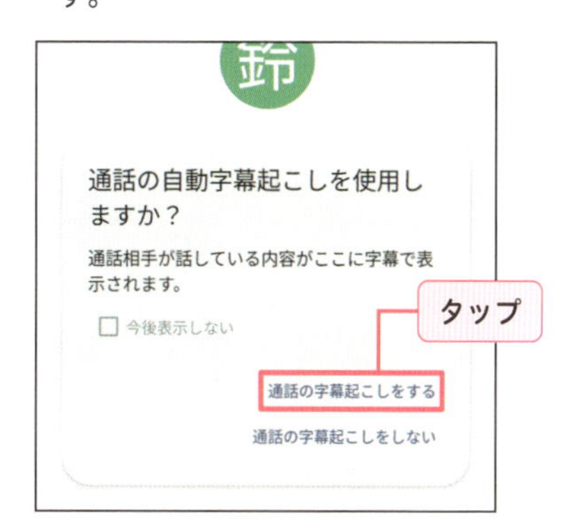

4 通話相手の音声が文字起こしされます。

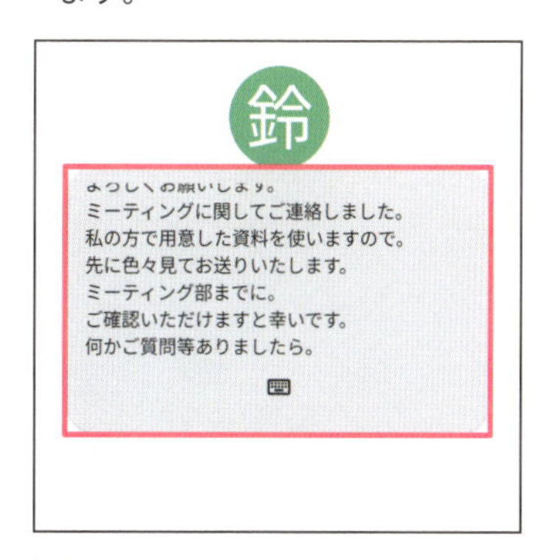

HINT ⌨で入力した文字を自動音声で相手に送信できます。

迷惑電話を着信拒否設定しよう

知らない番号から着信がある、頻繁に迷惑電話がかかってくる、といった場合は、その電話番号をブロックして着信拒否にしましょう。相手を指定したり、疑いのある番号を自動的にブロックするよう設定したりできます。

特定の電話番号を着信拒否する

1 「電話」アプリを起動し、⋮をタップします。

2 「設定」をタップします。

3 「ブロック中の電話番号」をタップします。

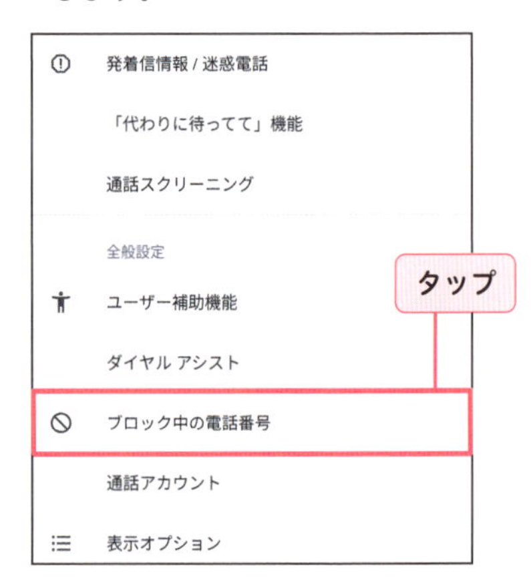

4 「番号を追加」をタップします。

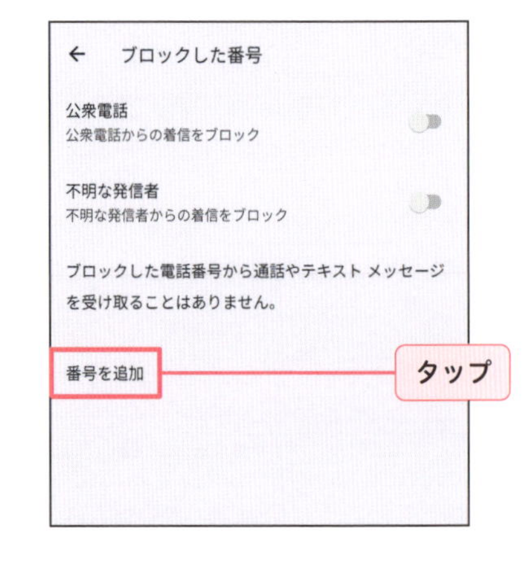

5 ブロックしたい電話番号を入力し、「ブロック」をタップします。

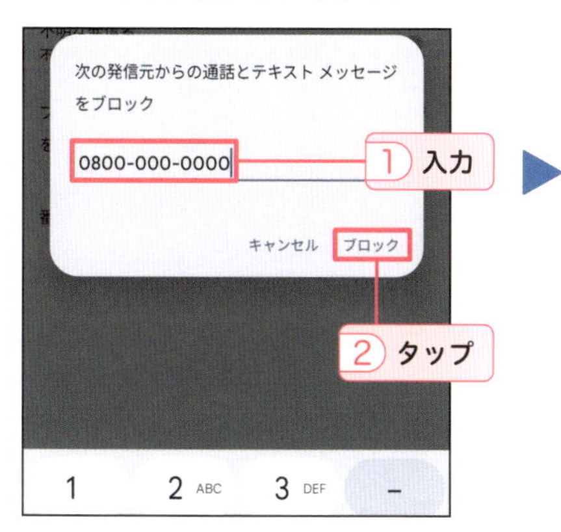

6 電話番号が「ブロックした番号」に追加されます。

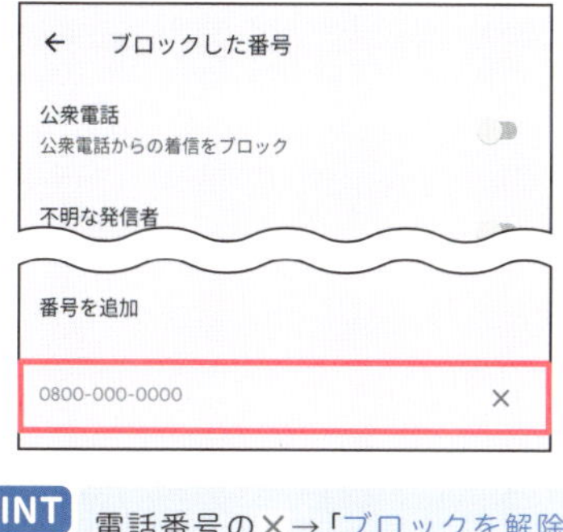

HINT 電話番号の×→「ブロックを解除」をタップしてブロックを解除できます。

迷惑電話を自動的に着信拒否する

1 P.060手順**3**で「発着信情報／迷惑電話」をタップします。

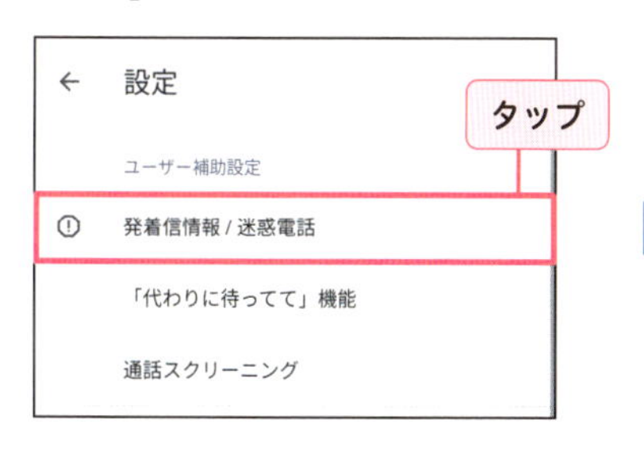

2 「迷惑電話をブロック」をタップしてオンにします。

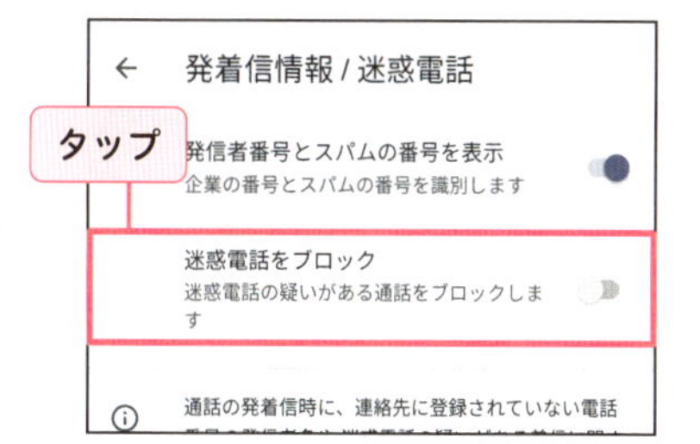

TIPS 通話履歴から相手をブロックする

「電話」アプリを起動し、「履歴」をタップして通話履歴を表示します。ブロックしたい相手を長押ししてメニューを表示し、「ブロックして迷惑電話として報告」→「ブロック」をタップします。

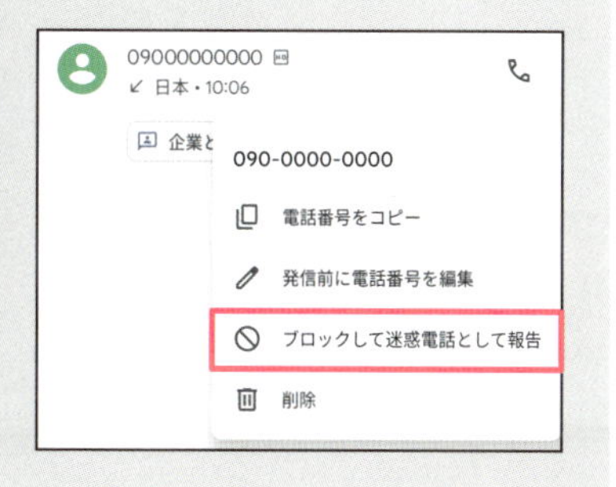

2章 電話を使いこなそう

電話中の音量設定を行おう

通話中に相手の声が聞き取りづらいときは、音量ボタンから簡単に音量を変更できます。通話中でないときは「設定」アプリからいつでも確認できます。

通話中に通話音量を変更する

1 通話中に音量ボタンを押します。

2 を上下にスライド、または音量ボタンの上部／下部を押して音量を変更します。

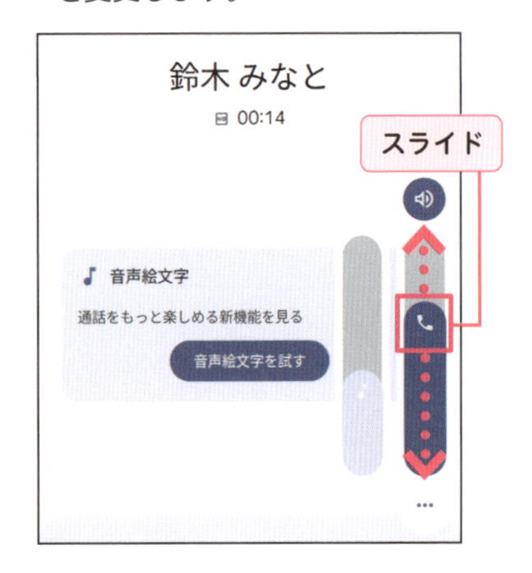

TIPS 「設定」アプリから通話音量を変更する

「設定」アプリを起動し、「音とバイブレーション」をタップすると、通話音量や着信音、通知音などの音の大きさを調節できる画面が表示されます。を左右にドラッグ、またはライン上をタップして音量を変更すると、実際の音が鳴るので、どのくらいのボリュームか確認可能です。

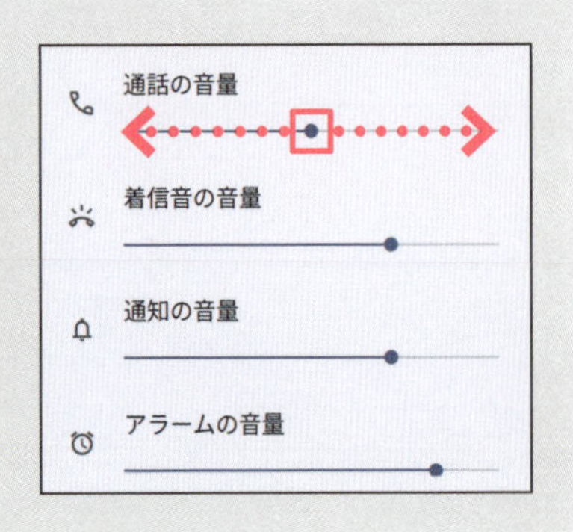

着信音の設定をしよう

電話の着信音は、Pixel 9に備わっている100以上のサウンドから選択し、好みのサウンドに変更できます。

着信音を変更する

1 「設定」アプリを起動し、「音とバイブレーション」をタップします。

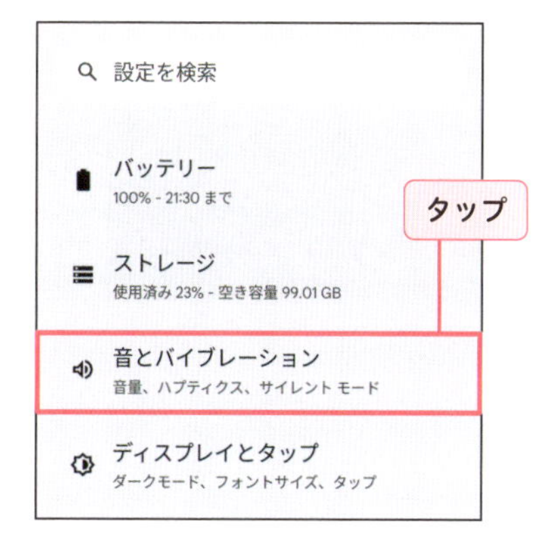

2 「着信音」をタップします。

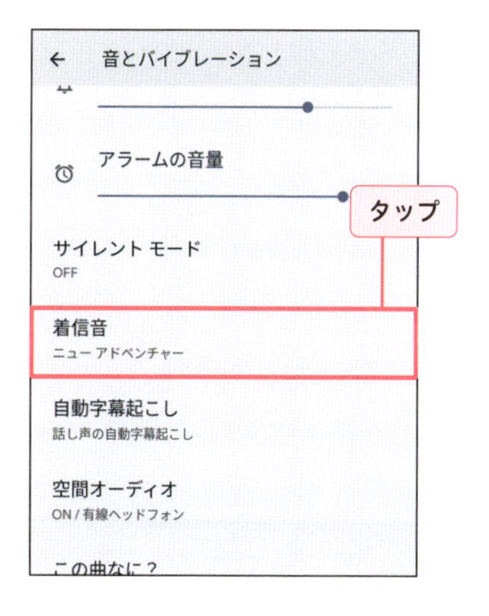

3 設定したい着信音のカテゴリをタップして選択します。

4 着信音をタップして選択し、「保存」をタップします。

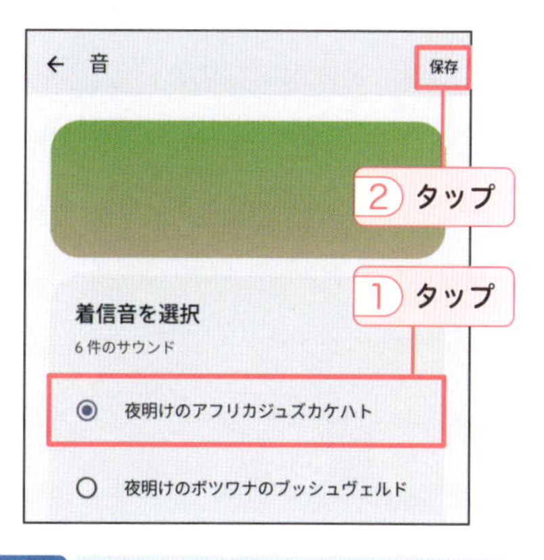

HINT 着信音をタップすると、音を試し聞きできます。

マナーモードに設定しよう

サイレントモードでは、着信音や操作音のほか、バイブレーションの動作もなくなりますが、音を鳴らさずバイブレーションで知らせてほしい場合はマナーモードに設定しましょう。

マナーモードをオンにする

1 音量ボタンを押します。

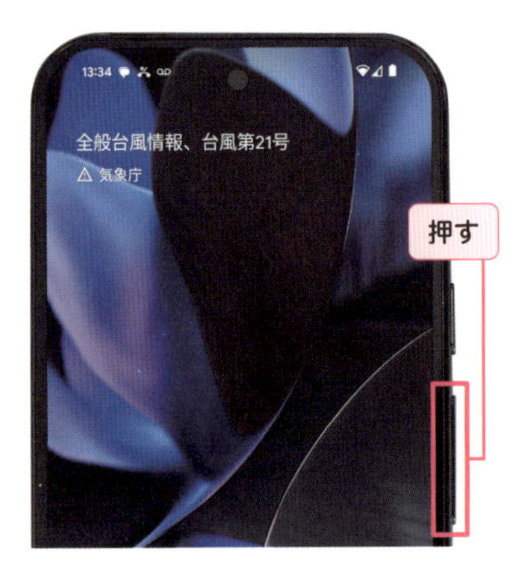

2 設定されている音声モード（ここでは🔊）をタップします。

3 ほかの音声モードが表示されます。📳（バイブレーション）をタップします。

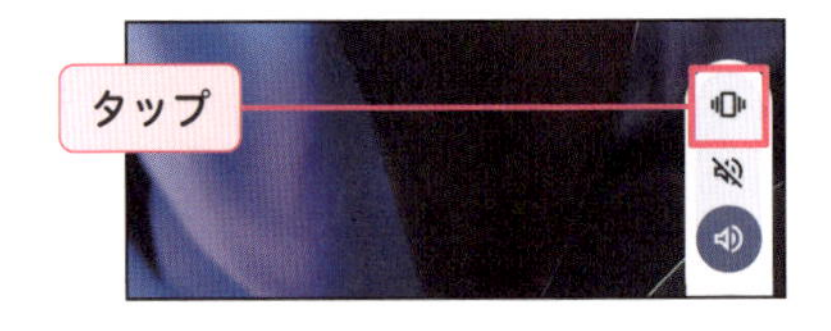

TIPS バイブレーションの強さを調節する

「設定」アプリを起動し、「音とバイブレーション」→「バイブレーションとハプティクス」をタップすると、着信時や通知時、アラームなどのバイブレーションの強さを調節できます。

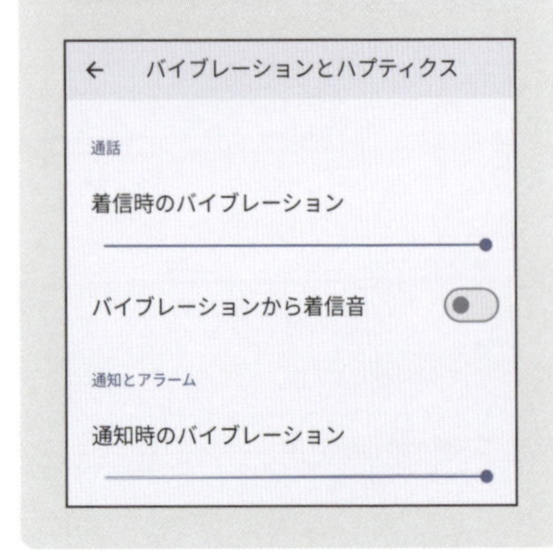

Chapter

3

SMSやメールを使おう

SMSとは？

SMSとは、「Short Message Service（ショートメッセージサービス）」の略称で、携帯電話同士で電話番号を宛先にしてメッセージのやり取りができるサービスです。

SMSアプリとは

SMSアプリとは、電話番号を使用して短いテキストメッセージ、写真、動画などを送受信できるアプリです。Pixel 9には、Googleの「メッセージ」アプリがプレインストールされており、デフォルトとして設定されています。また、NTTドコモ、au、ソフトバンクの大手通信キャリアが提供する「+メッセージ」アプリもSMSです。
機種によって専用のSMSアプリがインストールされていますが、「Playストア」アプリから別のSMSアプリをインストールすることもできます。なお、電話番号を使用してメッセージのやり取りをするので、メッセージの送信にはSIMが必要です。

「メッセージ」アプリ

「+メッセージ」アプリ

RCSとは

RCSとは、「Rich Communication Services（リッチコミュニケーションサービス）」の略称です。SMSの上位互換のメッセージサービスで、標準化されている規格です。長文メッセージのほか、高解像度の写真や動画、容量の大きいファイルなどの送受信ができます。
また、Android標準の「メッセージ」アプリはRCSに対応していましたが、iPhoneの「メッセージ」アプリでは最近まで対応しておらず、Androidとのやり取りはショートメッセージの送受信のみでした。しかし、2024年9月に登場したiOS 18からiPhoneでもRCSに対応するようになり、Androidとも長文メッセージやさまざまなデータのやり取りができるようになりました。

RCS対応のメッセージ画面

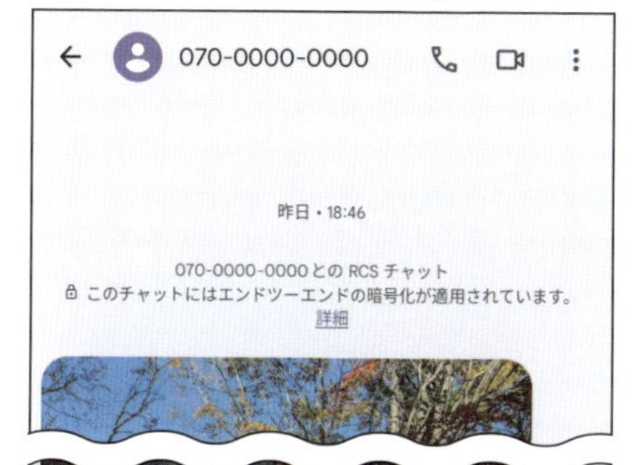

SMSでのメッセージ画面

TIPS RCSに対応している通信キャリアアプリ

日本では、NTTドコモ、au、ソフトバンクが提供する「＋メッセージ」アプリと楽天モバイルが提供する「Rakuten Link」アプリがRCSに対応しています。それぞれ、同じアプリ同士でしかRCSのメッセージのやり取りができないことに注意してください。

SMSを設定しよう

ここでは、Pixel 9のSMSアプリである「メッセージ」アプリを使って解説します。よく使う別のSMSアプリがある場合は、デフォルトのアプリを切り替えると利用できるようになります。

「メッセージ」アプリを起動する

1 ホーム画面で をタップし、「メッセージ」アプリを起動します。

2 初回は、ログインするGoogleアカウントを選択し、「○○で続行」をタップします。

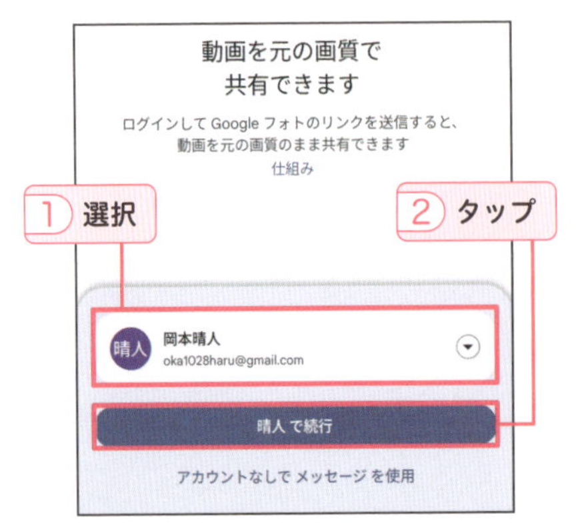

3 「OK」をタップします。

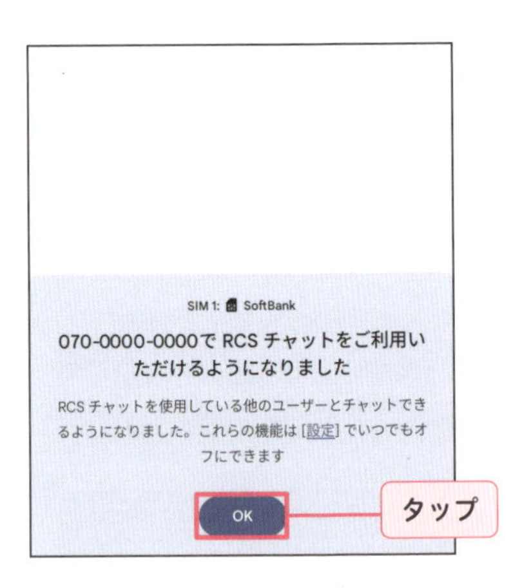

4 「メッセージ」画面が表示されます。

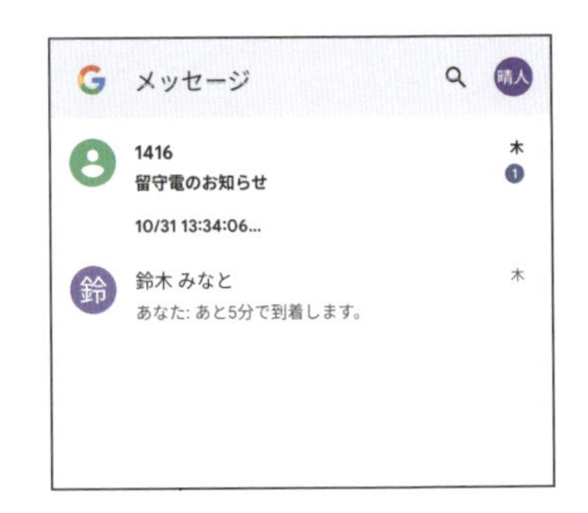

HINT 最新のメッセージは最上部に表示されます。

デフォルトのSMSアプリを切り替える

1 「設定」アプリを起動し、「アプリ」をタップします。

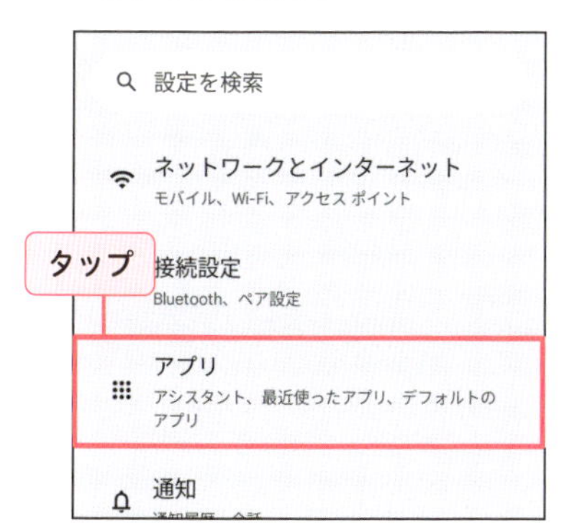

2 「デフォルトのアプリ」をタップします。

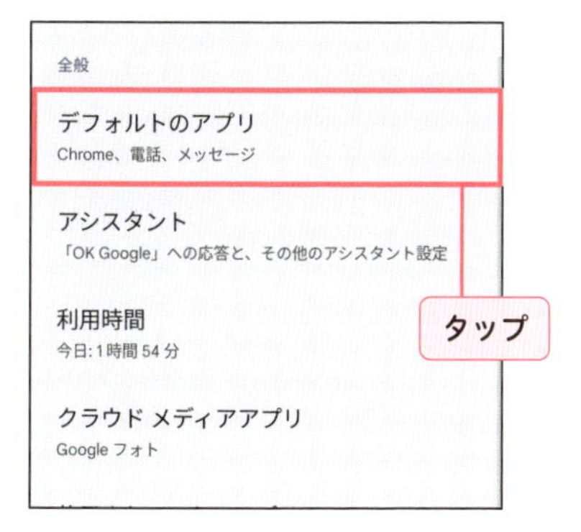

3 「SMSアプリ」をタップします。

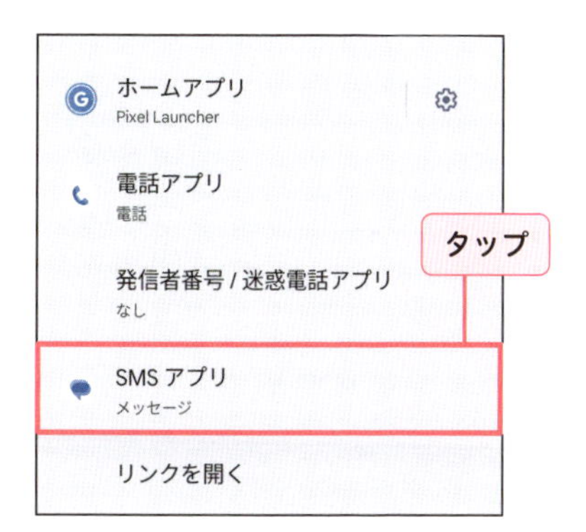

4 インストール済みのSMSアプリの一覧が表示されます。

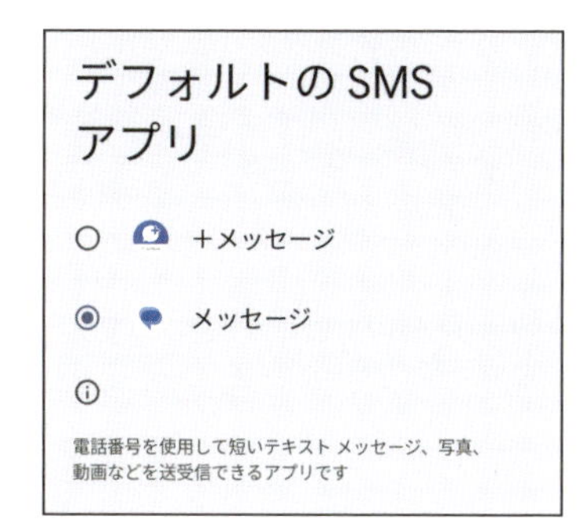

5 使用したいSMSアプリをタップして選択します。

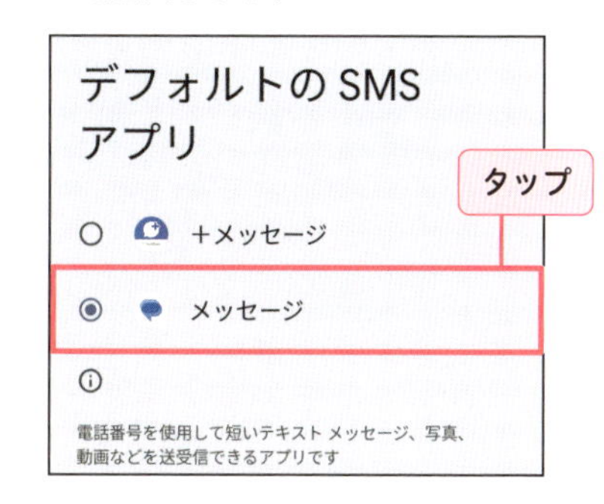

デフォルトのSMSアプリ

インストールしているSMSアプリが複数あったとしても、デフォルトに設定していないアプリでSMSは使用できません。デフォルトのSMSアプリでのみ、履歴の確認や送受信が可能です。

メッセージ アプリを使用するには、まずメッセージをデフォルトの SMS アプリに設定してください

デフォルトのアプリに設定

メッセージを送信しよう

「メッセージ」アプリを使えるようにしたら、早速メッセージを作成してみましょう。どちらか一方が相手の電話番号さえ知っていれば、簡単にメッセージのやり取りをはじめられます。

メッセージを送信する

1 「メッセージ」アプリを起動し、「チャットを開始」をタップします。

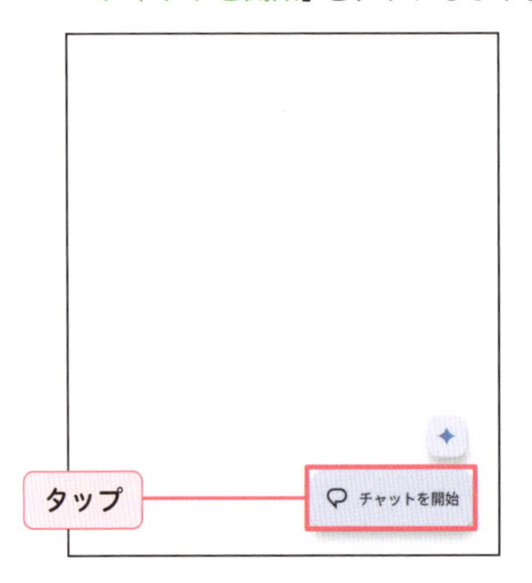

2 「宛先」の入力欄に名前、電話番号、メールアドレスのいずれかを入力し、表示された候補をタップします。

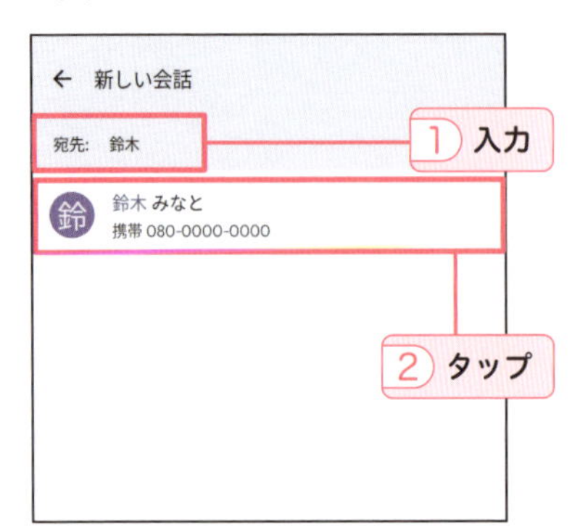

3 相手とのメッセージ画面が表示されます。

4 メッセージ入力欄をタップし、メッセージを入力して、SMSをタップします。

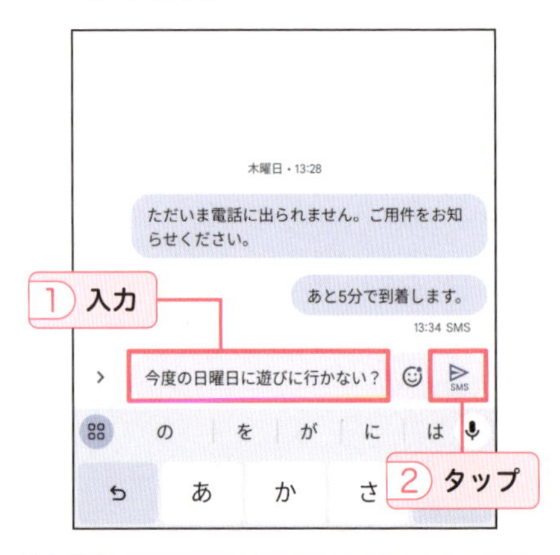

HINT ☺をタップすると絵文字やステッカーなどを送信できます。

5 メッセージが送信されます。

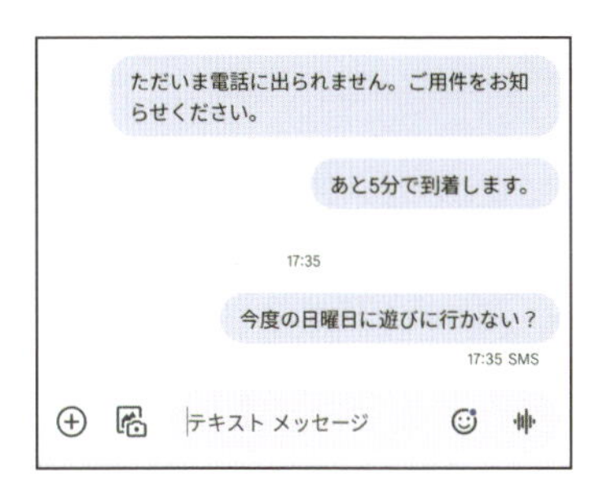

HINT をタップすると音声を録音して送信できます。

TIPS 送信したメッセージを削除する

送信したメッセージを長押しし、→「削除」をタップすると、メッセージが削除されます。ただし、自分のメッセージ画面上から消えるだけで相手の画面には残っています。

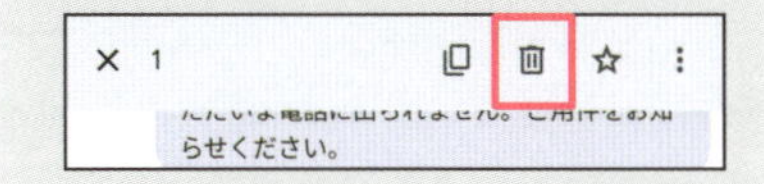

メッセージの通知から返信する

1 P.024手順**1** **2**を参考に通知パネルを表示し、メッセージの通知の「返信」をタップします。

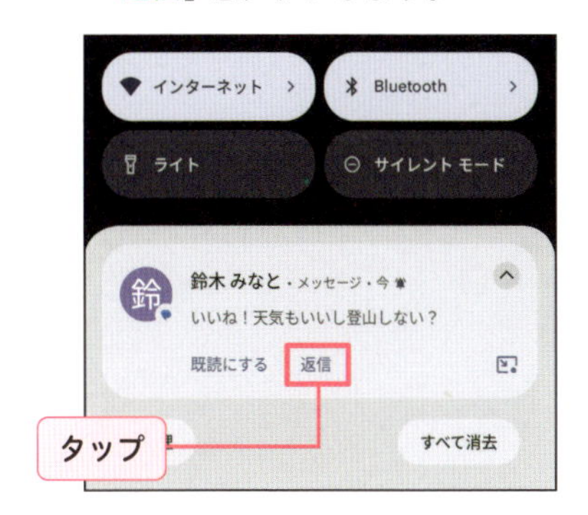

2 相手とのメッセージ画面が表示されるので返信します。

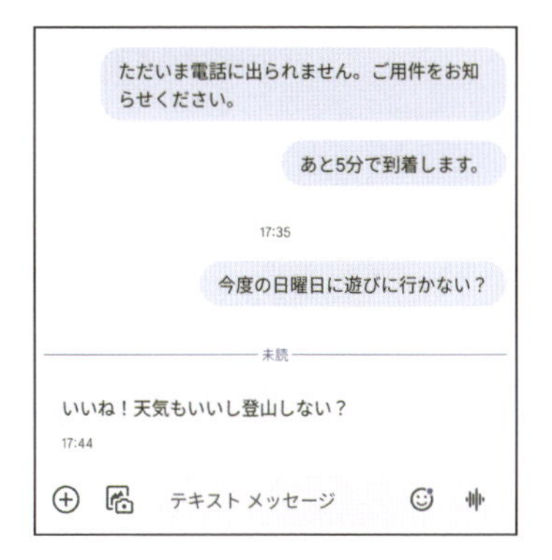

TIPS 「連絡帳」アプリからSMSを送信する

「連絡帳」アプリを起動し、「連絡先」をタップします。連絡する相手をタップして選択すると、プロフィール画面が表示されるので、「SMS」をタップするとメッセージ画面が表示されます。

メッセージで写真を送ろう

「メッセージ」アプリでは、相手に写真や動画を送って思い出を共有できます。また、Geminiとのチャットを作成して会話や写真、プロンプトのやり取りを楽しむことも可能です。

「メッセージ」アプリで写真を送信する

1 送信相手とのメッセージ画面を表示し、をタップします。

2 送信したい写真をタップして選択します。

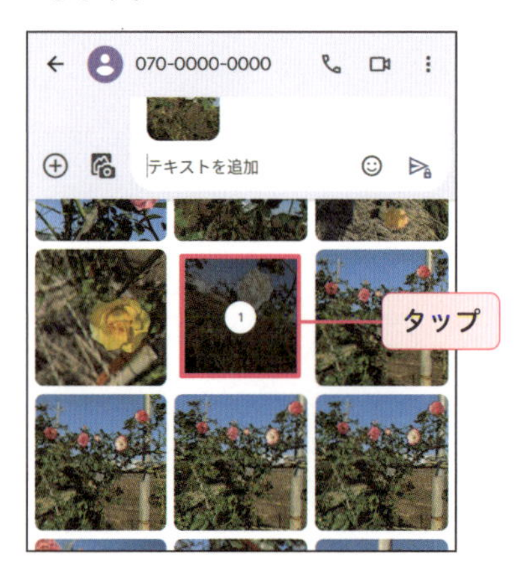

3 メッセージ入力欄に選択した写真が表示されるので確認し、を タップします。

HINT をタップするとその場で撮影した写真を送信できます。

4 写真が送信されます。

Geminiとチャットする

1 「メッセージ」アプリを起動し、✦をタップします。

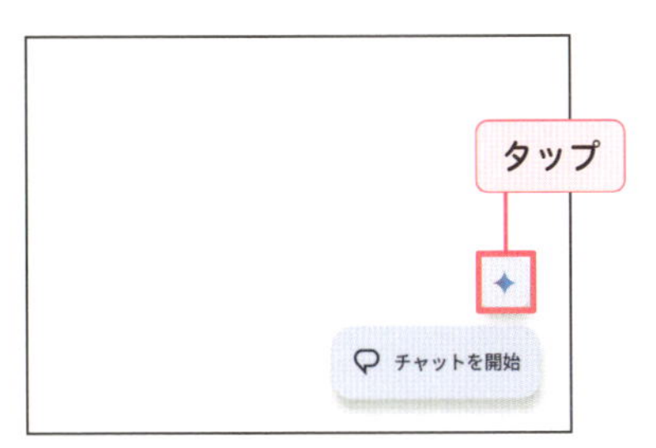

2 初回は「Geminiを使ってみる」をタップします。

3 Geminiとのメッセージ画面が表示されます。

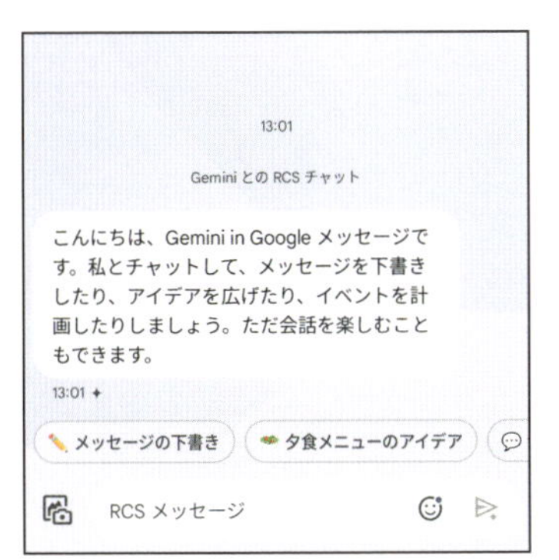

HINT 入力欄上のプロンプトの候補をタップすることでも送信できます。

4 メッセージ入力欄をタップしてプロンプトを入力し、▷をタップします。

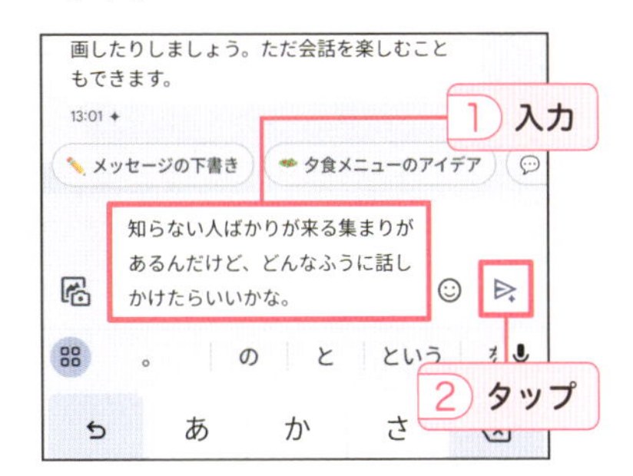

5 Geminiから回答が生成されます。

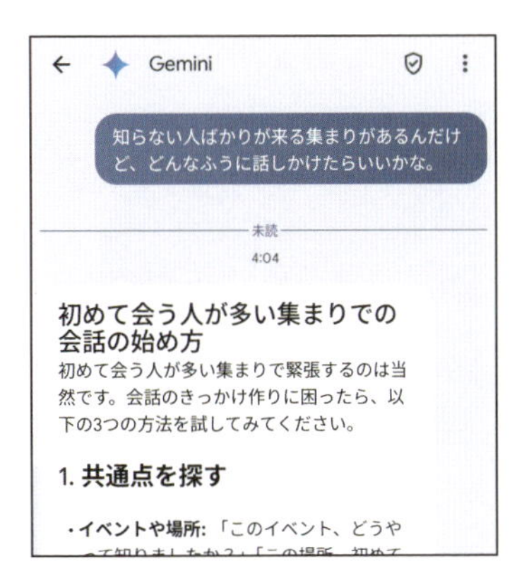

TIPS プロンプトに写真を追加する

Geminiとのチャットでは、🖼をタップしてP.072を参考に写真を送信することもできます。

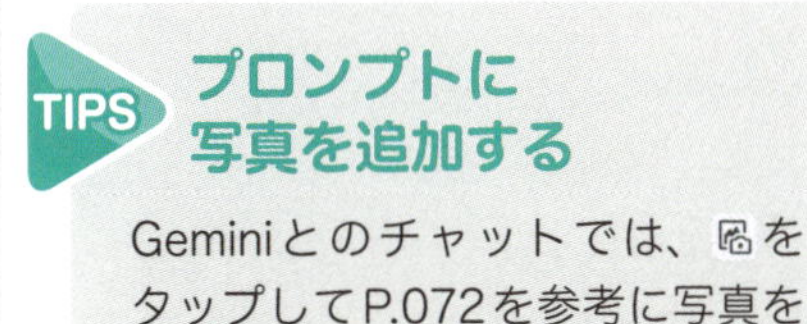

送られてきたメッセージの写真を保存しよう

送られてきた写真は、リアクションを付けたり、保存したり、編集したりできます。「フォト」アプリに保存できるので、いつでも見返すことができます。

受信したメッセージの添付写真を保存する

1 送信相手とのメッセージ画面を表示し、送られてきた写真をタップします。

2 をタップすると端末内に保存されます。

HINT をタップすると共有できます。

3 ホーム画面で（フォト）をタップして「フォト」アプリを起動し、「コレクション」→「メッセージ」で確認できます。

TIPS 写真にリアクションする

送受信した写真を長押しし、表示されたリアクションをタップして選択すると、相手に自分の感情を送信できます。

メッセージで位置情報を送ろう

「メッセージ」アプリに位置情報へのアクセスを許可すると、待ち合わせ場所を共有する、自分の現在地を知らせる、といったことができます。

メッセージで位置情報を送信する

1 送信相手とのメッセージ画面を表示し、⊕をタップします。

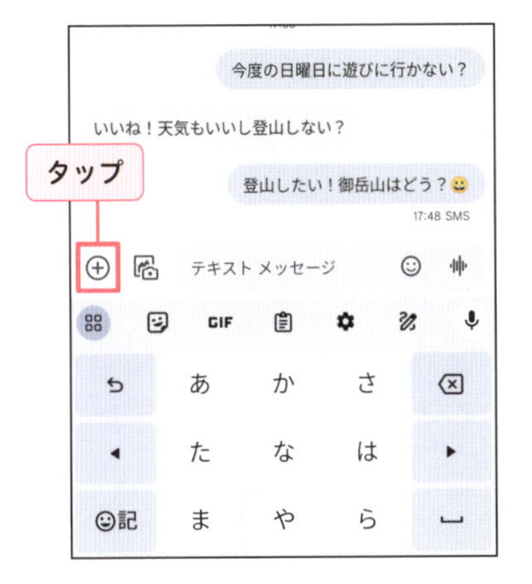

2 「場所」をタップします。

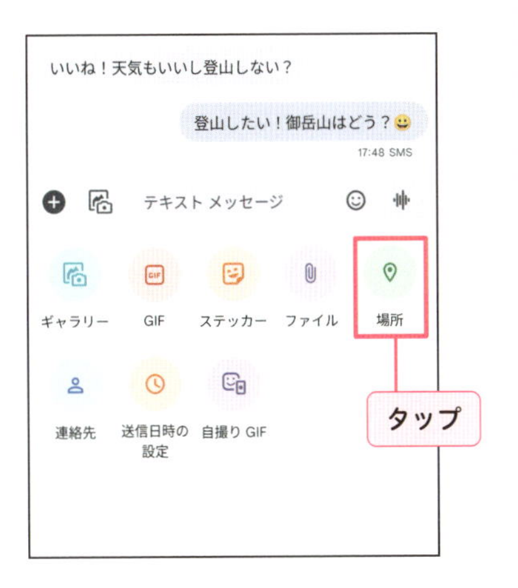

3 初回は、位置情報へのアクセスを許可します。

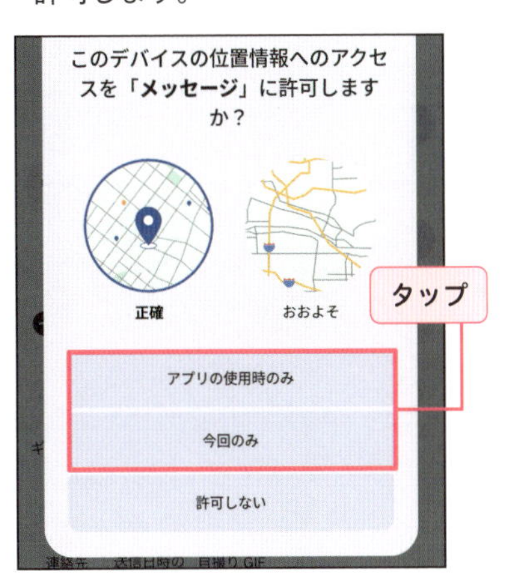

4 位置情報が表示されます。▷SMS をタップして送信します。

「Gmail」アプリの画面構成を知ろう

「Gmail」アプリは、Pixel 9にデフォルトでインストールされているメールアプリです。Googleアカウントがあればすぐに利用を開始できます。

「Gmail」アプリの受信トレイ画面構成

❶メインメニュー
メニューを表示します。

❷メールを検索
キーワードを入力してメールを検索します。

❸自分のアカウントアイコン
Googleアカウントを追加したり切り替えたりします。

❹メールのアカウントアイコン
メールを複数選択でき、まとめて削除したりアーカイブしたりできます。

❺スター
メールにスターを付けて「スター付き」ラベルに振り分けられます。

❻受信トレイ
受信したメールが表示されます。未読のメールは太字で強調されています。

❼作成
メール作成画面が表示されます。

❽メールタブ
送受信したメールが一覧で表示されます。

❾Meetタブ
Google Meetでビデオ会議を開始できます。

「Gmail」アプリの受信メール画面構成

❶アーカイブ
メールをアーカイブします。

❷ゴミ箱
メールを削除します。

❸未読
既読メールを未読に変更します。

❹その他のオプション
メールを移動、スヌーズ、ミュートしたりします。

❺スター
メールにスターを付けて「スター付き」ラベルに振り分けられます。

❻リアクション
絵文字を使ってリアクションを返信できます。

❼返信
メールを返信します。

❽その他のオプション
メールを転送、翻訳、ブロックしたりします。

❾クイック返信
AIによる返信の候補です。

❿ファイルを添付
写真やドキュメントなどを添付できます。

⓫返信の種類
返信、転送、受信者を変更から選択します。

⓬テキストボックス
メッセージを入力して送信します。

⓭転送
メールを転送します。

⓮リアクション
絵文字を使ってリアクションを返信します。

メールを送信しよう

送信相手のメールアドレスを知っていれば、メールを作成できます。写真や動画、ファイルなどを添付して情報を共有し合うことも可能です。

メールを送信する

1 ホーム画面で(Gmail)をタップし、「Gmail」アプリを起動します。

2 「作成」をタップします。

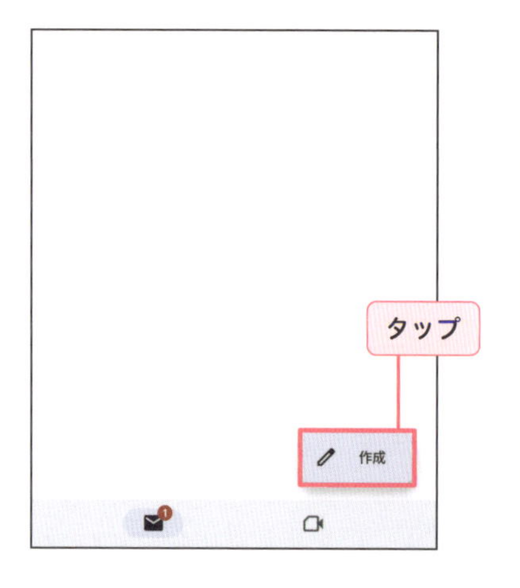

3 「宛先」に相手のメールアドレスを入力し、表示されたメールアドレスをタップします。

4 「件名」の部分をタップして入力し、「メールを作成」をタップします。

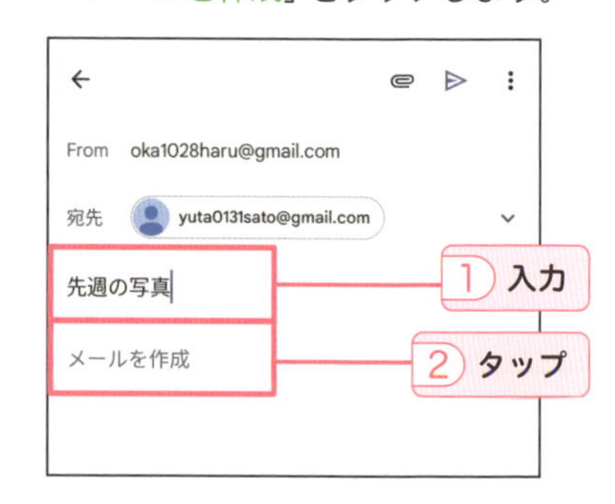

HINT 「宛先」のをタップして、Cc/Bccに同時に送る別のメールアドレスを追加できます。

5 メールの内容を入力し、をタップします。

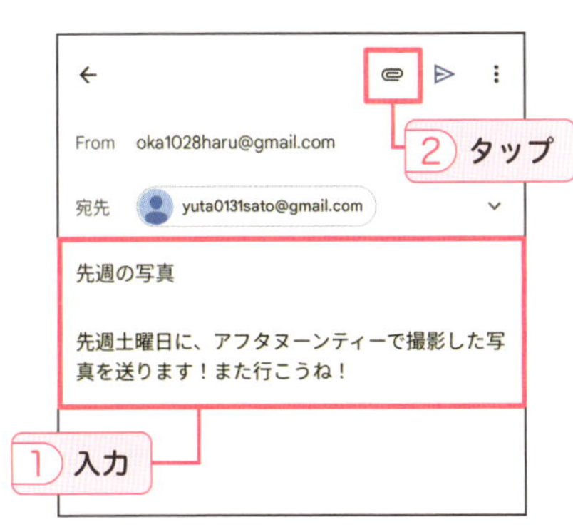

6 「添付」をタップします。

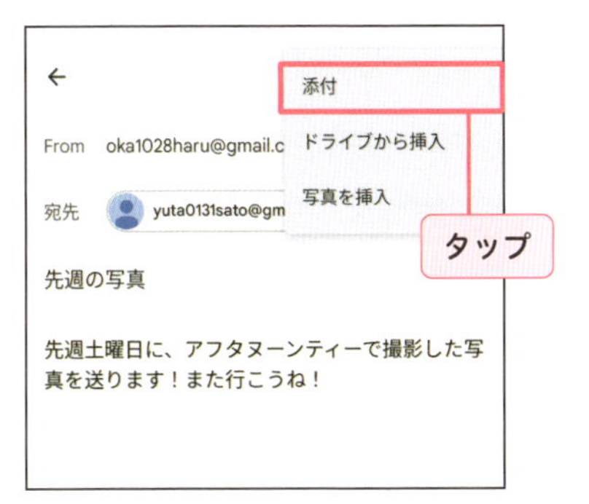

7 添付したい写真をタップして選択します。

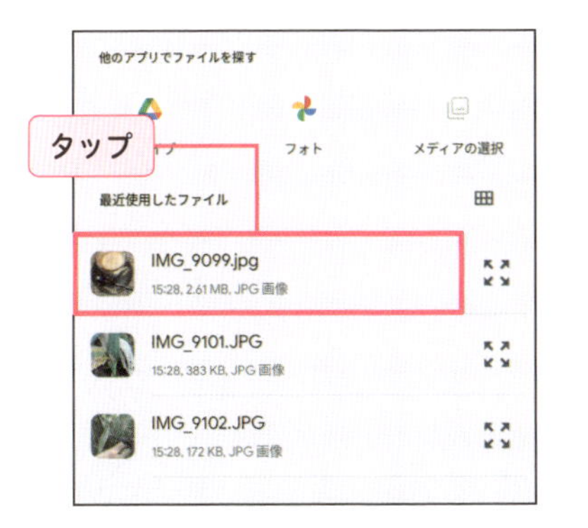

HINT 複数の写真を選択する場合はサムネイルをタップします。

8 写真が添付されるので、をタップして送信します。

HINT 写真の右下の✕をタップすると、写真を削除できます。

TIPS 送信日時を設定する

メール作成画面で、⋮をタップして「送信日時を設定」をタップすると、送信する日時を設定し、自動的に送信できます。メールは「送信予定」ラベルに振り分けられます。

送られてきたメールに返信しよう

受信したメールから返信すると、メールアドレスの入力ミスを防ぐことができます。またメールに添付された写真は端末に保存できます。

メールに返信する

1 「Gmail」アプリを起動し、返信したいメールをタップします。

2 受信メールが開きます。↩をタップします。

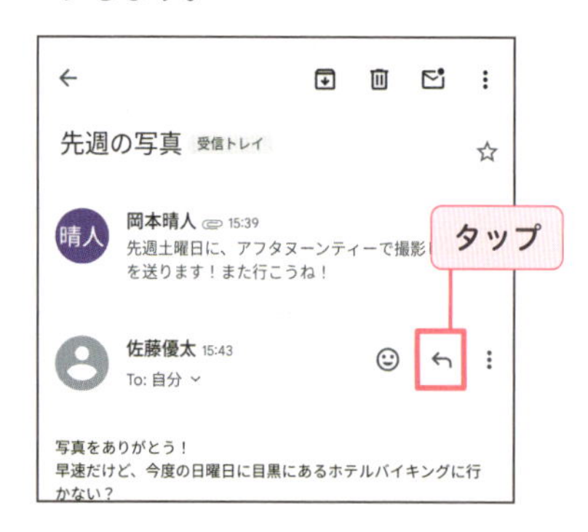

HINT ☺をタップすると、リアクションを送信できます。

3 メールの返信画面が表示されるので、メールの内容を入力し、▷をタップして返信します。

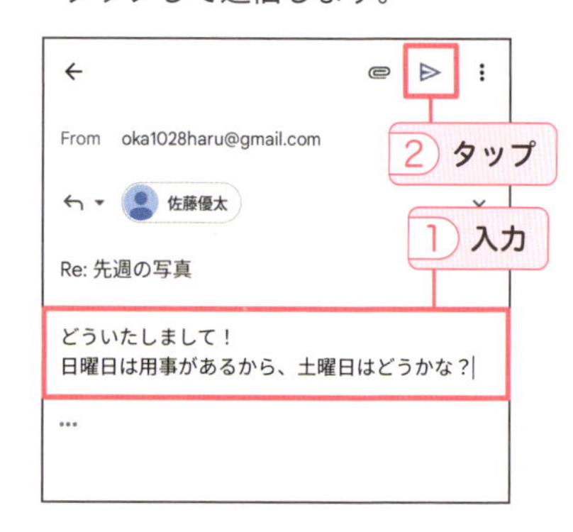

TIPS 通知ドット

メールなど、何らかの通知があると、ステータスバーに該当するアプリのアイコンが表示され、アプリアイコンにもドットが表示されます。ドットを非表示にするには、「設定」アプリを起動し、「通知」→「アプリアイコン上の通知ドット」をオフにします。

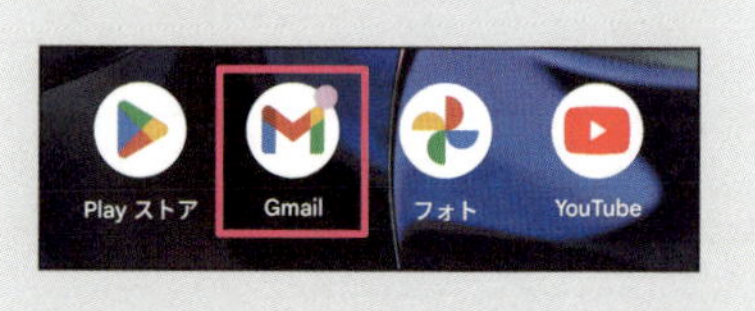

受信メールの添付写真を保存する

1 受信メールを開きます。写真の⬇をタップすると、ダウンロードされます。

HINT 🔺は「ドライブ」アプリに、✤は「フォト」アプリに保存できます。

2 ホーム画面で（フォト）をタップし、「フォト」アプリを起動します。

3 「コレクション」をタップし、「Download」をタップします。

4 ダウンロードされた写真が表示されます。

TIPS クイック返信

受信メールを開くと、画面下部に返信するメッセージの候補が表示されています。タップすると、テキストボックスに入力され、そのまま返信できます。素早く簡単な返事をするときは便利です。

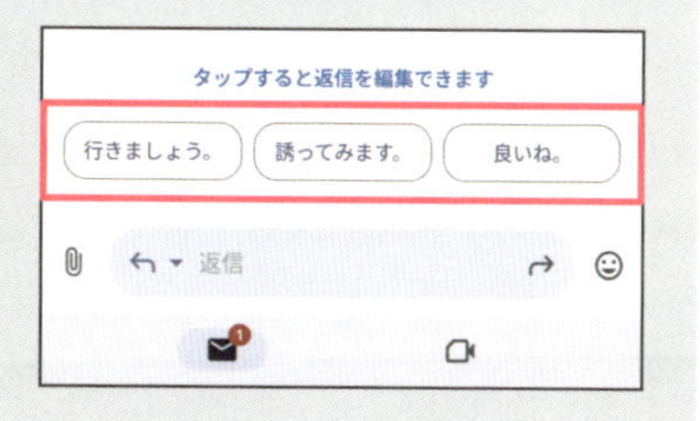

3章 SMSやメールを使おう

メールを整理しよう

送受信したメールは、ラベル分けしたり、アーカイブしたりして整理することで、重要なメールの見落としを防ぎ、管理しやすくなります。なお、ラベルの作成はパソコンで行う必要があります。

ラベルを作成する

1 パソコンの「Chrome」アプリでPixel 9の「Gmail」アプリと同じGoogleアカウントにログインし、「Gmail」をクリックします。

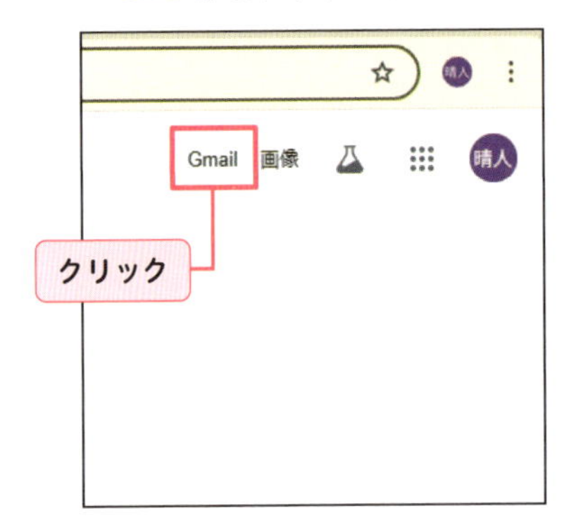

2 Gmailの画面が開いたら、「もっと見る」をクリックします。

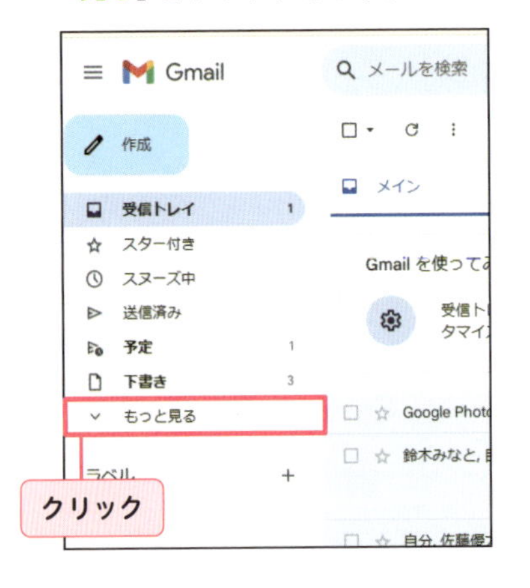

3 「新しいラベルを作成」をクリックします。

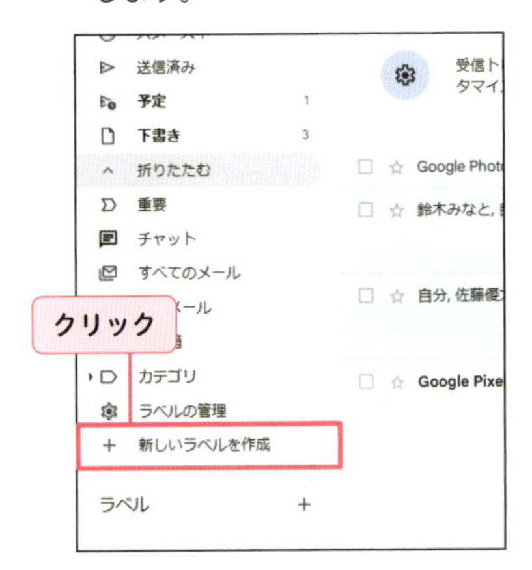

4 作成したいラベル名を入力し、「作成」をクリックし、ラベルを作成しておきます。

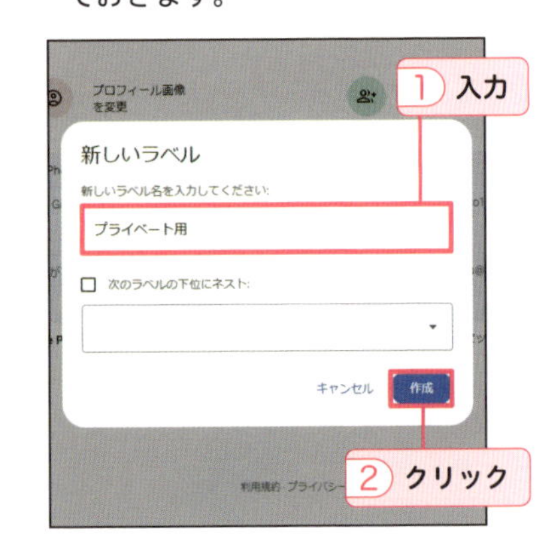

メールをラベル分けする

1 「Gmail」アプリを起動し、ラベル分けしたいメールのアカウントアイコンをタップしてチェックし、⋮をタップします。

2 「ラベルを変更」をタップします。

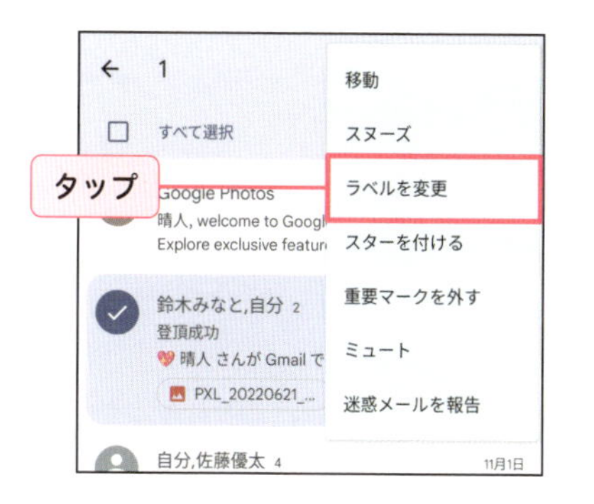

3 メールを仕分けたいラベルをタップしてチェックし、「OK」をタップします。

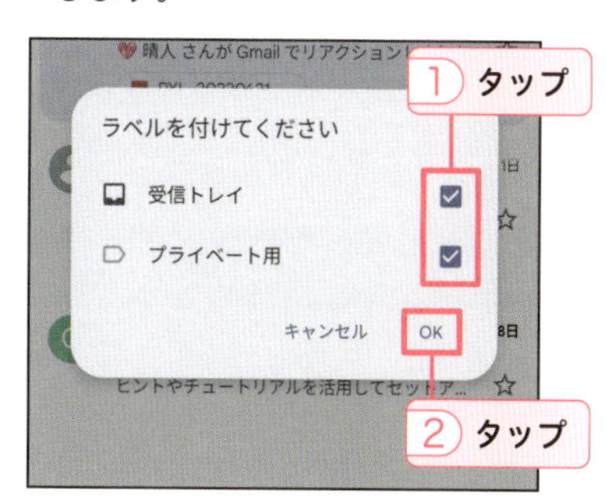

4 ≡（メインメニュー）をタップし、「すべてのラベル」から作成したラベルをタップしてメールを表示できます。

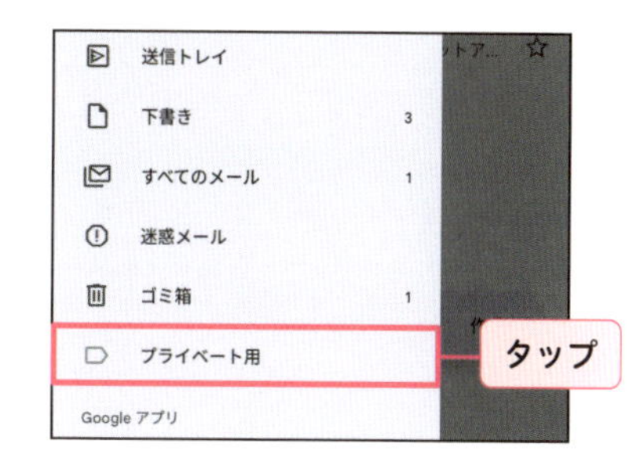

TIPS メールをアーカイブする

メールを右または左方向にスワイプすると、メールがアーカイブされ、「Gmail」アプリのメイン画面（「メイン」ラベル）に表示されなくなります。データは保存されているので、内容を再確認したい場合は、送信者やメールの内容で検索して表示できます。また、上の手順**4**で「すべてのメール」ラベルをタップすると、そこから確認できます。

メールの通知設定をしよう

ラベルごとにメールの通知を制限したり、Googleアカウントごとにメールの通知設定を変更したりできます。通知の種類ごとに自分でカスタマイズしましょう。

「Gmail」アプリの通知をオフにする

1 「Gmail」アプリを起動し、≡をタップします。

2 「設定」をタップします。

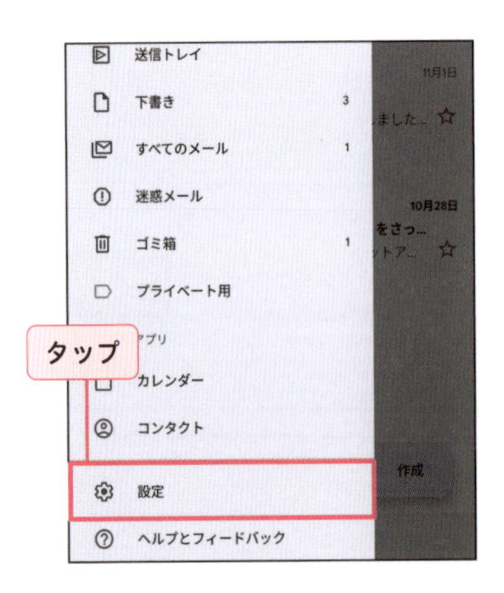

3 「全般設定」をタップします。

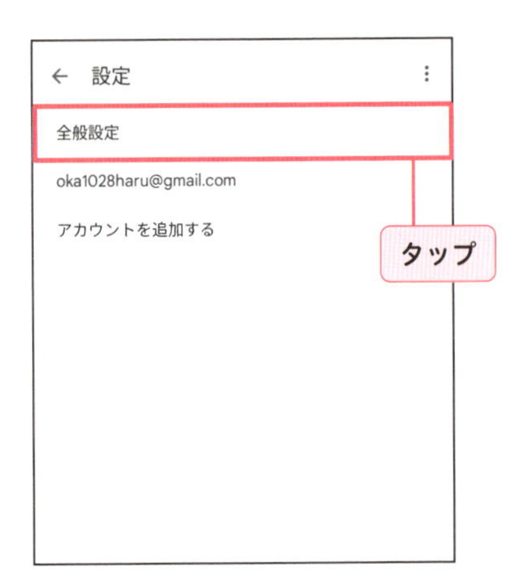

4 「通知を管理する」をタップします。

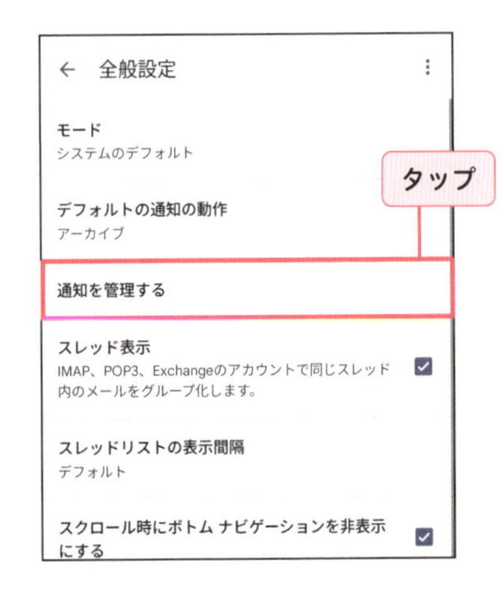

5 「Gmailのすべての通知」をタップしてオフにします。

TIPS 通知のカスタマイズ

手順**5**で「その他」をタップすると、Pixel 9で受け取る各通知の種類をカスタマイズできます。

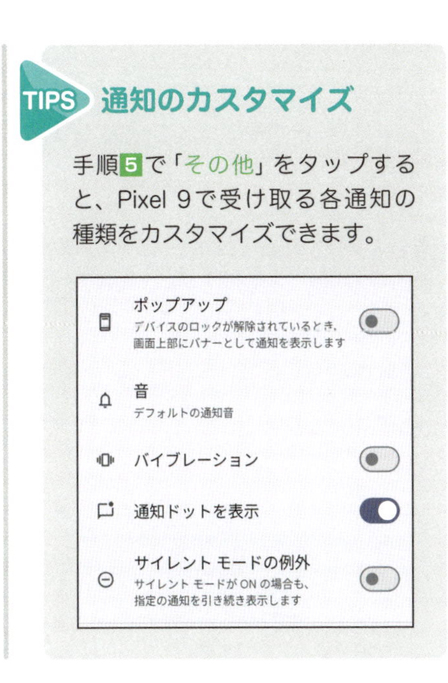

Googleアカウントごとに通知をオン／オフする

1 P.084手順**3**で設定を変更したいGoogleアカウント名→「通知を管理する」をタップします。

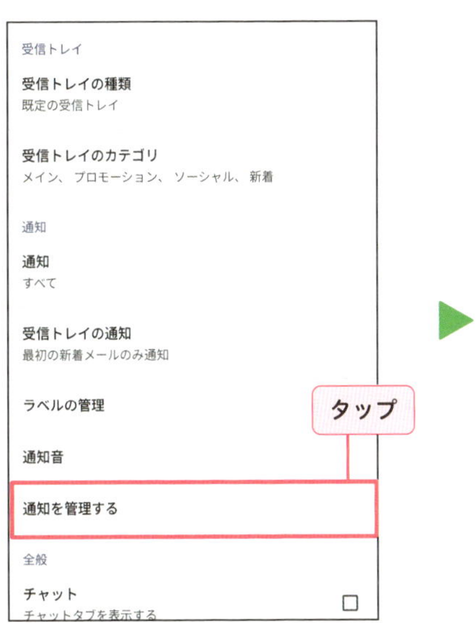

2 「通知を表示」をタップしてオン／オフを変更できます。各通知のカスタマイズもできます。

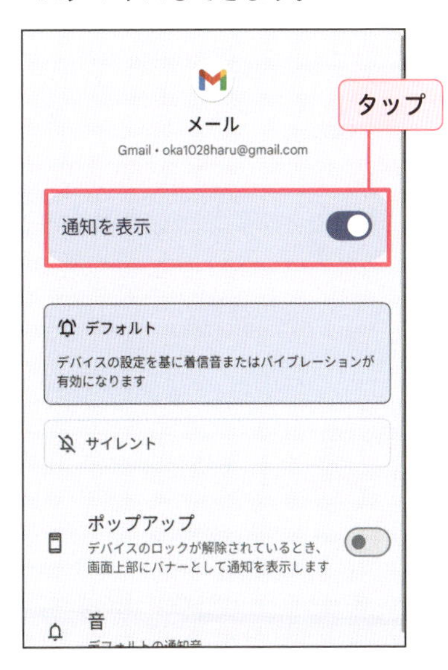

ラベル別に通知をオン／オフにする

通知を有効にするには、ラベルのメールを同期する必要があります。ここでは、特定のラベルの通知をオフにする方法を解説します。

1 P.084手順**3**で設定を変更したいGoogleアカウントをタップします。

2 「ラベルの管理」をタップします。

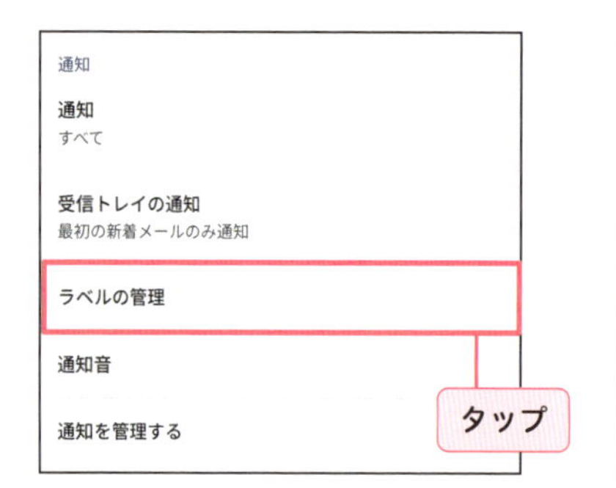

3 通知をオフにしたいラベルをタップします（ここでは「プロモーション」）。

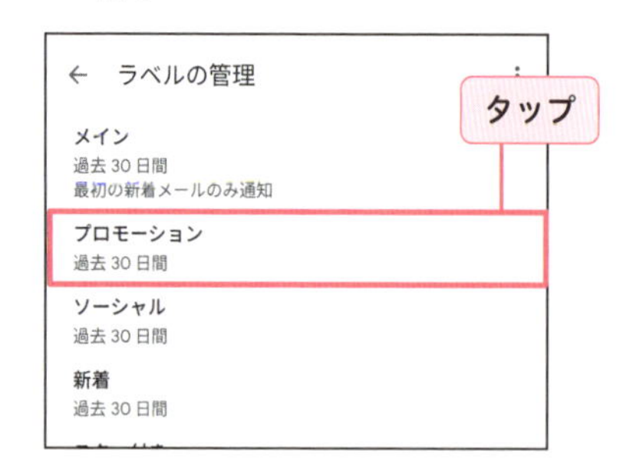

4 「メールの同期」をタップします。

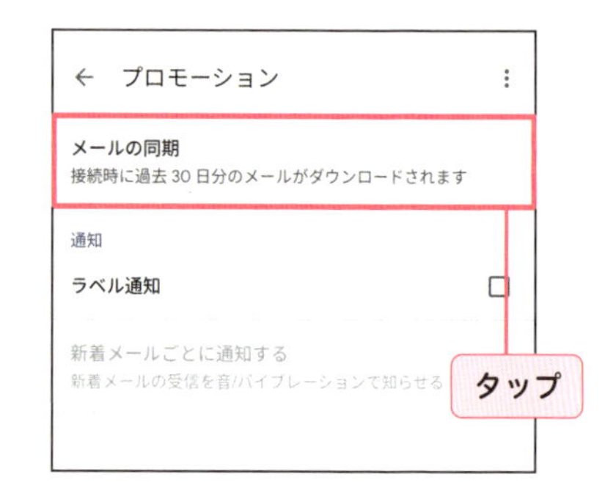

5 「なし」をタップします。

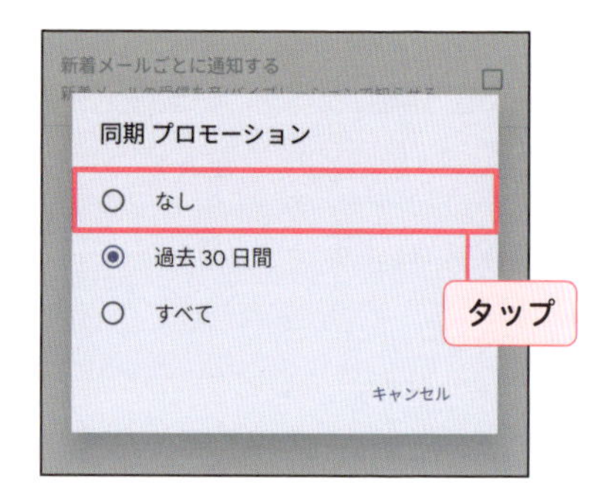

6 メールの同期が停止され、このラベルの通知がオフになります。

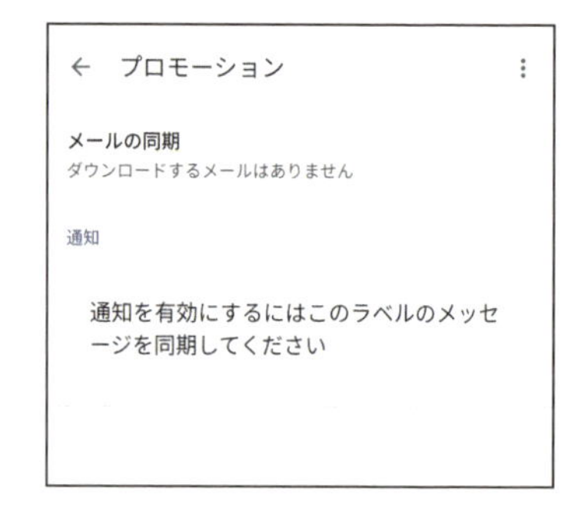

Chapter

4

写真・動画を楽しもう

写真を撮ろう

写真や動画の撮影には、「カメラ」アプリを使います。撮影したデータは「フォト」アプリに保存され、あとから編集したり共有したりできます。

「カメラ」アプリの画面構成

❶ズーム
倍率を変更します。画面をピンチイン／ピンチアウトすることでも可能です。

❷サムネイル
直近で撮影した写真が表示されます。タップして確認できます。

❸撮影ボタン
タップして撮影します。

❹カメラ切り替え
前面カメラ／背面（メイン）カメラを切り替えます。

❺撮影モード
撮影モードが表示されています。左右にスワイプ、またはタップして切り替えます。

❻設定アイコン
画像の比率やタイマーなどを設定します。

❼写真／動画モード
写真と動画を切り替えます。

❽手動調整アイコン
明るさやシャドウなどを調整します。

写真の設定機能

⚙をタップすると、光量やシャッター速度などを変更できる機能が表示されます。機種や撮影モードによって表示される機能が異なる場合があります。ここではPixel 9 Proの設定項目を紹介します。

「全般」タブ

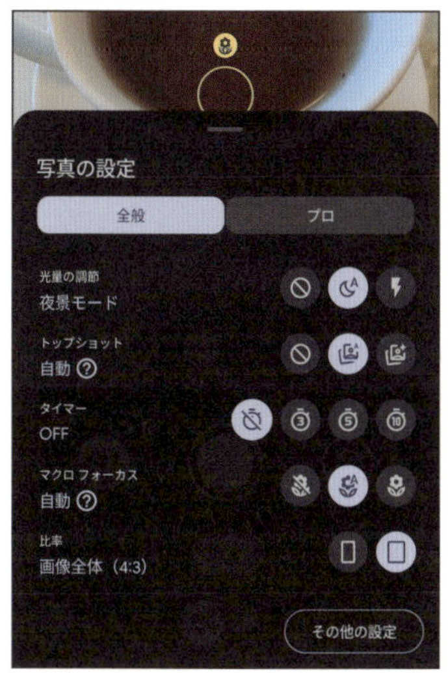

光量の調整

フラッシュをたいたり光量を自動調整したりできます。

トップショット

撮影前後の写真を撮影し、ベストショットを選択できます。

タイマー

タイマーをセットできます。

マクロフォーカス

細部を描写したクローズアップ写真や動画を撮影できます。

比率

16:9または4:3の画像比率から選択できます。

「プロ」タブ

解像度

12MPまたは50MPの高解像度写真を撮影できます。

RAW ／ JPEG

画像ファイルをRAW／JPEGまたはJPEGのみで保存するかを選択できます。

レンズの選択

カメラをズームインまたはズームアウトするとき、レンズを手動または自動で切り替えるか選択できます。

写真撮影の手順

1 ホーム画面で◉をタップし、「カメラ」アプリを起動します。

2 初回は位置情報へのアクセスを許可し、画面の指示に従って初期設定を進めます。

3 被写体にカメラを向け、角度や倍率などを調整して◯をタップします。

HINT 「カメラ」アプリ起動時は、常に写真モードの「写真」が設定された画面です。

4 撮影された写真がサムネイルに表示されます。タップすると、写真を確認できます。

写真の調整機能

P.090手順3で☷をタップすると、明るさやシャッター速度などを変更できる機能が表示されます。機種や撮影モードによって表示される機能が異なる場合があります。ここではPixel 9 Proの設定項目で紹介します。

すべてリセット
調整した機能をすべてリセットします。

明るさ
全体の明るさを調整します。

シャドウ
暗めの影の部分の明るさを調整します。

ホワイトバランス
撮影環境での光の色の影響を補正します。

フォーカス
何にピントを合わせるかを指定できます。

シャッター速度
シャッター速度を調整します。速度を速くすると動きのぶれが抑えられ、遅くするとぶれが生じるので光線が入ります。

ISO
ISOとは、光に対する感度のことです。ISO値を増やすと、画像のぶれを減らせます。ISO値を減らすと画像がシャープになりノイズを抑えられます。

写真の撮影モード

写真モードで撮影できる撮影モードです。P.090手順3で画面を左右にスワイプ、またはタップして切り替えます。

アクションパン
動きのある被写体を撮影すると、その背景をぼかします。

長時間露光
シャッタースピードを遅くすることで多くの光を取り込み、暗い場所でも明るく鮮明に写すことができます。夜景撮影に向いています。

一緒に写る
2枚の写真から全員の集合写真を合成して作成できます。

ポートレート
人や物にピントを合わせて、背景がぼかされます。

写真
ノーマルな写真を撮影します。

夜景モード
明るさの少ない場所でも鮮明な写真を撮影できます。周囲が暗いと、自動的に夜景モードに切り替わります。

パノラマ
周囲360度の風景を撮影し、1枚の写真にできます。

トップショットで前後の写真も撮ろう

トップショットを使うと、シャッターを押した瞬間だけでなく、その前後で複数枚の写真を撮影できるので、あとからベストショットを選択できます。

トップショットで撮影する

1 「カメラ」アプリを起動し、⚙を タップします。

2 「トップショット」の▣をタップしてオンにします。

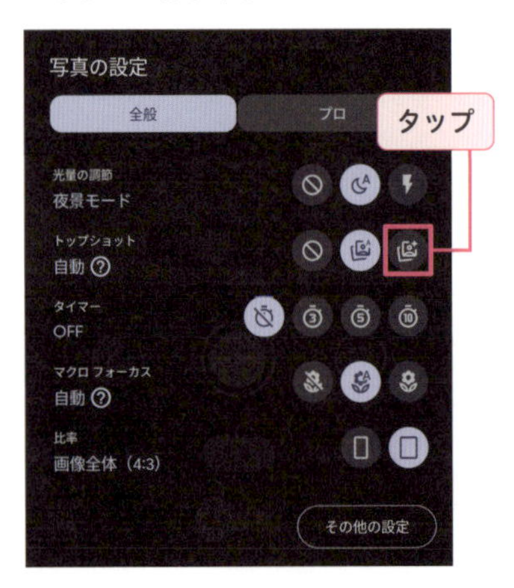

3 ▬を下方向にスワイプして設定を閉じます。

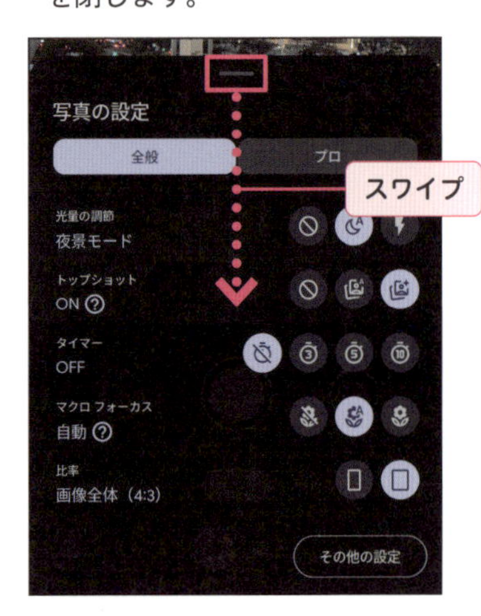

4 ◯をタップして撮影します。

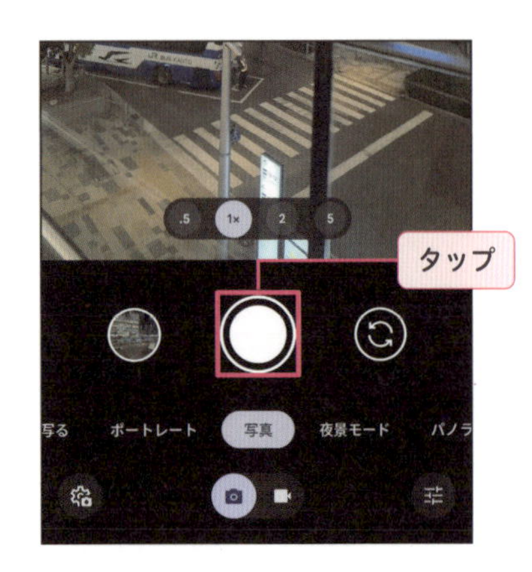

5 「フォト」アプリを起動し（P.106参照）、撮影した写真をタップします。

6 写真が表示されます。⋮をタップします。

7 写真の詳細が表示されます。「この写真のショット」の「すべて表示」をタップします。

8 トップショットで撮影したすべての写真が表示されるので、▮を左右にドラッグして保存したい写真の位置に固定し、「コピーを保存」をタップして保存します。

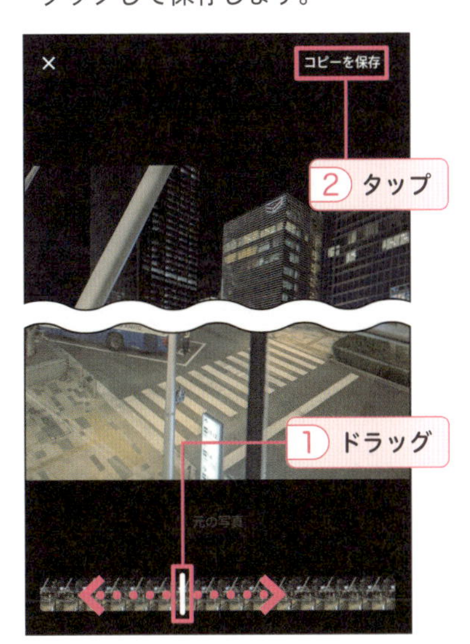

「一緒に写る」機能を使って撮ろう

2枚の写真を撮影するだけで、写真に写った人物を合成し、一緒に撮影したかのように合成写真を作成できます。

「一緒に写る」機能を使う

1 「カメラ」アプリを起動し、メニューを左右にスワイプして「一緒に写る」をタップします。

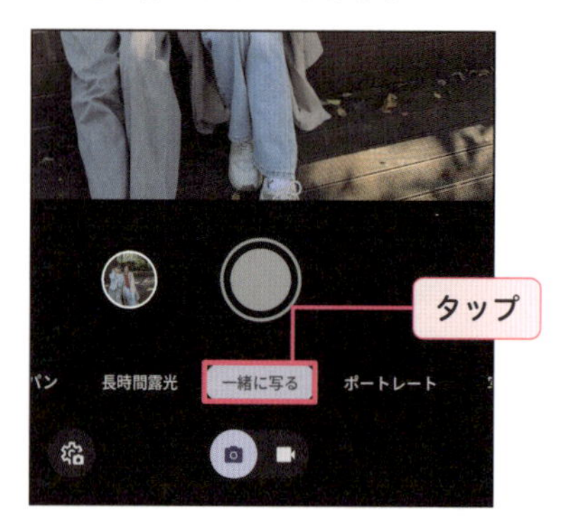

2 初回はガイドが表示されます。「試してみる」をタップします。

HINT 手順3で「次回から表示しない」をタップしても、画面上部「プレビュー」の?をタップしていつでも概要を確認できます。

3 撮影ステップが表示されます。ここでは、「次回から表示しない」をタップします。

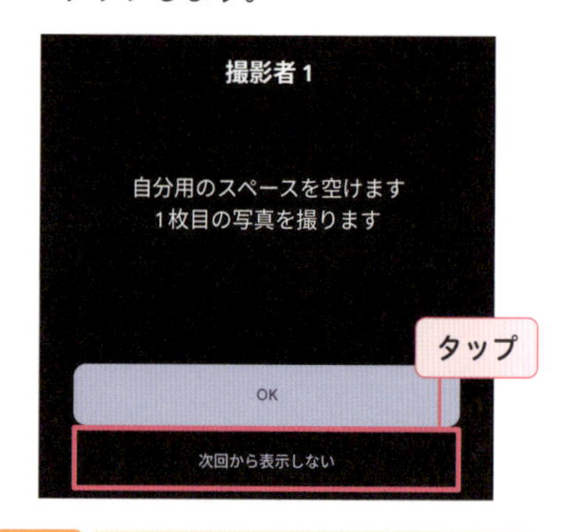

HINT 「OK」をタップすると、「一緒に写る」機能を使用中は、撮影ステップが表示されるようになります。

4 カメラ（Pixel本体）を左右に動かして周囲の背景をスキャンします。

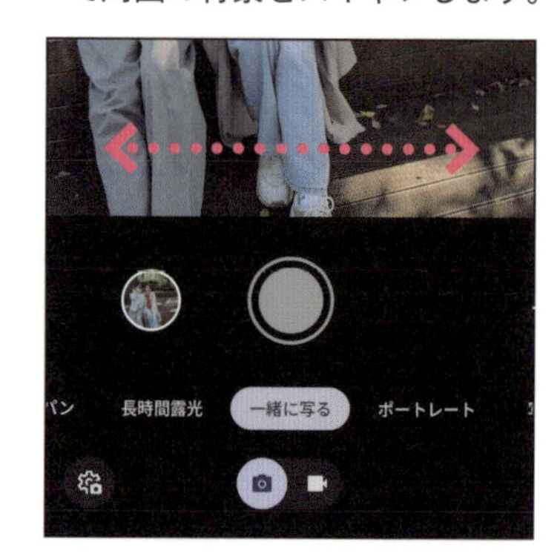

5 ◎をタップして1枚目の写真を撮影します。

6 手順5で撮影した人物がいた場所が半透明で表示されます。別の人物が1枚目に撮影した人物の位置と重ならないようにして、白いフレームの中に入ります。「写真を撮影」と表示されたら、◎をタップします。

HINT 2枚目の写真に追加できるのは1人のみです。

7 2枚目の写真が撮影されます。サムネイルをタップします。

8 2枚の写真を合成した集合写真が表示されます。画面下部のサムネイルをタップして、撮影した3枚の写真を確認できます。

HINT 「フォト」アプリで、一緒に写る機能で撮影した写真には![icon]が表示されています。

4章 写真・動画を楽しもう

そのほかの撮影モードで撮ろう

人物を撮影するときはポートレートモード、夜間に撮影を行う場合は夜景モード、といったように、撮影モードを目的別に使い分けることで効果的な写真を撮影できます。

ポートレートモードで撮影する

1 「カメラ」アプリを起動し、メニューを左右にスワイプして「ポートレート」をタップします。◎をタップして撮影します。

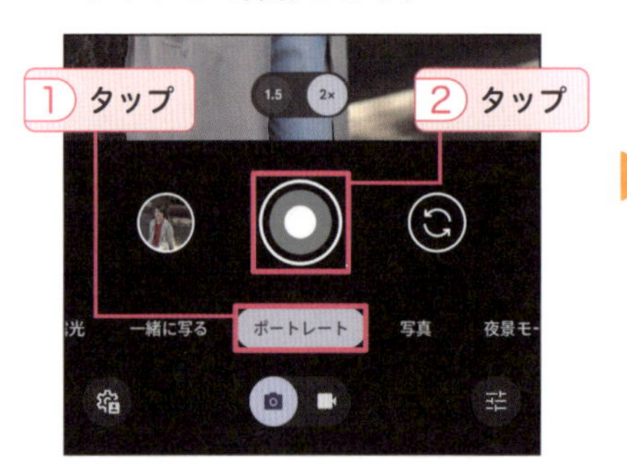

HINT 「フォト」アプリで、ポートレート写真には◙が表示されています。

2 ポートレートモードで撮影されます。サムネイルをタップすると、写真を確認できます。

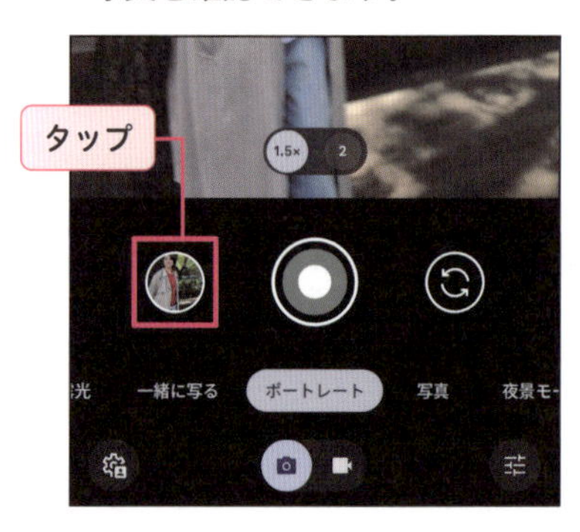

HINT ポートレート写真は、ポートレートモード特有の編集機能を適用できます。

TIPS ポートレートモードの設定

手順1で◙をタップすると、光量の調整やタイマーのセットなどができます。「顔写真加工」では、人物の肌の質感や目元のトーン、瞳の光具合などを調整できます。❓をタップすると、「顔写真加工」の概要が表示されます。

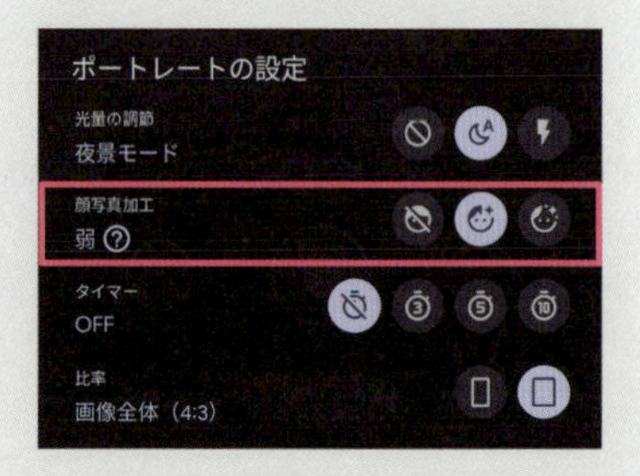

長時間露光で撮影する

1 「カメラ」アプリを起動し、メニューを左右にスワイプして「長時間露光」をタップします。◎をタップします。

2 しばらく動かないようにして撮影が終了するのを待ちます。

3 撮影が終了したら、サムネイルをタップします。

4 通常の写真と長時間露光の写真が撮影されます。サムネイルをタップすると、2枚の写真を確認できます。

HINT 左側が長時間露光、右側が通常の写真です。

HINT 「フォト」アプリで、長時間露光写真には◫が表示されています。

夜景モードで撮影する

1 「カメラ」アプリを起動し、メニューを左右にスワイプして「夜景モード」をタップします。●をタップして撮影します。

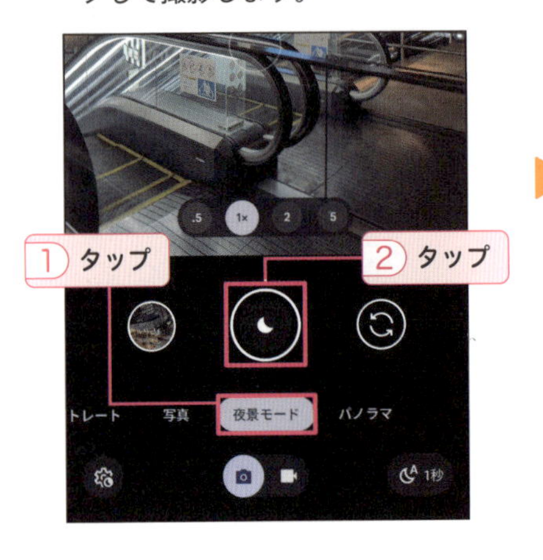

2 サムネイルをタップすると、撮影した写真を確認できます。

HINT 「フォト」アプリで、夜景モードの写真には●が表示されています。

天体写真モードで撮影する

1 上の手順**1**で右下の●をタップし、表示されたスライダーを「天体写真」まで左にドラッグします。●をタップします。

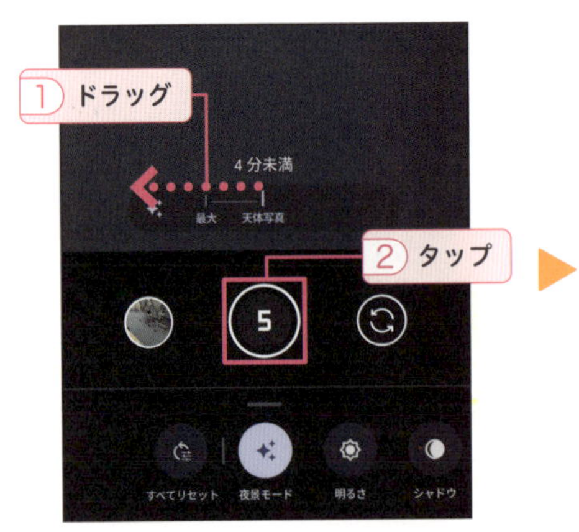

HINT 夜景モードのままPixel 9を固定することでも天体写真モードに切り替わります。

2 5秒間のカウントダウンが開始するので、その間にPixel 9を固定して撮影します。

HINT デフォルトでは、5秒後に自動撮影されます。

パノラマ写真を撮影する

1 「カメラ」アプリを起動し、メニューを左右にスワイプして「パノラマ」をタップします。◯をタップします。

2 少し時間を置き、表示された▷の方向にカメラ（Pixel本体）をゆっくりと動かします。

3 ▷の先に表示された◯の上を▷と●が通るように水平に360度動かします。

4 撮影が完了したらサムネイルをタップすると、撮影した写真を確認できます。

HINT 「フォト」アプリで、パノラマ写真には▣が表示されています。

4章 写真・動画を楽しもう

動画を撮ろう

動画を撮影するときは、「カメラ」アプリを動画モードに切り替えます。動画の解像度やフレーム数などのビデオ品質の設定でファイルサイズが大きく変わります。

動画を撮影する

1 「カメラ」アプリを起動し、■をタップします。

2 動画モードになります。撮影モードが「動画」で◉をタップします。

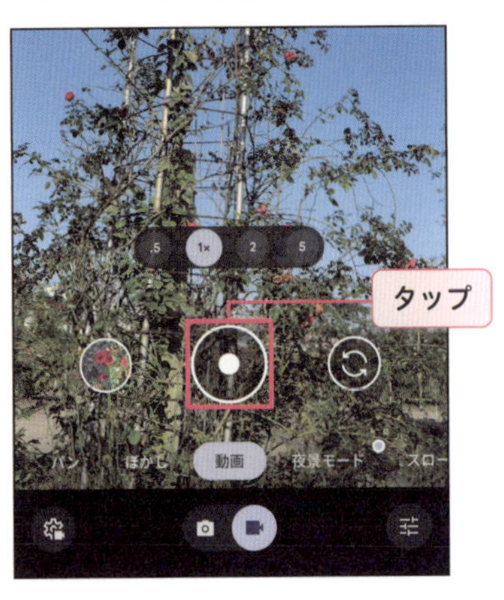

3 動画の撮影がはじまります。録画中に◉をタップします。

HINT ⏸をタップすると動画の撮影が一時停止されます。再度タップすると再開します。

4 動画の撮影が終了します。サムネイルをタップして確認できます。「フォト」アプリに保存されます。

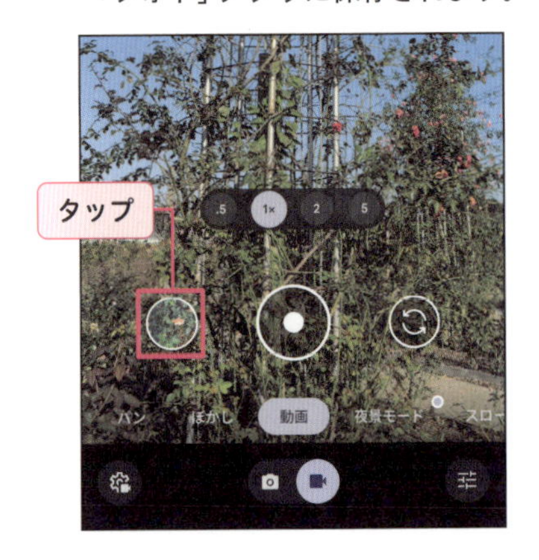

動画の設定機能

P.100手順2で⚙をタップすると、解像度やフレームなどを変更できる機能が表示されます。機種や撮影モードによって表示される機能が異なる場合があります。ここではPixel 9 Proの設定項目で紹介します。

フラッシュ
フラッシュのオン／オフを変更します。

動画ブースト
動画を最大 8K 解像度に補正できます。色、明るさ、手ぶれが自動調整されます。

解像度
1080p、4K、8Kから選択します。高解像度ではファイルサイズが大きくなります。

フレーム／秒
フレームとは、1秒間に何枚の静止画で構成されているかを示す単位です。数値が高いほど、動画の動きがなめらかですが、ファイルサイズも大きくなります。

10ビットHDR
オン／オフを切り替えます。より豊富な種類の色、明るさ、コントラストが調整されます。

動画の手ぶれ補正
手ぶれを補正します（P.102〜103参照）。

マクロフォーカス
細部を描写したクローズアップ写真や動画を撮影できます。

音声拡張機能
周囲の雑音を軽減し、話し声を聞き取りやすくします。

動画の撮影モード

動画モードで撮影できる撮影モードです。P.100手順2で画面を左右にスワイプ、またはタップして切り替えます。

パン
パンの動作を遅くして撮影します。

ぼかし
被写体の背景をぼかして24フレーム／秒で撮影します。

動画
ノーマルな動画を撮影します。

夜景モード
明るさ、色、画質が補正され、暗い中の撮影でもはっきりとした動画を撮影します。

スローモーション
スローモーション動画を撮影します。

タイムプラス
一定の間隔で撮影した静止画をつなぎ合わせて、コマ送り動画のように再生できる動画を撮影できます。

動画の手ぶれ補正をしよう

動いているものを撮影するときや、自分が動きながら撮影するときなどは、状況に合った手ぶれ補正を行うことで、綺麗な映像を記録できます。

撮影時に動画の手ぶれ補正をする

1 「カメラ」アプリを起動し、■を タップします。

2 動画モードになります。■をタップします。

3 ここでは、「動画の手ぶれ補正」の■（アクション）をタップします。

4 ■をタップして撮影を開始します。

手ぶれ補正の種類

P.102手順3の手ぶれ補正の設定には3種類あります。撮影状況に応じて変更します。

❶ロック（固定）
カメラを固定する撮影に向いており、撮影先の位置をロックします。

❷標準
日常使いに便利な標準の補正です。小さなぶれを抑えます。

❸アクション（アクティブ）
撮影者が動きながら撮影する場合に向いています。

「フォト」アプリで動画の手ぶれ補正をする

1 「フォト」アプリを起動し、動画の編集画面を表示して（P.112参照）「スタビライズ」をタップします。

2 手ぶれ補正が開始されます。完了したら「コピーを保存」をタップします。

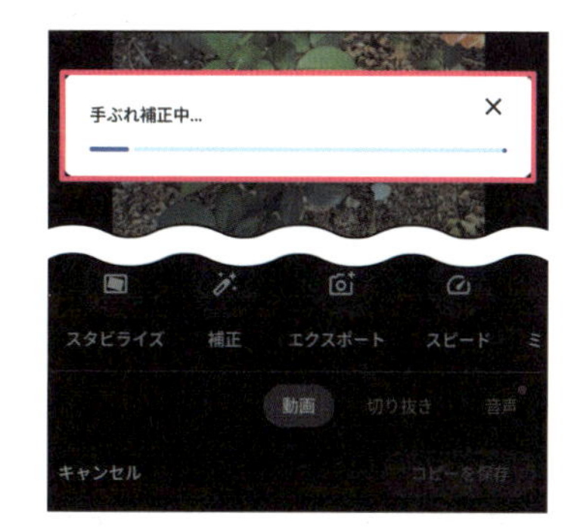

手ぶれ補正をオフにする

P.102手順3で「その他の設定」をタップし、「動画の手ぶれ補正」をタップすると、手ぶれ補正機能が完全にオフになります。オフになると、「動画の手ぶれ補正」には「使用不可」と表示されます。

写真をスキャンして取り込もう

プリントした古い写真は、専用のフォトスキャンアプリで簡単にデジタル化できます。自動的に遠近や光の反射を補正して高画質な写真として保存可能です。

写真をスキャンする

1 P.138～139を参考にGoogleの「フォトスキャン」アプリをインストールし、ホーム画面で（フォトスキャン）をタップして起動します。

P.138～139を参考に

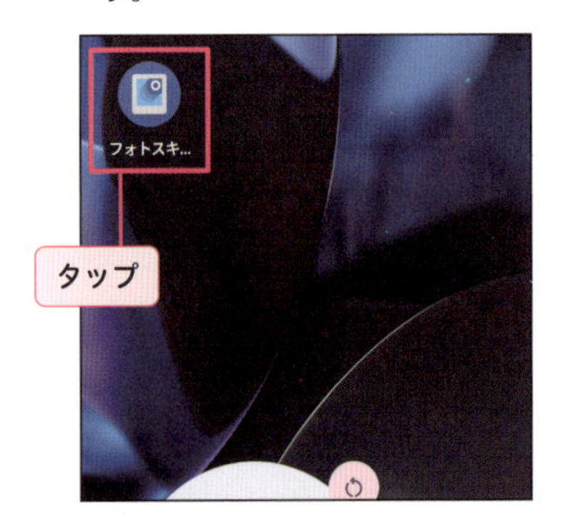

2 「スキャンを開始」をタップします。

3 初回は、写真と動画の撮影を許可します。

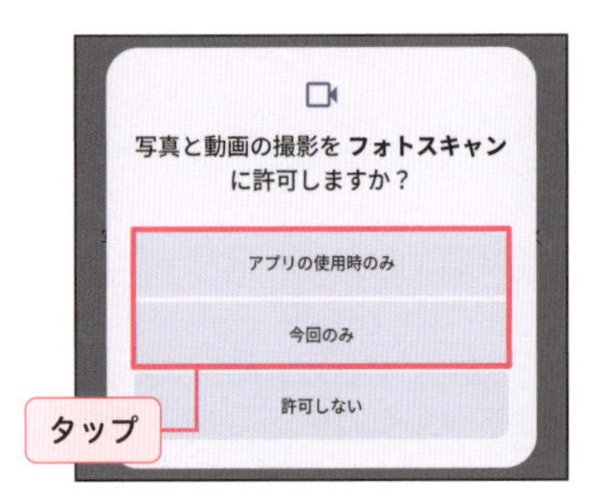

4 フレーム内にスキャンする写真を配置し、をタップします。

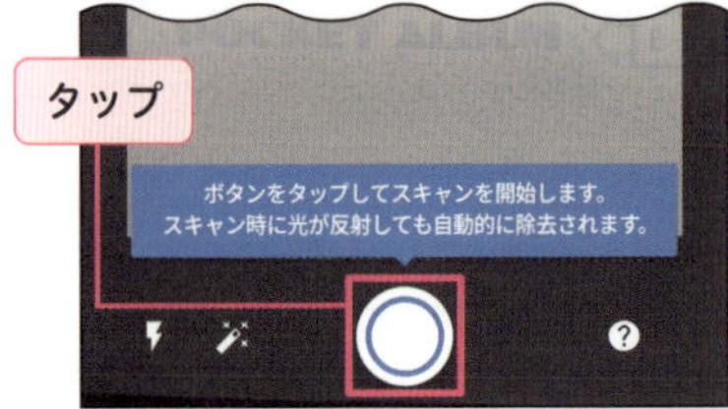

5 カメラを動かして、表示された◎（円）を周囲の4つのドットに合わせていきます。

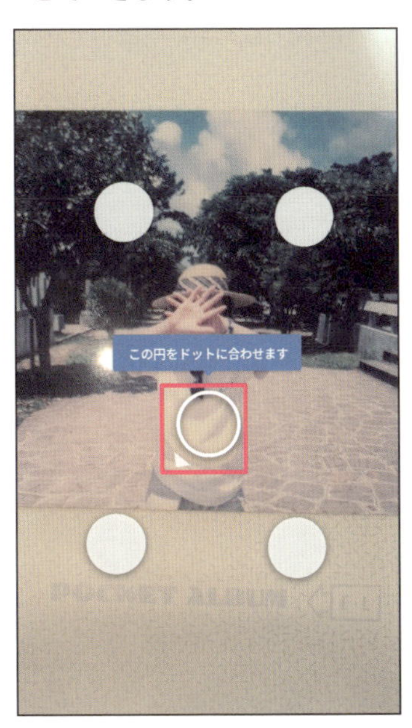

6 終了したら、サムネイルが表示されるのでタップします。

7 スキャンされた写真が表示されます。回転したり角を調整したりして編集できます。

8 「フォト」アプリを起動すると（P.106参照）、スキャンされた写真を確認できます。

4章 写真・動画を楽しもう

「フォト」アプリで写真を確認しよう

写真や動画をクラウド上に保存・共有できるのが「フォト」アプリです。同じGoogleアカウントでログインすればほかのデバイスからいつでも確認できます。

写真を閲覧する

1 ホーム画面で(フォト)をタップして、「フォト」アプリを起動します。

2 初回は、通知の送信を許可し、バックアップの設定画面が表示されるので、「使ってみる」をタップします。

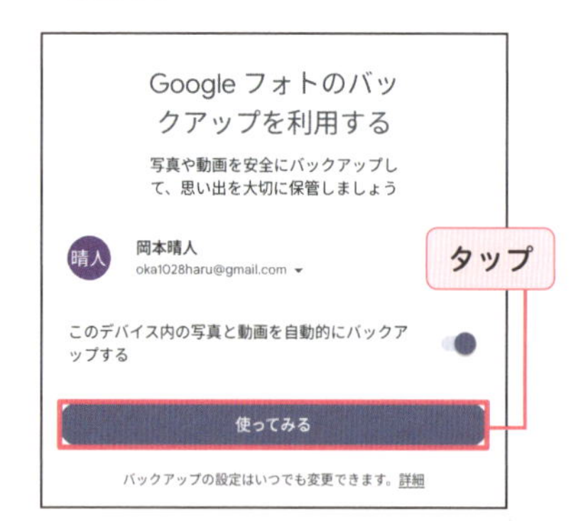

HINT バックアップしない場合は、「このデバイス内の写真と動画を自動的にバックアップする」のをタップしてオフにします。

3 画面の指示に従って進むと、「フォト」アプリ内の写真や動画が表示されます。任意の写真をタップします。

4 写真が表示されます。

写真を検索する

1 「フォト」アプリを起動し、「検索」をタップします。

2 入力欄をタップします。

3 検索したい写真のキーワードを入力し（ここでは「花」）、✓または表示される候補をタップします。

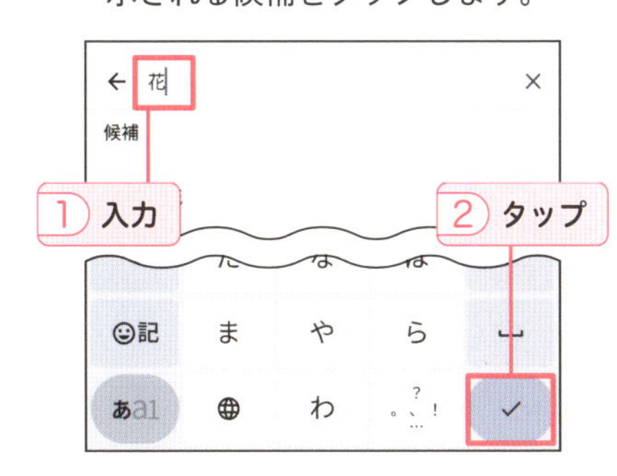

4 検索結果が表示されます。

4章 写真・動画を楽しもう

TIPS あとからバックアップをオンにする

P.106手順**2**でバックアップをオンにしなかった場合は、あとから設定を変更できます。「フォト」アプリを起動し、右上のアカウントアイコンをタップします。「フォトの設定」→「バックアップ」→「バックアップ」をタップしてオンにします。

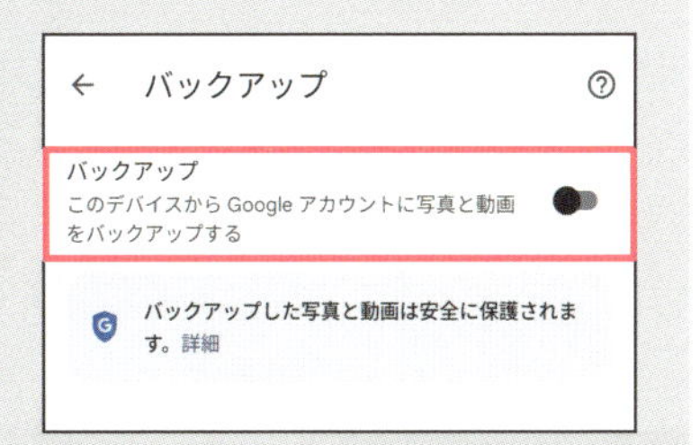

写真を編集しよう

撮影した写真は、あとから被写体の位置や明るさなどを編集して保存できます。

写真を編集する

1 「フォト」アプリで写真を表示し、「編集」をタップします。

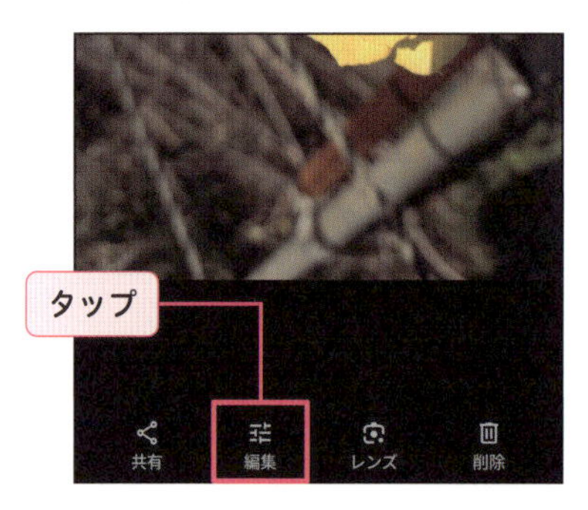

HINT 「レンズ」をタップすると、Googleレンズで画面上のものを調べられます。

2 編集画面が表示されます。「候補」メニューではAIによる編集候補が表示されています。ここでは「ダイナミック」をタップします。

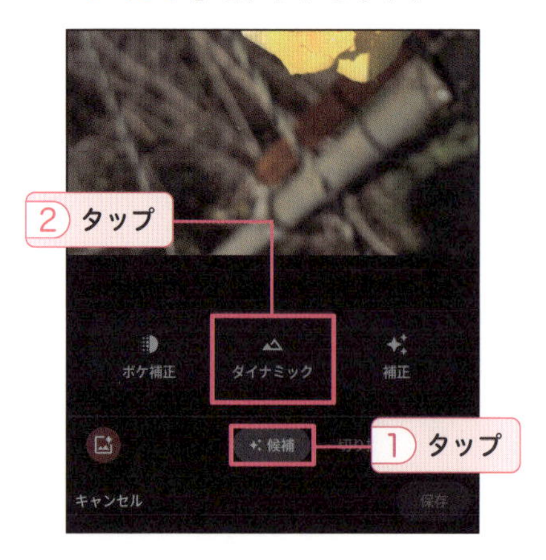

3 写真が自動編集されます。「コピーを保存」をタップします。

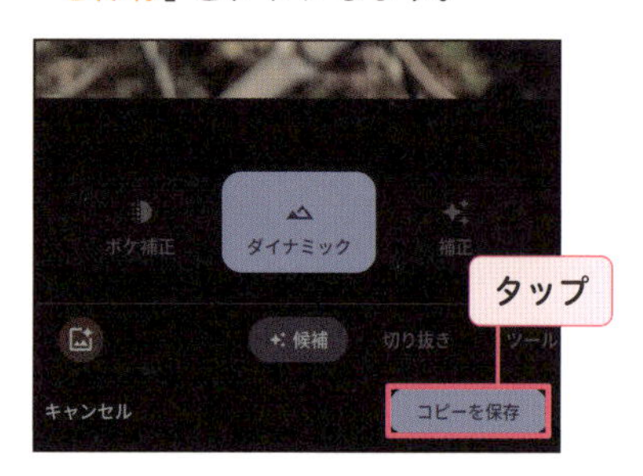

HINT 編集を解除したい場合は、再度「ダイナミック」をタップします。

4 編集後の写真が、コピーとして別に保存されます。

HINT 編集前の写真が削除されたわけではありません。

写真の編集メニュー

編集画面のメニューには以下のものがあり、各メニューごとに操作を指定して写真を編集することができます。

候補

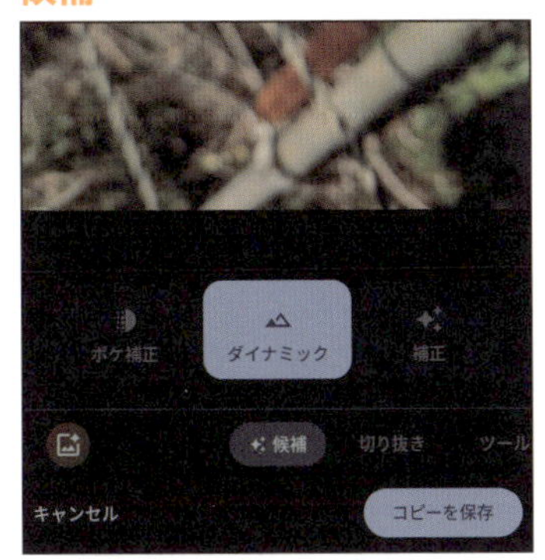

調整

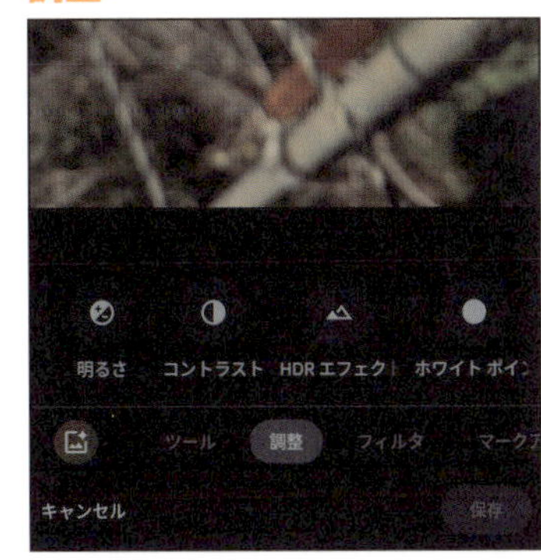

切り抜き

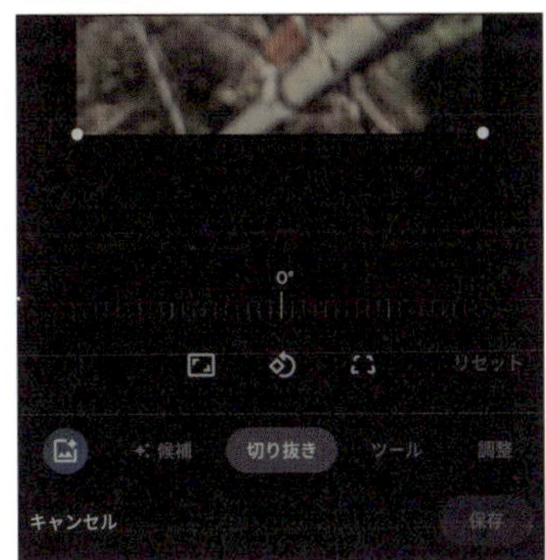

フィルタ

ツール

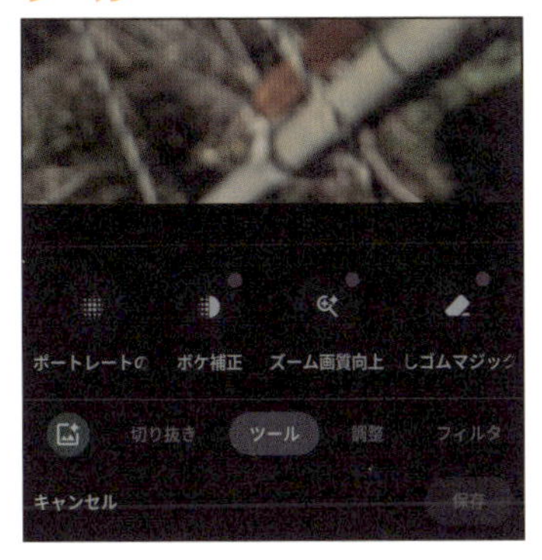

マークアップ

AI機能で写真を編集しよう

「フォト」アプリの編集機能には、AI機能を使って素材やテクスチャを合成したり細部を高画質で切り抜いたり、不要なものを削除したりといったことができます。ここでは、その一部を紹介します。

AI編集機能を活用する

消しゴムマジック

1 「フォト」アプリで写真の編集画面を表示し、「ツール」→「消しゴムマジック」をタップします。

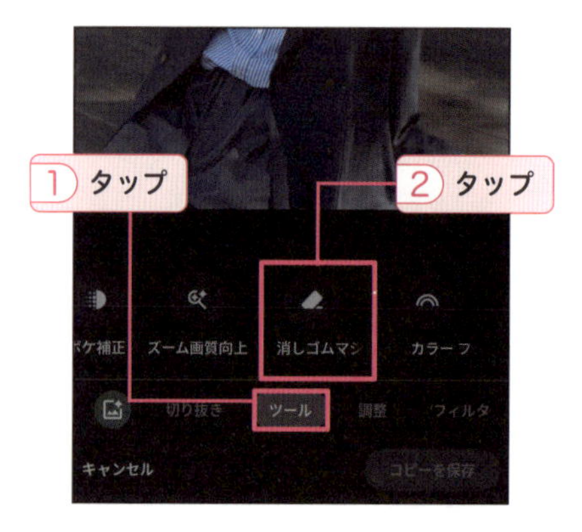

2 「消去」をタップしてから、消去したいものを囲む、または指でなぞります。

3 手順2で選択したものが消去されます。

HINT 自動で消去候補がハイライトされます。

TIPS カモフラージュを利用する

手順2で「カモフラージュ」をタップすると、選択したものが周囲の背景と溶け込むように編集できます。

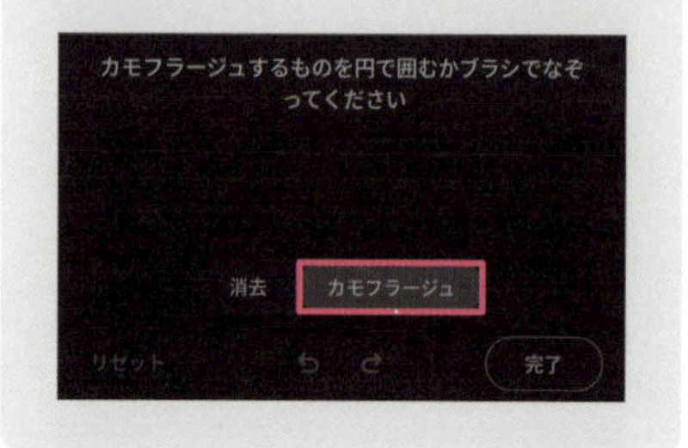

ズーム画質向上

1 P.110手順**1**で「ツール」→「ズーム画質向上」をタップします。

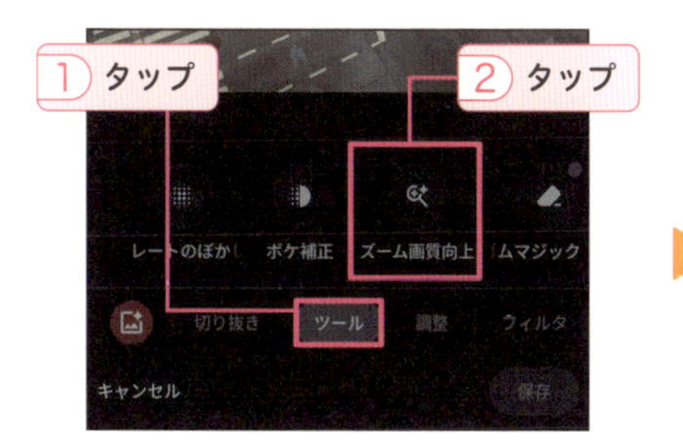

2 写真をピンチアウトして細部を鮮明にしたい場所を拡大し、「切り抜きと補正」をタップして実行します。

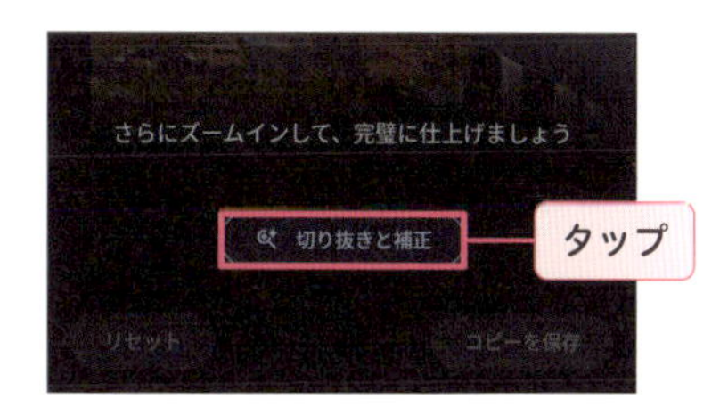

イマジネーション

1 P.110手順**1**でをタップします。

2 変更したいものをタップして選択し、「イマジネーション」をタップします。

3 英語でプロンプトを入力し（ここでは「Rainbow」）、をタップします。

4 プロンプトに基づき生成された合成画像を左右にスワイプして選択し、をタップして保存します。

4章 写真・動画を楽しもう

動画を編集しよう

「フォト」アプリの動画の編集機能には、周囲の雑音を小さくして音声を聞き取りやすくしたり、余計な部分をトリミングしたりできる機能があります。

動画を編集する

トリミング

1 「フォト」アプリで動画を表示します。「編集」をタップして編集画面を表示し、◧と◨を左右にドラッグします。

2 トリミングしたい範囲を選択し、「コピーを保存」をタップします。

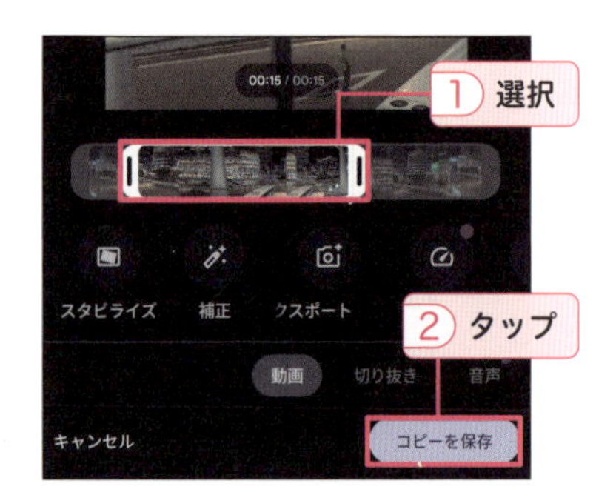

音声消しゴムマジック

1 上の手順1の編集画面で「音声」をタップし、「音声消しゴムマジック」をタップします。

2 動画内の音声が種類別に自動検出されます。編集したい音声をタップして選択します。

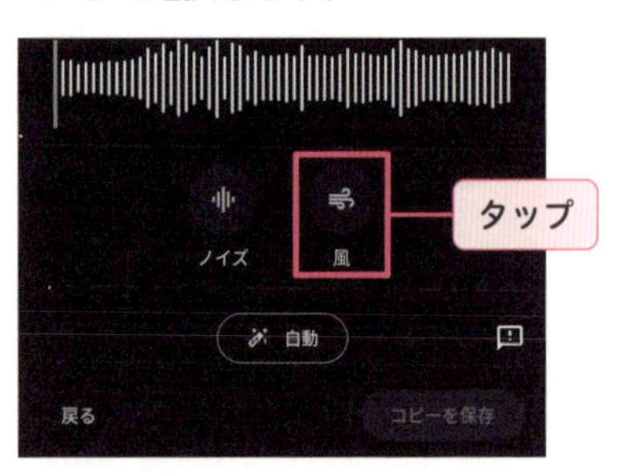

HINT 「自動」をタップすると自動で音声が調整されます。

3 画面上部の▌を左右にドラッグすると、音量と動画の位置がわかります。

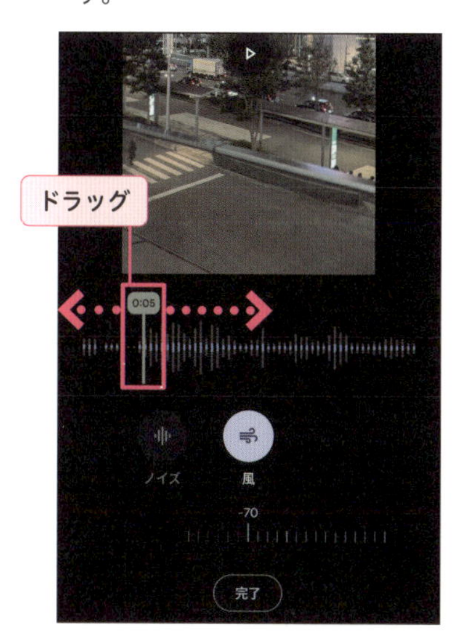

HINT 動画を再生しながらでも音声を調整できます。

4 画面下部のスライダーを左右にドラッグすると、音量を手動で調整できます。「完了」→「コピーを保存」をタップします。

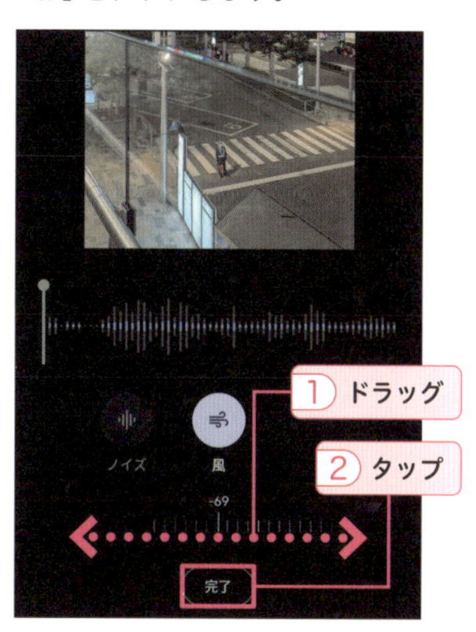

HINT 右にドラッグして「－（マイナス）」にすると音量が下がります。

スピード

1 P.112上の手順**1**の編集画面で「スピード」をタップします。

2 ▌を左右にドラッグして速度を編集したい範囲を選択し、速度をタップして変更します。「完了」→「コピーを保存」をタップします。

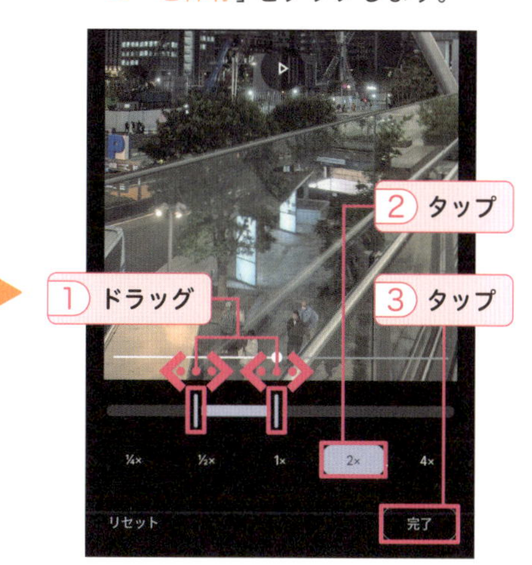

アルバムを作成しよう

アルバムを作成し、思い出ごとに写真や動画を振り分けることで、まとめて共有したり整理したりすることができます。アルバムには、2万枚の写真や動画を追加できます（ストレージ容量の制限もあります）。

アルバムを作成する

1 「フォト」アプリを起動し、＋をタップして「アルバム」をタップします。

2 アルバムのタイトルを入力し、「写真の選択」をタップします。

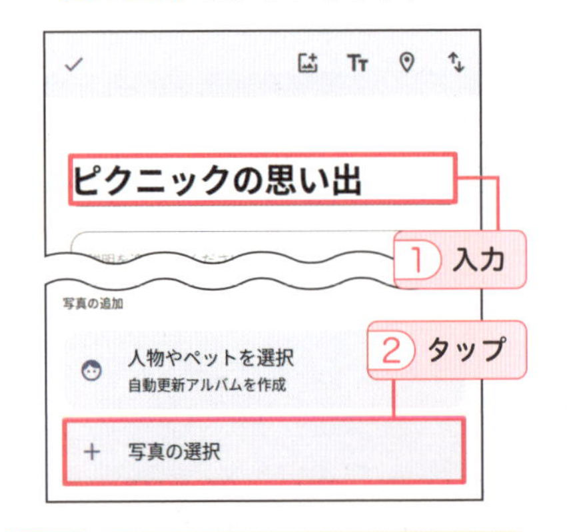

HINT 「人物やペットを選択」では、選択した人物やペットが自動的にアルバムに追加されるよう設定できます。

3 追加したい写真をタップして選択し、「追加」をタップします。

4 写真が追加されます。✓をタップするとアルバムが作成されます。

アルバムを編集しよう

P.114で作成したアルバムは、いつでも編集できます。写真を新たに追加したり、タイトルを変更したりして思い出を振り返りやすいようカスタマイズ可能です。

アルバムを編集する

1 「フォト」アプリを起動し、「コレクション」をタップして「アルバム」をタップします。

2 編集したいアルバムをタップして選択します。

3 アルバムが開きます。⋮→「編集」をタップします。

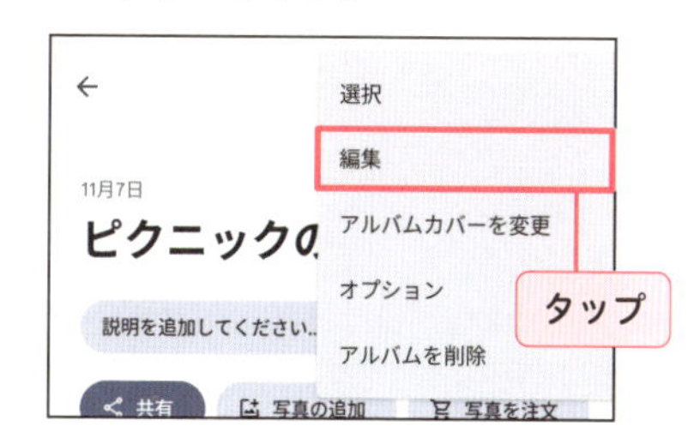

4 タイトルの変更や写真の追加などができます。編集後は✓をタップして完了です。

HINT で写真を追加、で写真の並べ替えができます。

写真を共有しよう

「フォト」アプリの写真やアルバムは、メールで送信したり、Googleアカウントを持っているユーザーと共有したりできます。

写真をメールで送信する

1 「フォト」アプリで写真を表示し、「共有」をタップします。

2 初回は連絡先へのアクセスを許可します。

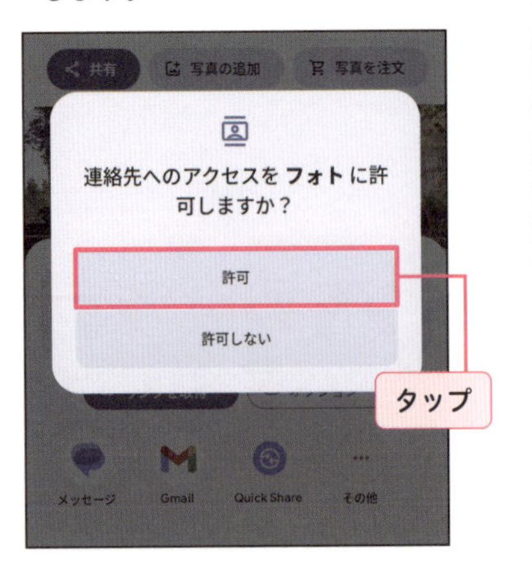

3 ここでは「Gmail」をタップします。

4 メール作成画面に写真が添付されます。P.078～079を参考にメールを作成して送信します。

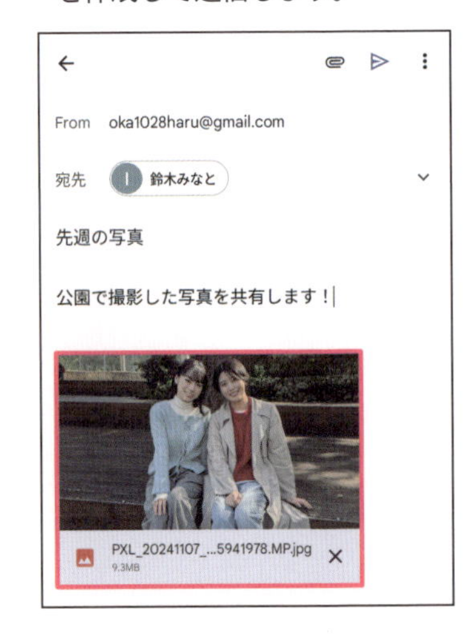

アルバムを共有する

1 「フォト」アプリで「コレクション」をタップして共有するアルバムを表示し、「共有」をタップします。

2 「フォト」アプリを利用している連絡先のユーザーが候補として表示されます。共有したい相手をタップします。

HINT 「リンクを取得」では、リンクを知っているユーザーであれば誰でもアルバムの写真とユーザーを閲覧できます。

HINT 「その他」をタップすると、電話番号やメールアドレスでほかの相手を指定できます。

3 「コメントを入力」をタップし、コメントを入力して「送信」をタップします。

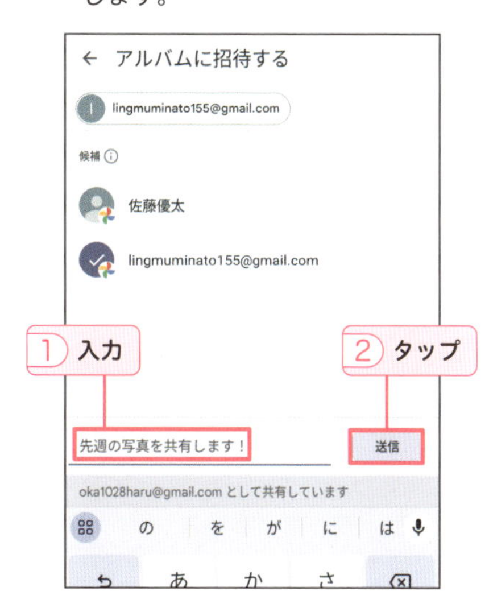

4 相手に通知が届き、アルバムにアクセスできるようになります。

HINT 写真を共有する場合は、写真を表示し、「共有」→「フォトで送信」をタップして、相手と共有します。

プライベートな写真をロックしたフォルダに保存しよう

ロックしたフォルダに移動した写真や動画は非表示となるため、ほかのアプリや「フォト」アプリで表示されません。利用には画面ロックを設定する必要があります。

ロックされたフォルダを設定する

1 「フォト」アプリを起動し、「コレクション」をタップして「ロック中」をタップします。

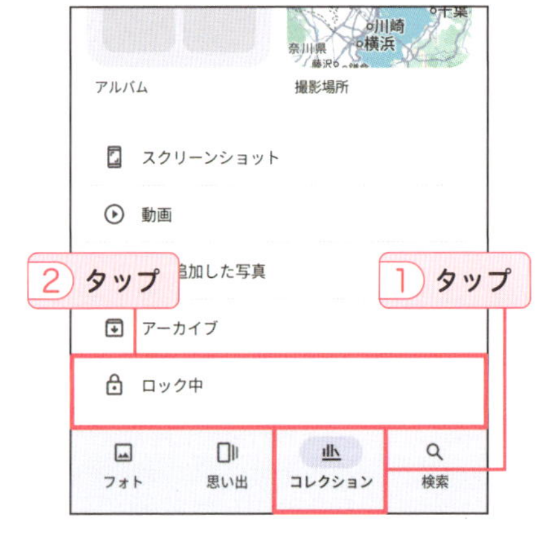

2 初回は、「ロックされたフォルダを設定する」をタップします。

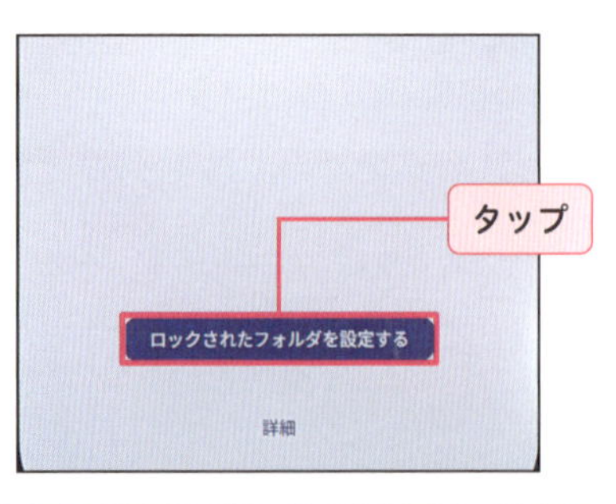

HINT 画面ロックを設定していない場合は、設定してくださいと表示されるので、設定します。

3 設定中の画面ロック（P.174～175参照）を解除します。

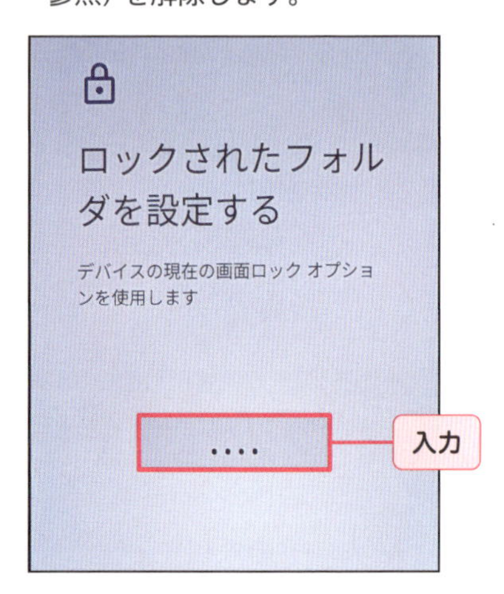

4 ここでは、「バックアップをオンにする」をタップします。

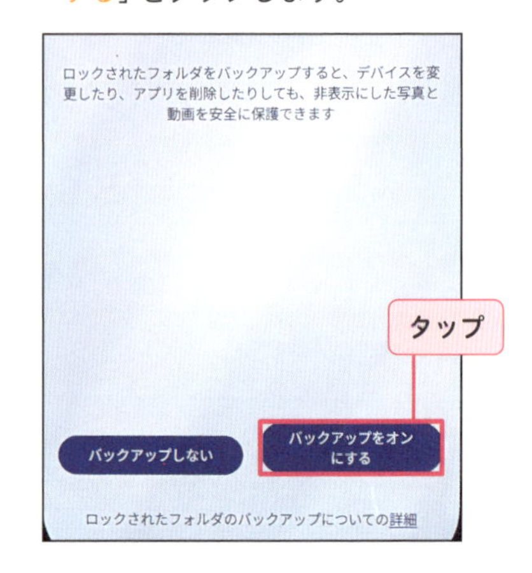

5 「アイテムを移動する」をタップします。

6 設定中の画面ロックを解除します。

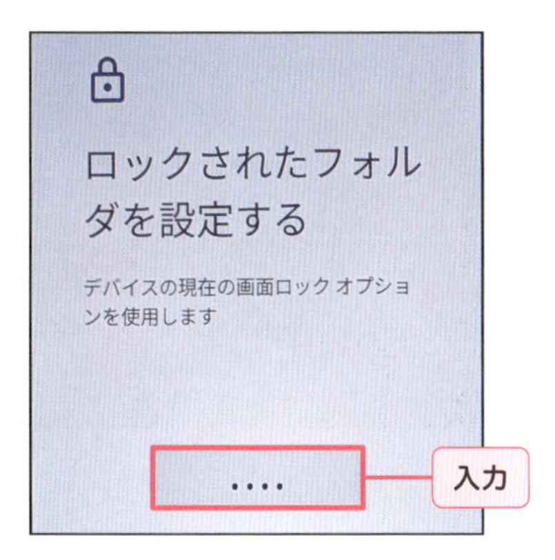

7 移動したい写真をタップして選択し、「移動」をタップします。

8 「移動」をタップします。

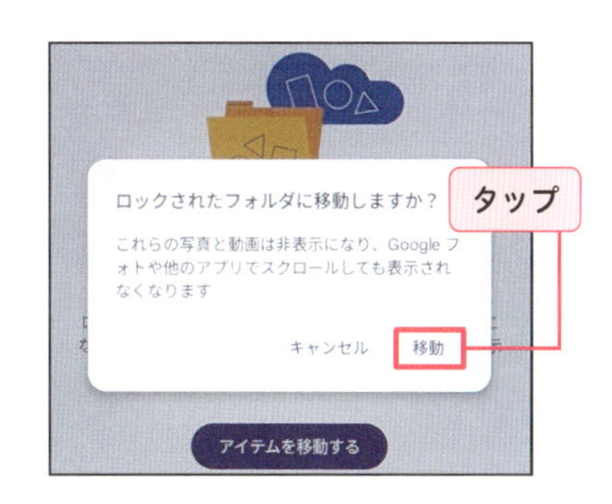

9 ロックされたフォルダ内に写真が移動します。

HINT をタップすると写真を追加できます。

HINT 次回以降、フォルダ内の写真にアクセスするには、P.118手順1のあとで画面ロックを解除します。

4章 写真・動画を楽しもう

Section 4-16 フォトアプリ

写真を削除しよう

誤って撮影した写真や不要な写真は、定期的に削除することで「フォト」アプリ内を整理し、Googleアカウントの空き容量を増やすことができます。

写真を削除する

1 「フォト」アプリで写真を表示し、「削除」をタップします。

2 「ゴミ箱に移動」をタップします。

3 削除した直後は、画面下部に表示される「元に戻す」をタップすると、削除が取り消されます。

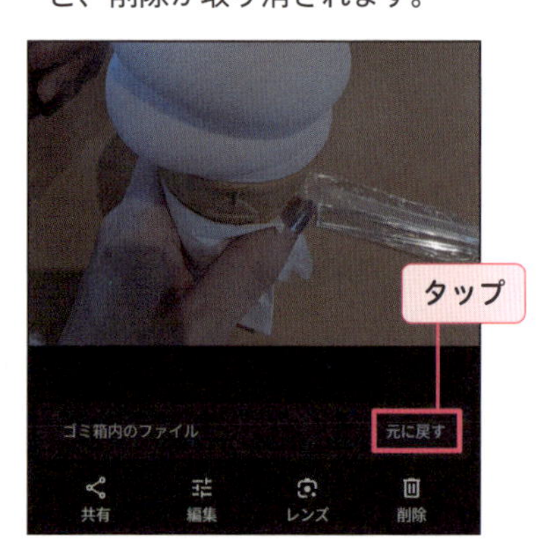

TIPS 削除した写真を復元する

バックアップされた写真は削除してから60日間、バックアップしていない写真は30日間ゴミ箱に保管されています。「コレクション」→「ゴミ箱」をタップして復元したい写真を長押しし、「復元」→「復元」をタップします。

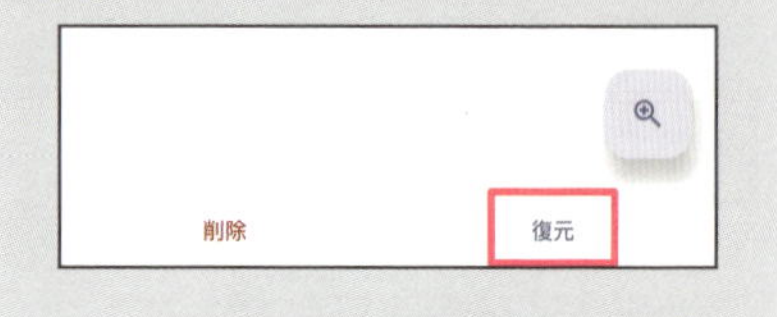

Chapter

5

Googleのアプリやサービスを使おう

「Chrome」アプリで検索しよう

「Chrome」アプリは、Pixel 9のデフォルトのWebブラウザーアプリです。Googleアカウントがあればより便利に利用をはじめられます。

「Chrome」アプリで検索する

1 ホーム画面でをタップし、「Chrome」アプリを起動します。

2 初回は、ログインするGoogleアカウントを選択し、「～@gmail.comとして続行」をタップします。

3 「同意する」をタップし、画面の指示に従って初期設定を進めます。

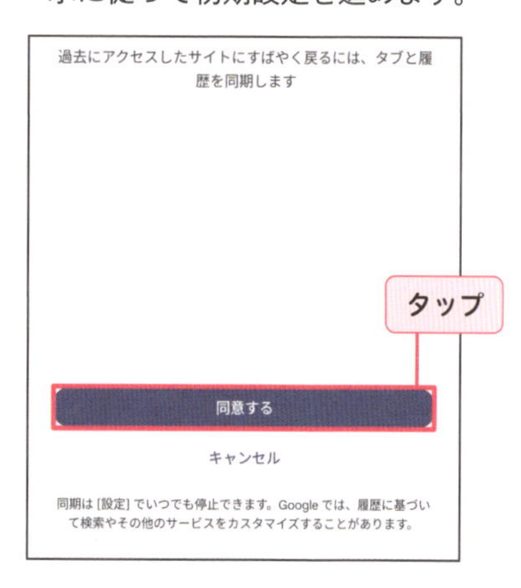

4 ホームページが開いたら、画面上部の入力欄をタップします。

5 検索したいキーワードを入力し、→をタップします。

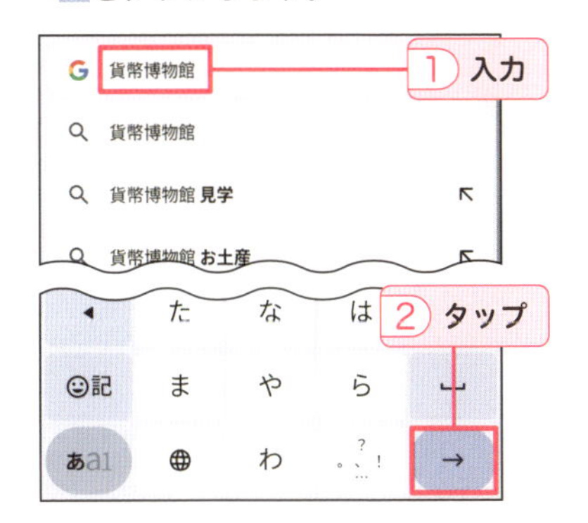

HINT 表示される検索候補をタップすることでも検索できます。

6 Web検索結果が表示されます。画面を上下にスワイプし、閲覧したいWebページのリンクをタップします。

7 Webページが開きます。見たいリンクをタップして表示できます(P.126参照)。

HINT ⌂をタップすると、P.122手順**4**のホームページ画面に戻ります。

8 画面をピンチイン/ピンチアウトして画面を縮小/拡大できます。

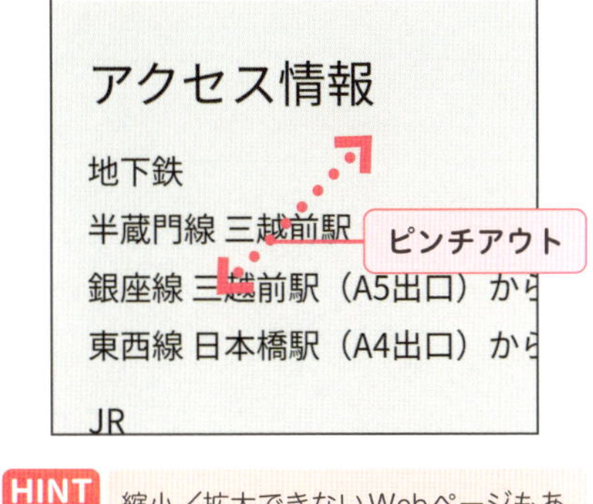

HINT 縮小/拡大できないWebページもあります。

TIPS 検索候補を削除する

上の手順**5**で、「Chrome」アプリの入力欄にキーワードを入力して検索していると、🕘が付いて検索候補として表示されるようになります。表示したくない候補は、長押しして、「OK」をタップすると削除できます。

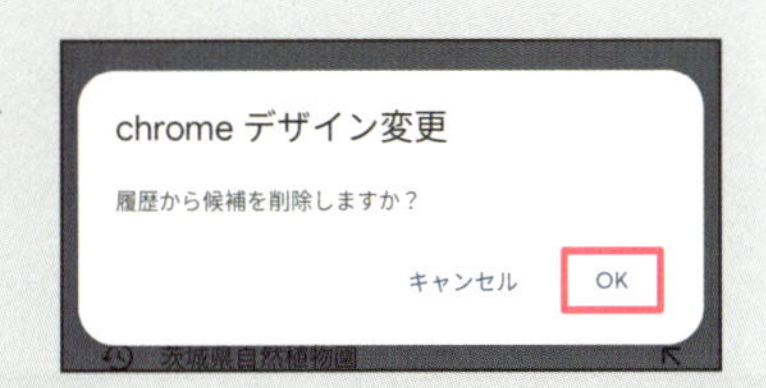

Webページ内の文字を検索しよう

Webページ内の特定のキーワードや情報が出てくる場所だけ読みたい、といった際でもキーワードを入力するだけで出てくる場所や数がわかります。

Webページ内のキーワードを検索する

1 Webページを開き、⋮をタップします。

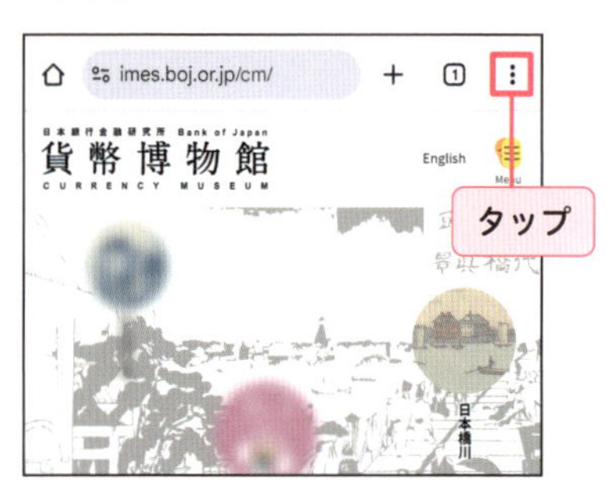

2 「ページ内検索」をタップします。

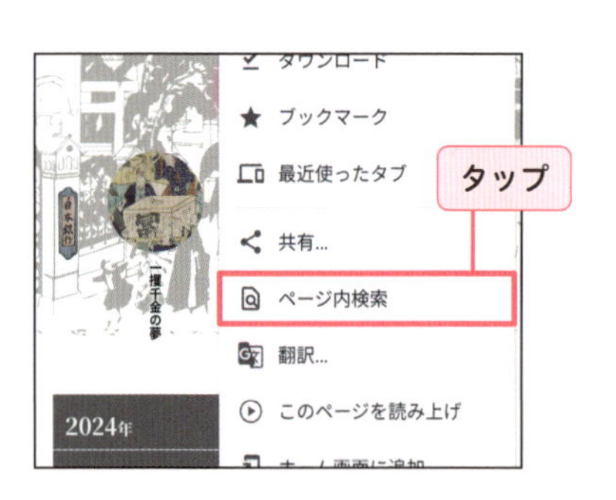

3 探したいキーワードを入力すると、キーワードにマーカーが引かれます。

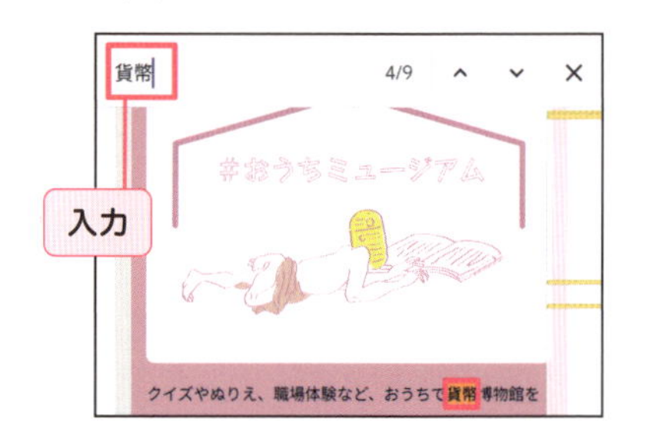

4 右に表示されたラインをタップするとキーワードがある位置まで画面が飛びます。

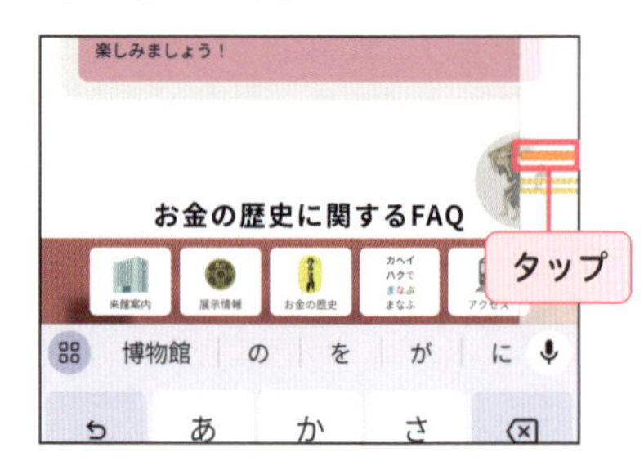

TIPS 文字を指定してWeb検索する

Webページ内で読み方や意味を知りたい文字がある場合は、文字をダブルタップして●と●を左右にドラッグして範囲を選択し、「ウェブ検索」をタップします。

ブックマークを活用しよう

お気に入りのWebページや頻繁にアクセスするWebページは、ブックマークに追加するだけですぐにページを開けるようになります。

Webページをブックマークに追加する

1 ブックマークに追加するWebページを開き、⋮をタップします。

2 ☆をタップします。

HINT メニューの「ブックマーク」をタップすると、保存しているブックマーク一覧が表示されます。

3 画面下部に表示された通知をタップします。

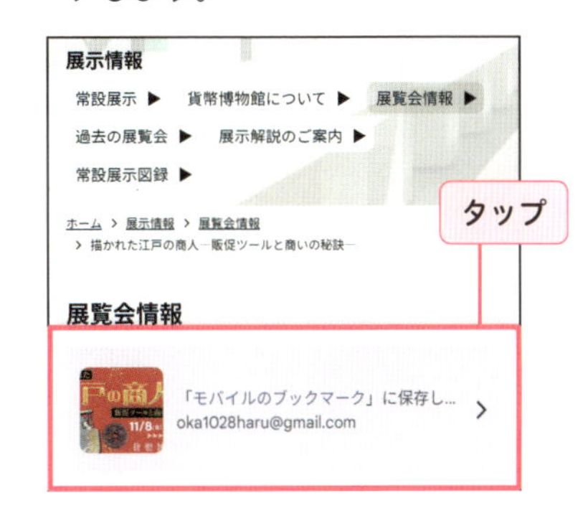

4 Webページの名前とURLが自動入力されています。任意で編集し、「フォルダ」で保存先を確認して、←をタップします。

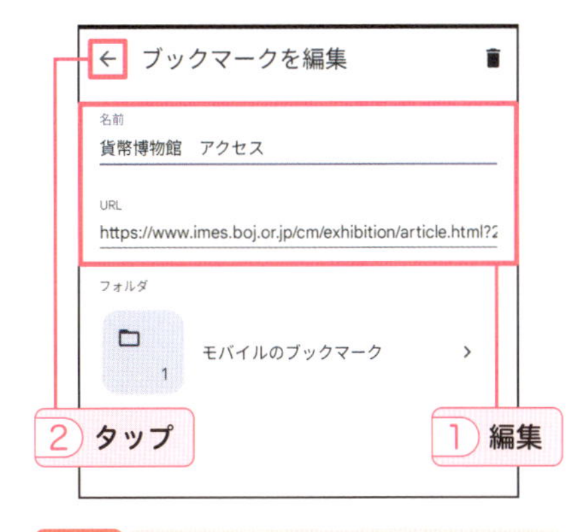

HINT 「フォルダ」をタップして、ブックマーク内の保存するフォルダを変更できます。

Webページを移動しよう

Webページには、各情報へのリンクが用意されていることがあります。リンクをタップすることで、目的の情報があるページに移動できます。

Webページを移動する

1 Webページを開き、移動したいリンクをタップします。

2 リンク先のWebページに移動します。

HINT 画面を右にスワイプすると、前の画面に戻れます。

TIPS 別のWebページへのリンクとタブ表示

リンクによっては、起動中のWebページ内に飛ばずに、別のWebページに飛ぶことがあります。その際は、新しいタブ（P.127参照）として開くので、元のWebページが閉じることはありません。

タブを活用しよう

「Chrome」アプリは、Webページを1つのタブで表示します。新しいタブを作成すれば、現在のタブの表示はそのまま、別のタブで新しくWebページを開けます。

新しいタブを作成する

1 「Chrome」アプリを起動し、⋮をタップします。

2 「新しいタブ」をタップします。

HINT 「新しいシークレットタブ」では、検索履歴や閲覧履歴などを記録せずにWebブラウザーを利用できるタブ表示になります。

3 新しいタブが表示されます。②をタップします。

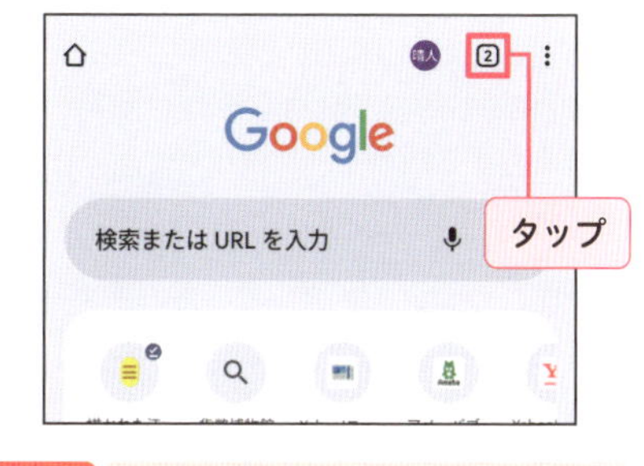

HINT ②の数字は開いているタブの数を表しています。

4 タブが一覧で表示されます。開きたいタブをタップして切り替えられます。

HINT ✕をタップしてタブを削除できます。

「Google」アプリを使おう

「Chrome」アプリがインターネットの利用に特化しているのに対し、「Google」アプリは、Googleが提供するあらゆるサービスを統合したアプリとなっています。

「Google」アプリで検索する

1 「すべてのアプリ」画面で、G（Google）をタップして、「Google」アプリを起動します。

2 画面上部の入力欄をタップし、検索したいキーワードを入力して🔍をタップします。

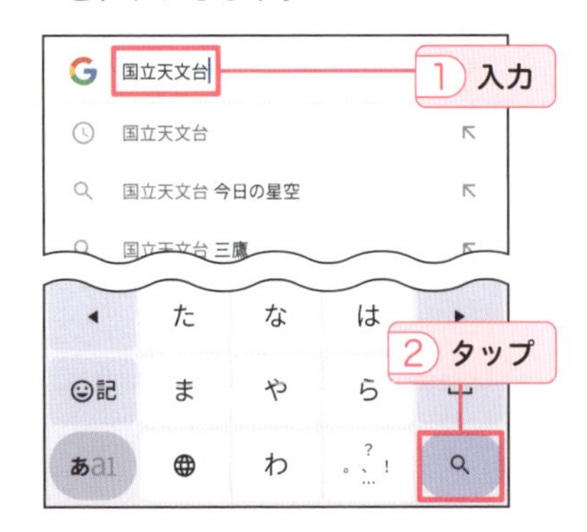

HINT 表示される検索候補をタップすることでも検索できます。

3 Web検索結果が表示されます。画面を上下にスワイプし、閲覧したいWebページのリンクをタップします。

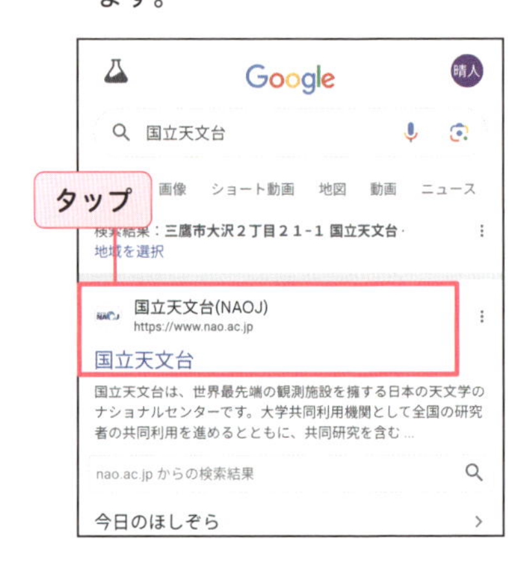

4 Webページが開きます。

Google Discoverで気になるニュースを見る

1 ホーム画面で画面を右方向にスワイプします。

2 Google Discoverが開きます。

3 画面を上下にスワイプし、閲覧したい記事をタップします。

4 Webページが開きます

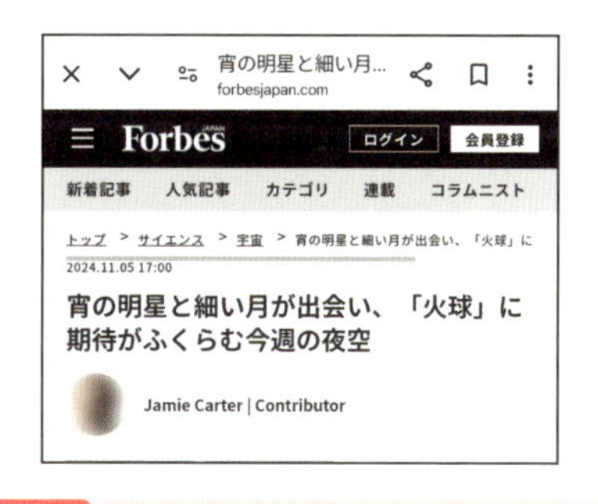

HINT ∨をタップすると、タブが最小化されます。

TIPS Google Discoverをオフにする

Google Discoverは、ユーザーの興味関心に基づき、Googleが自動的にコンテンツを表示してくれる機能です。上の手順2で右上のアカウントアイコンをタップし、「設定」→「その他の設定」→「発見」をタップしてオフにすると、Google Discoverがオフになり、非表示となります。

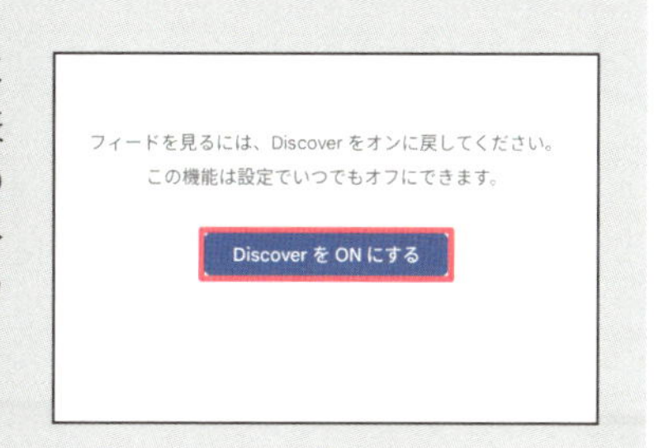

5章 Google のアプリやサービスを使おう

Google Discoverに表示するトピックをカスタマイズする

1 Google Discoverを開き、関心のない記事の ⋮ をタップします。

HINT ♡をタップすると高く評価でき、関連トピックの表示頻度が上がります。

2 「トピックに興味がない」をタップします。

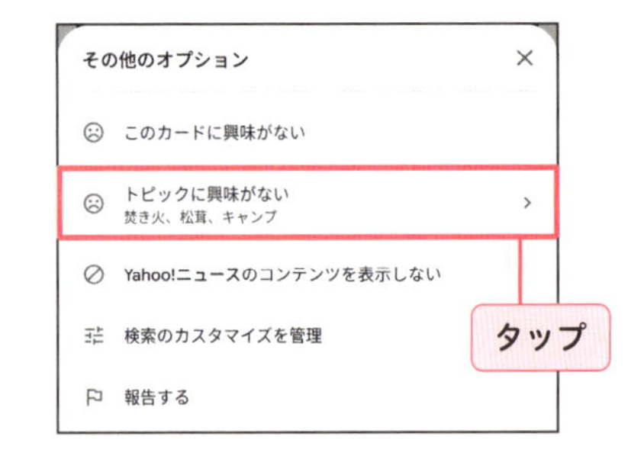

HINT 「このカードに興味がない」は関連する記事を、「〇〇のコンテンツを表示しない」は提供元を非表示に設定できます。

3 記事に関連するトピックをタップして選択し、「完了」をタップします。

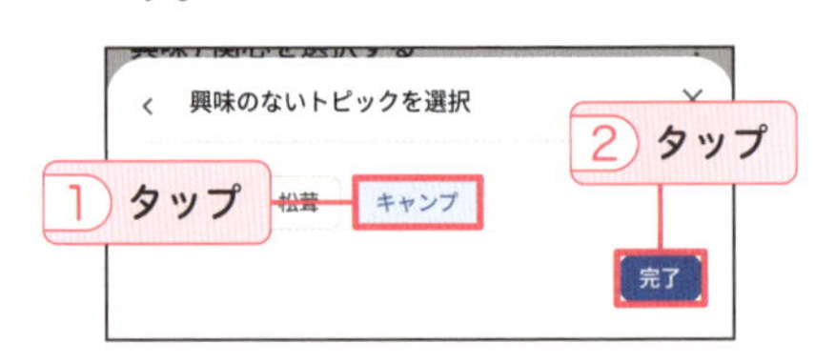

TIPS Google Discoverでトピックをフォローする

画面を上方向にスワイプしてトピックを閲覧していると、「興味／関心を選択する」と表示される場合があります。気になるカテゴリの「フォロー」をタップすると、関連する記事が表示されやすくなります。

TIPS Google Discoverでフォロー／非表示に設定したトピックを確認する

アカウントアイコンをタップし、「設定」→「プライバシーとセキュリティ」→「検索のカスタマイズ」をタップし、「検索データ」の「フォロー中」や「興味なし」などをタップして確認できます。

✓ フォロー中	>
興味なし	>

Googleの検索履歴を確認・削除する

1 「Google」アプリを開き、アカウントアイコンをタップします。

2 「検索履歴」をタップします。

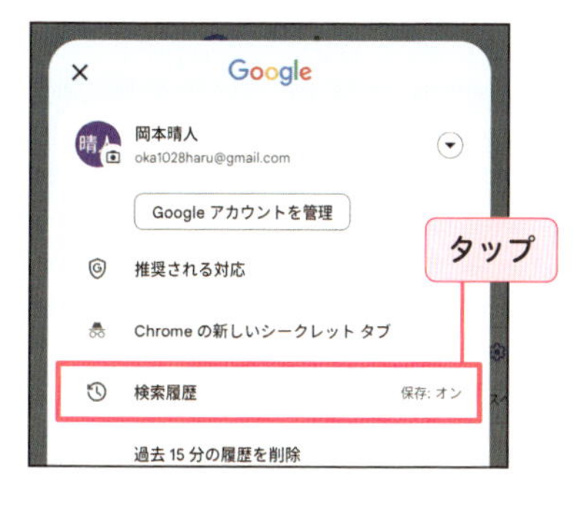

3 検索した履歴が表示され、確認できます。

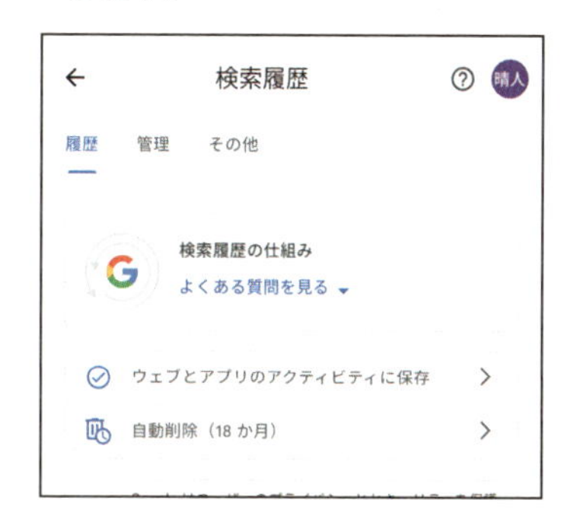

4 「削除」をタップし、削除したい履歴の範囲をタップして選択して、画面の指示に従って削除します。

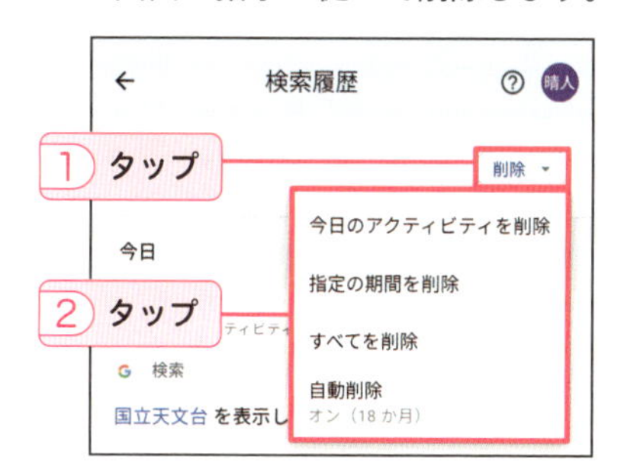

TIPS 「Google」アプリでウェブとアプリのアクティビティの設定をオフにする

上の手順3で「管理」→「ウェブとアプリのアクティビティ」の「オフにする」をタップして画面の指示に従って設定をオフにすると、Googleアカウントに検索履歴が保存されなくなります。また、アクティビティに基づいた関連情報なども表示されにくくなります。

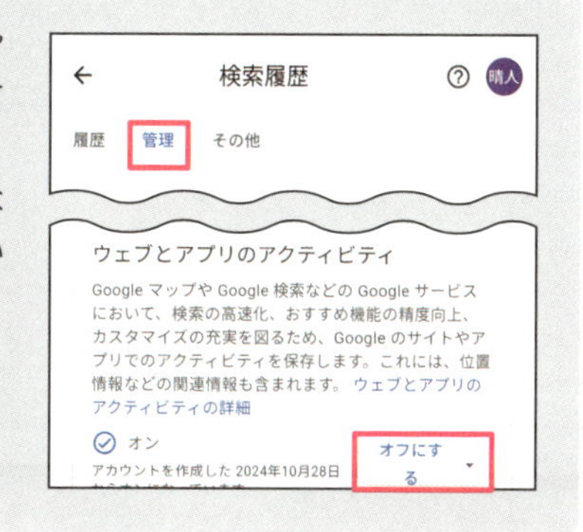

Googleレンズで検索しよう

調べたいものの名前がわからない、情報が画像だけ、そのようなときは、Googleレンズで画像検索してみましょう。Googleレンズは「Chrome」アプリや「Google」アプリ、「カメラ」アプリ、「Googleフォト」アプリでも利用できます。

Googleレンズで目の前にあるものを検索する

1 ホーム画面で検索ウィジェットのをタップします。

HINT 「Chrome」アプリや「Google」アプリの入力欄にあるGoogleレンズアイコンからも検索できます。

2 をタップします。

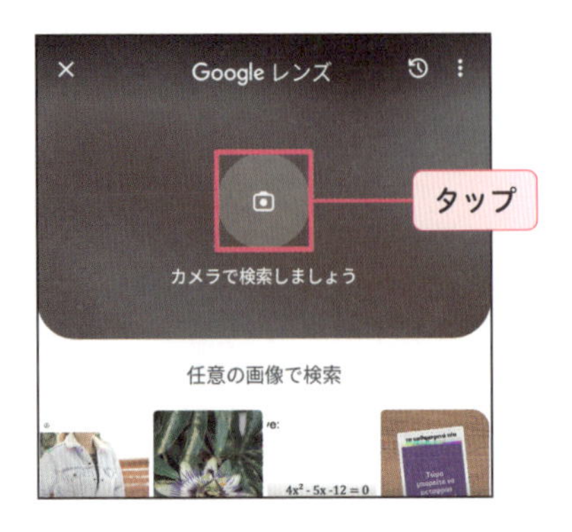

3 「カメラを起動」をタップし、初回は写真と動画の撮影を許可します。

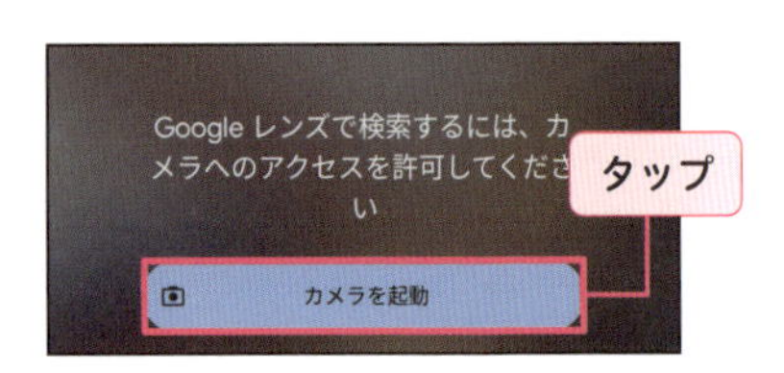

4 Googleレンズが起動します。「検索」をタップして、検索対象にカメラを向けてをタップすると、対象で検索できます。

Webサイトの画像をGoogleレンズで検索する

1 「Chrome」アプリを起動し、Webページを開いて、検索したい画像を長押しします。

2 「Googleレンズで画像を検索」をタップします。

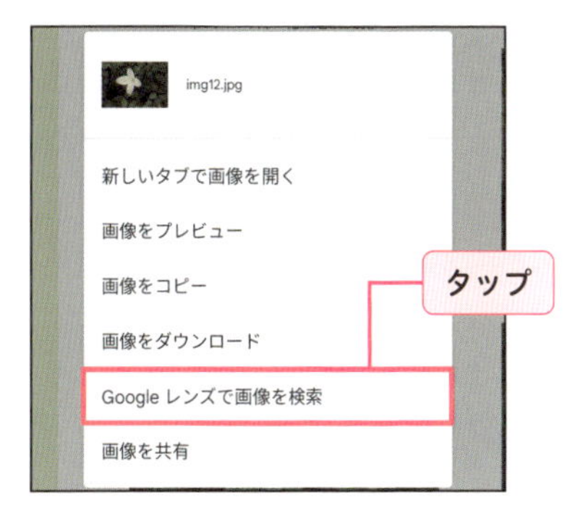

3 Web上で検索されます。▬を上方向にスワイプします。

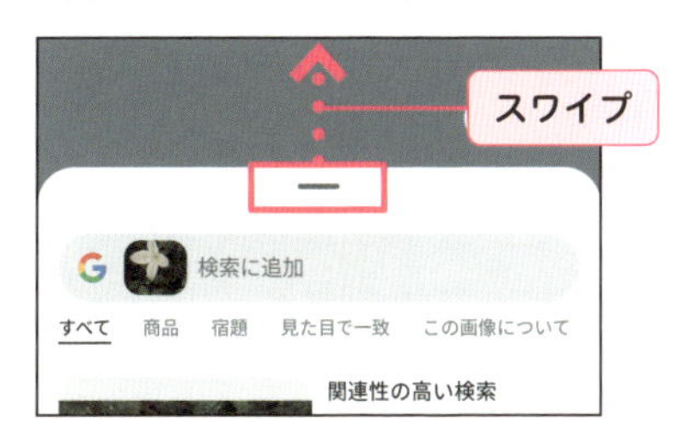

HINT 画面の白い枠をドラッグして検索対象を選択できます。

4 検索結果が全画面表示されます。画面上部の「検索に追加」をタップします。

HINT 「商品」「見た目で一致」など、カテゴリをタップすると検索結果を絞り込めます。

5 さらに調べたい内容を入力し、🔍をタップします。

6 検索結果が表示されます。

Googleレンズで文字を読み取る

1 Googleレンズを起動し、検索対象のテキストにカメラを向けて🔍をタップします。

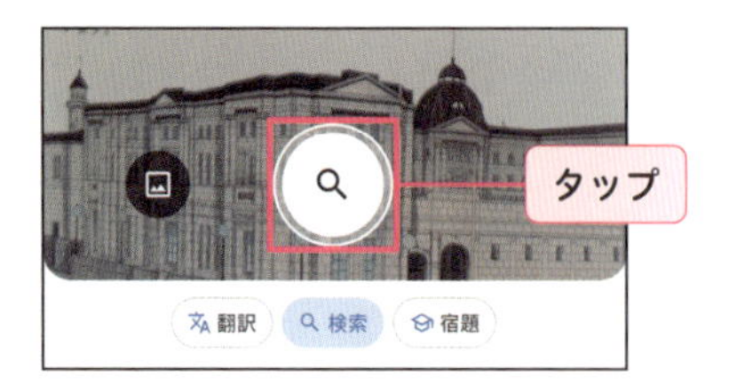

2 文字が検出されます。「テキストを選択」をタップします。

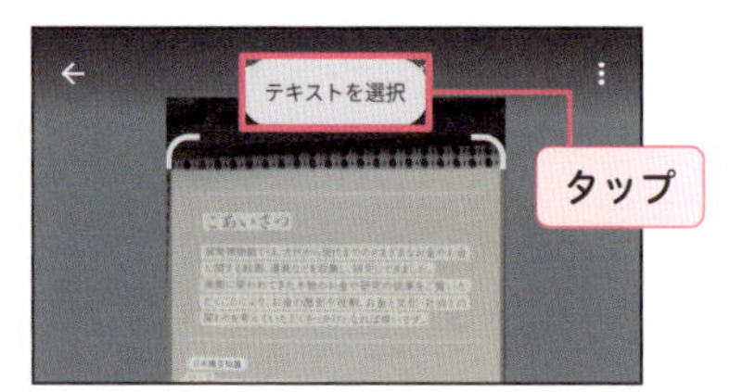

3 検出された文字が選択されます。

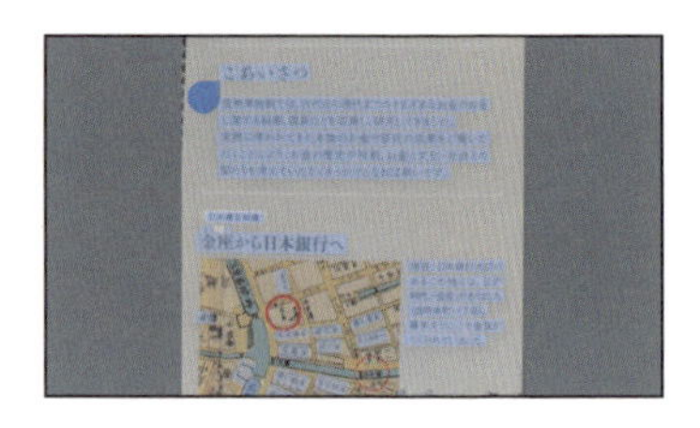

4 ●や●を左右にドラッグして選択範囲を変更できます。

Googleレンズで文字を翻訳する

1 Googleレンズを起動し、検索対象の文字にカメラを向けて「翻訳」をタップします。

2 言語が検出され、訳語が表示されます。

HINT 画面下部の文Aをタップすると、翻訳されたテキストを選択したり、音声で再生したりできます。

Googleレンズを使って数学の問題を解く

1 Googleレンズを起動し、検索対象にカメラを向けて「宿題」をタップします。

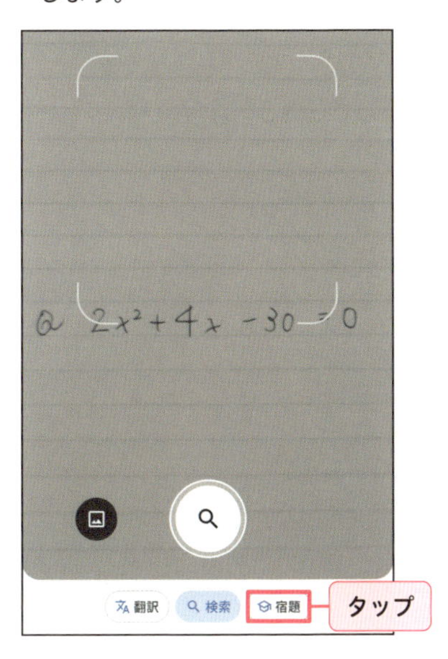

2 白い枠の中に問題や図、数式などが入るようにカメラの向きを調整し、をタップします。

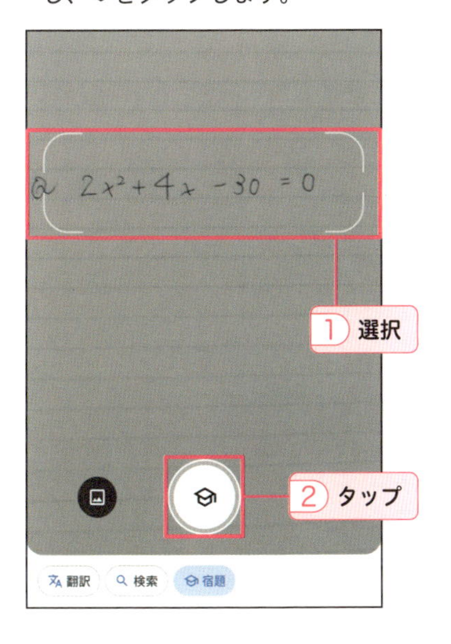

3 Web上で検索されます。▬を上方向にスワイプします。

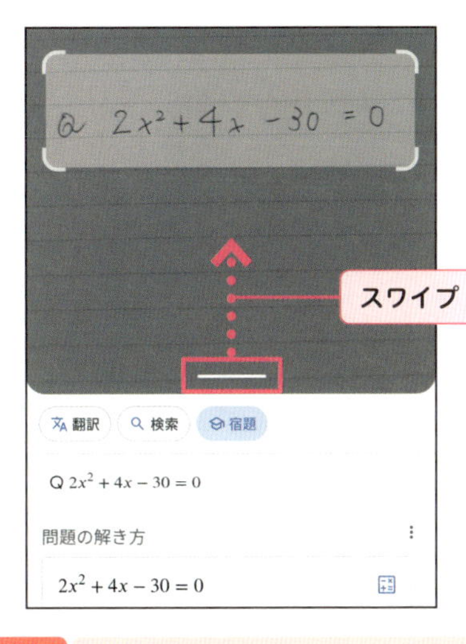

HINT をタップ後に白い枠をドラッグして、検索対象を再選択できます。

4 検索結果が全画面表示されます。

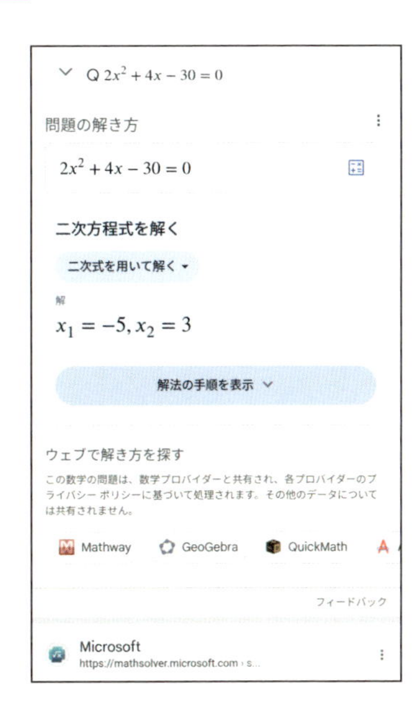

かこって検索を使おう

かこって検索機能では、画面に写っている商品や建物、食べ物など、気になったものをアプリを切り替える手間なくすぐに調べられます。

画面をかこって検索する

1 調べたいものを画面に表示し、ホームキーを長押しします。

2 画面の色がグラデーションに変わります。

3 検索したい画像やテキストを丸で囲む、またはタップして選択します。

4 画面下部にGoogleの検索結果が表示されます。

HINT 検索結果を上方向にスワイプすると、全画面表示になります。

画面上のテキストを翻訳する

1 翻訳したい画面を表示し、ホームキーを長押しします。

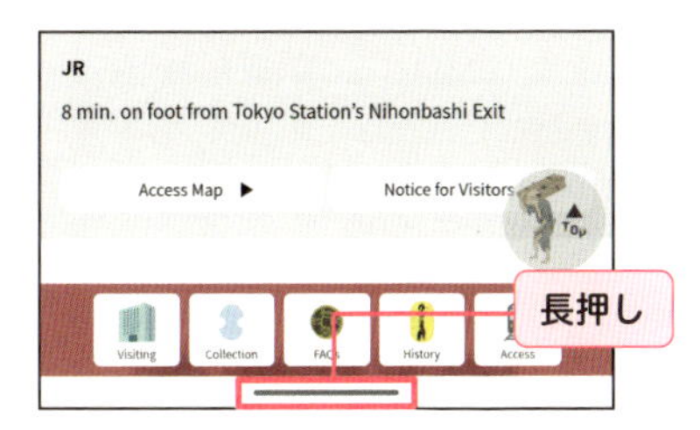

2 文Aをタップします。

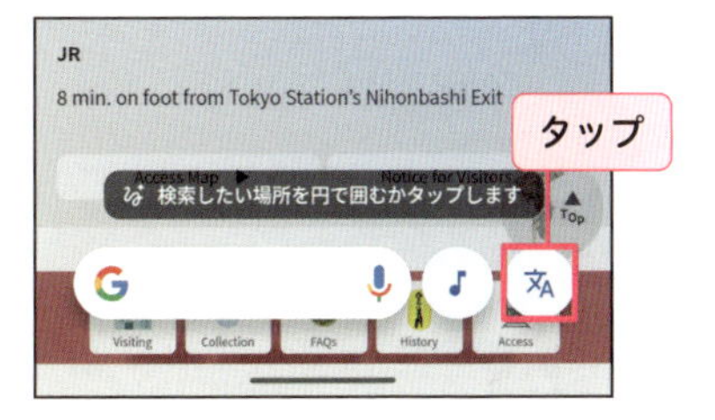

3 テキストが翻訳されます。

HINT 検知された元の言語が左側に表示され、訳語が右側に表示されます。

4 訳語を変更したい場合は設定されている訳語（ここでは「日本語」）をタップします。

5 変更したい訳語をタップします。

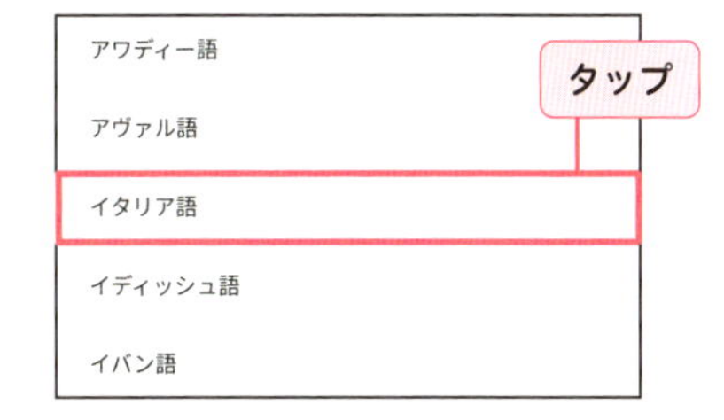

6 訳語が変更されて翻訳されます。

HINT 文Aをタップすると翻訳が終了します。

TIPS 周囲の楽曲や音を調べる

上の手順**2**で♪をタップすると、周囲で流れている音や鼻歌を認識し、曲名を調べることができます。音が検出されると、Web検索結果画面が表示されます。

「Playストア」アプリでアプリをインストールしよう

「Playストア」アプリは、無料・有料のアプリを検索し、インストールできるサービスです。

無料アプリをインストールする

1 ホーム画面で(Playストア)をタップし、「Playストア」アプリを起動します。

2 初回は「同意する」をタップします。

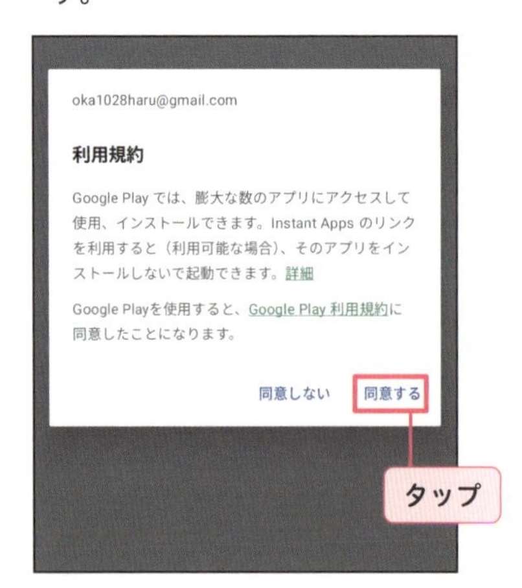

3 「検索」をタップし、入力欄をタップします。

4 アプリ名やキーワードを入力し、🔍をタップします。

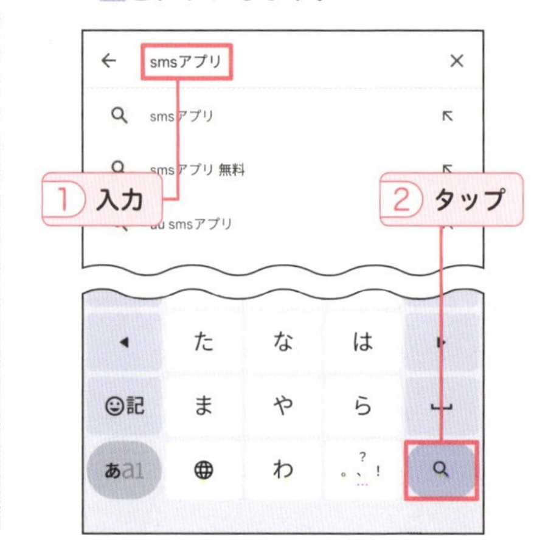

5 関連するアプリが検索されます。インストールしたいアプリをタップします。

6 「インストール」をタップします。

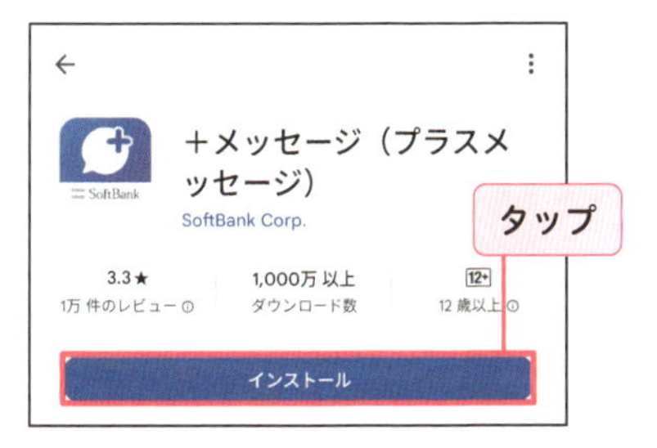

HINT 有料アプリの場合は、「¥〇〇」（金額）をタップします。

7 初回は「アカウント設定の完了」画面が表示されるので、「次へ」→「スキップ」をタップします。

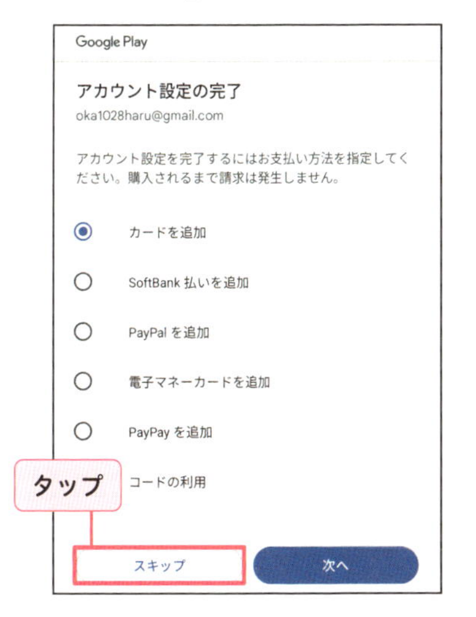

8 アプリのインストールがはじまります。

9 インストールしたアプリがホーム画面と「すべてのアプリ」画面に追加されます。

TIPS お支払い方法を追加する

有料アプリをインストールする際に、Googleアカウントにお支払い情報を追加していない場合、「¥〇〇」をタップしたあとにクレジットカードや電子マネーなどの情報を登録できます。

アプリをアンインストールしよう

不用なアプリはアンインストールすることでストレージ容量を増やせます。「設定」アプリや、ホーム画面（P.025HINT参照）からもアンインストールできます。

「Playストア」アプリからアプリをアンインストールする

1 「Playストア」アプリを起動し、アカウントアイコン→「アプリとデバイスの管理」をタップします。

2 「管理」をタップし、アンインストールしたいアプリをタップします。

3 「アンインストール」→「アンインストール」をタップします。

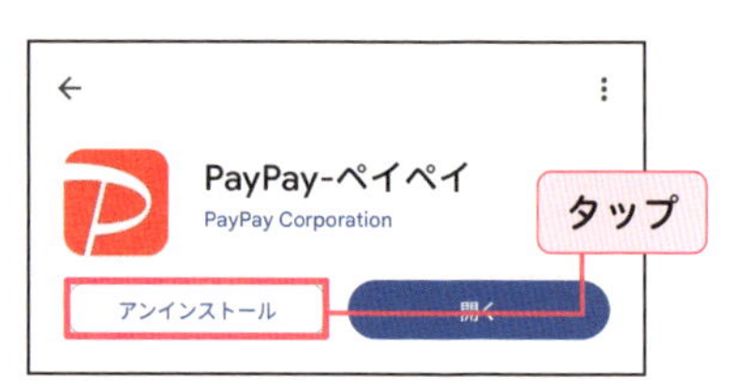

TIPS アプリをアーカイブする

使用頻度の低いアプリを完全にアンインストールせずに、アーカイブするという方法があります。「すべてのアプリ」画面でアプリアイコンを長押しし、「アプリ情報」→「アーカイブ」をタップします。なお、「復元」をタップすると、再び使えるようになります。ただし、アプリによっては「アーカイブ」が無効なものがあります。

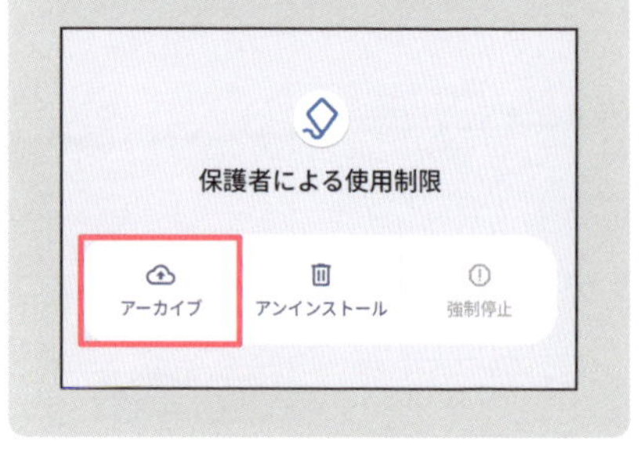

アプリをアップデートしよう

アップデートとは、最新の状態に更新する作業のことです。アップデートを行うことで、アプリの不具合が改善したり、セキュリティが強化されたりします。

アプリをアップデートする

1 「Playストア」アプリを起動し、アカウントアイコン→「アプリとデバイスの管理」をタップします。

2 「アップデート利用可能」をタップします。

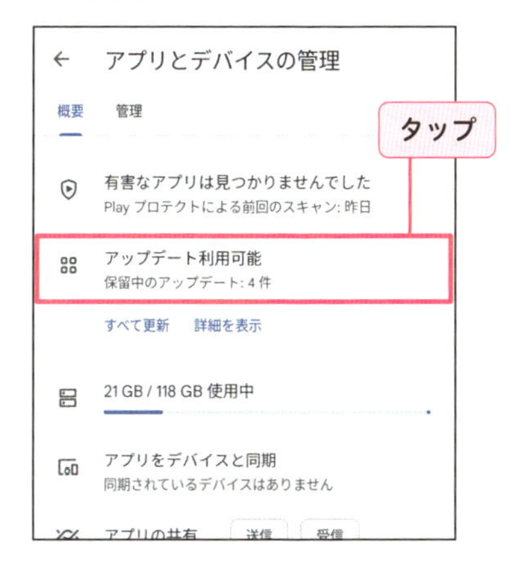

3 アップデート可能なアプリが表示されます。アップデートしたいアプリの「更新」をタップします。

HINT 「すべて更新」をタップするとアプリがすべてアップデートされます。

TIPS アプリを自動アップデートしない

デフォルトでは、アプリはWi-Fi接続時に自動的にアップデートされるよう設定されています。手動でだけアップデートしたい場合は、アカウントアイコン→「設定」→「ネットワーク設定」→「アプリの自動更新」→「アプリを自動更新しない」をタップすると、手順1～3を参考に選択したアプリだけをアップデートできるようになります。

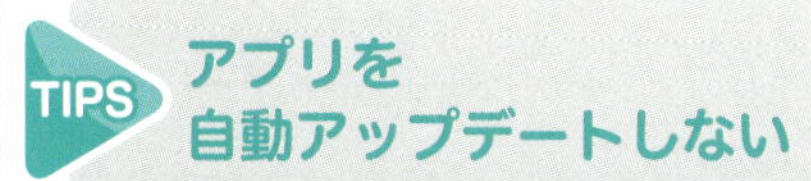

Googleマップを活用しよう

自分の現在地を知りたい、外出先で目的の場所を見つけたい、そういったときは「マップ」アプリで経路や場所の情報を手早く入手できます。

Googleマップを活用する

1 「すべてのアプリ」画面で（マップ）をタップして、「マップ」アプリを起動します。

2 初回は、位置情報のアクセスを許可します。

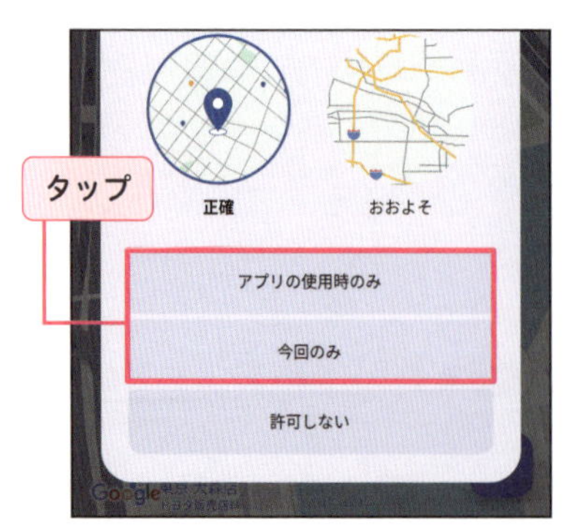

HINT 位置情報を許可していない場合でも利用できます。

3 自分の現在地がで表示されます。

TIPS **位置情報のアクセス権限を変更する**

「設定」アプリを起動し、「アプリ」→「○個のアプリをすべて表示」→「マップ」→「権限」をタップします。「位置情報」→「常に許可」をタップすると、「マップ」アプリ起動中は常に位置情報が許可されます。

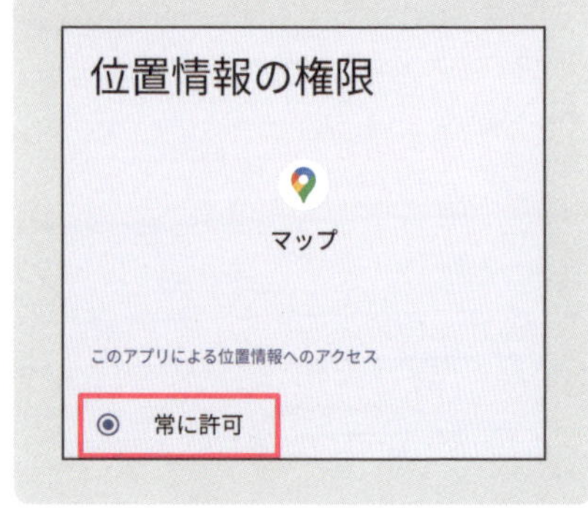

周辺のお店を検索する

1 「マップ」アプリを起動し、お店のジャンルをタップして選択します。

HINT 位置情報を許可していない場合は、検索したいエリアを画面をスワイプして表示します。

2 検索結果が表示されます。画面を上下にスワイプし、気になるお店をタップして選択します。

3 お店の詳細が表示されます。「ナビ開始」をタップします。

4 音声案内とナビが開始されます。

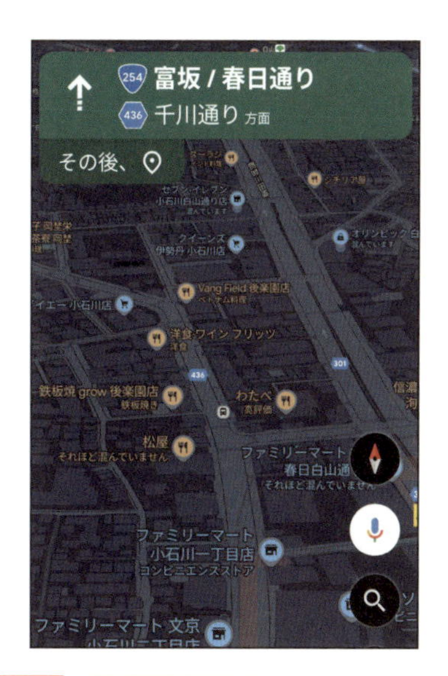

HINT 画面下部の☒をタップするとナビが終了します。

移動経路を検索する

1 「マップ」アプリを起動し、◆をタップします。

2 出発地は位置情報から「現在地」が設定されています。「目的地を入力」をタップします。

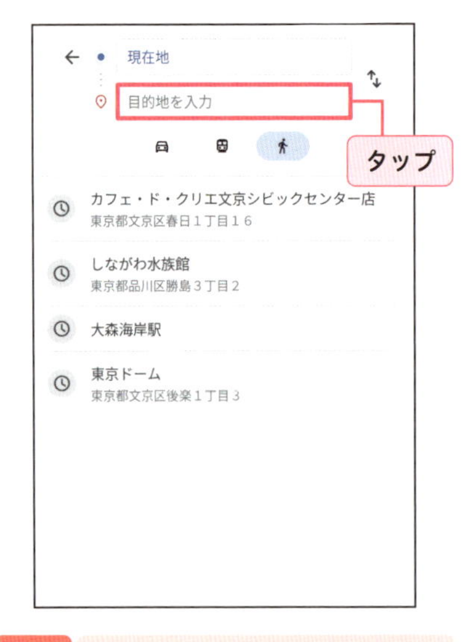

HINT 出発地を入力し、変更することもできます。

3 目的地を入力し、🔍をタップします。

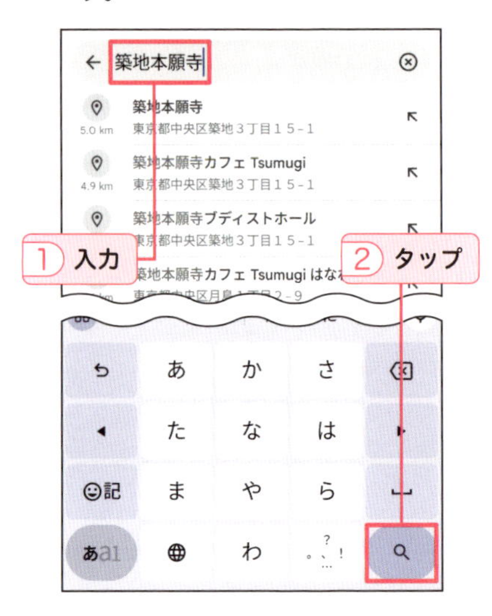

4 出発地から目的地までの移動経路がマップ上に表示されます。交通手段をタップして選択すると、詳しい経路が表示されます。

HINT 🎚をタップすると、経路や移動オプションをさらに詳しく絞り込めます。

ストリートビューを活用する

1 「マップ」アプリを起動し、入力欄をタップします。

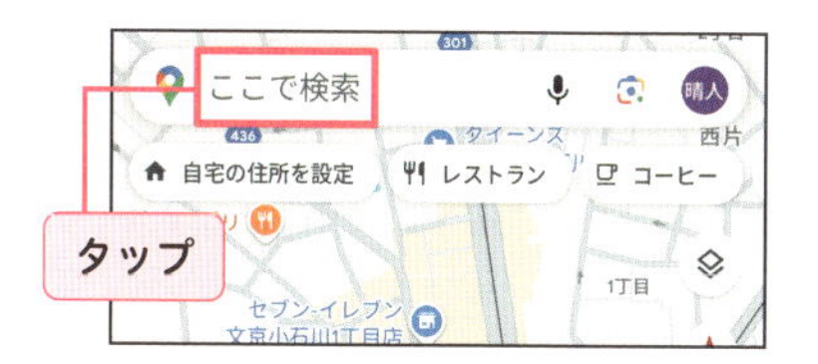

2 ストリートビューを見たい場所を入力し、🔍をタップします。

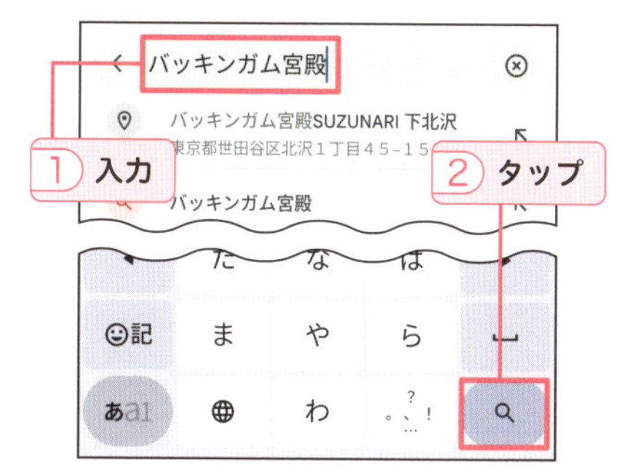

HINT 検索履歴を長押しして「削除」をタップすると履歴を削除できます。

3 検索結果が表示されます。が表示されているサムネイルをタップします。

HINT Immersive Viewでは、3DCGでよりリアルな映像を確認できます。

4 場所の周辺のストリートビューが表示されます。進みたい方向の<と>をタップすると、画面の映像が選択した方向に進みます。をタップします。

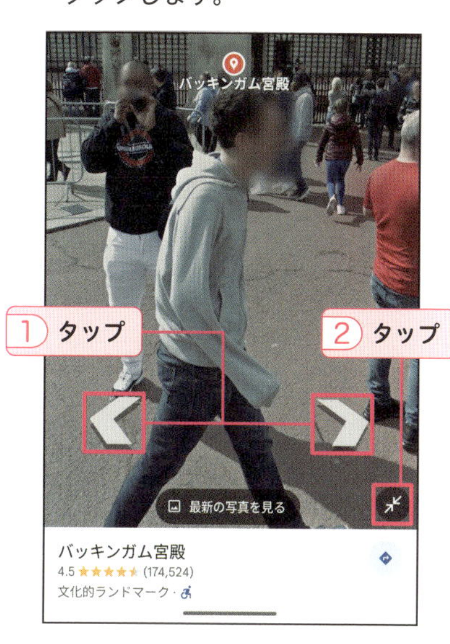

5 画面下部にマップが表示され、場所の位置や詳細を確認できます。

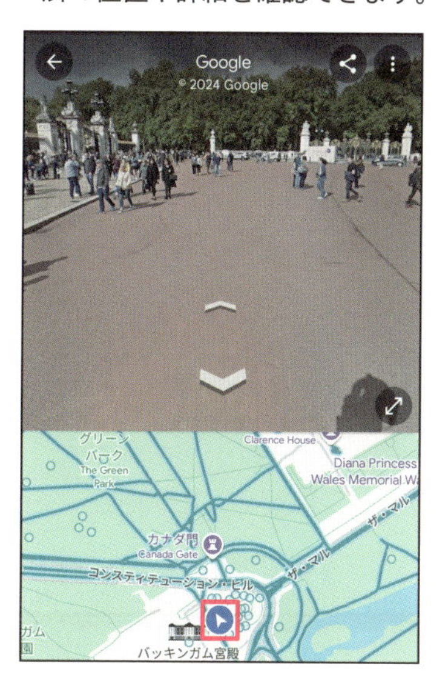

Googleカレンダーを活用しよう

日々の予定やタスクなどは、「カレンダー」アプリで管理できます。設定した時間に通知してくれます。

予定を登録する

1 「すべてのアプリ」画面で（カレンダー）をタップして、「カレンダー」アプリを起動します。

2 ＋をタップします。

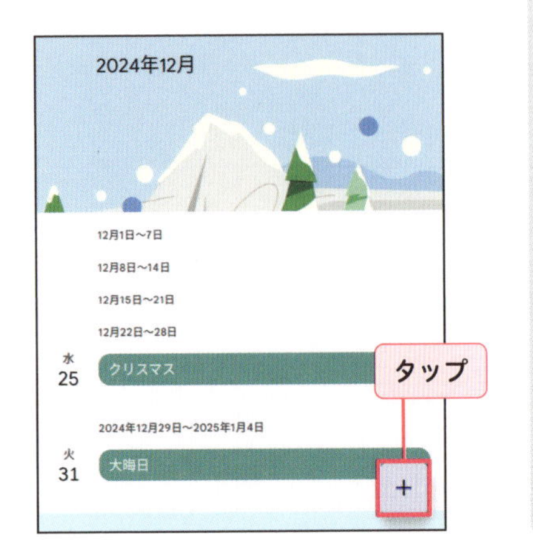

3 「予定」をタップします。

4 タイトルを入力します。

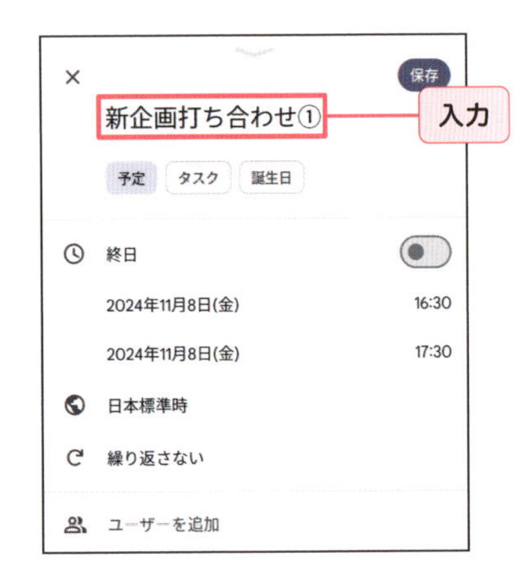

5 日付と時刻をそれぞれタップして設定し、「保存」をタップします。

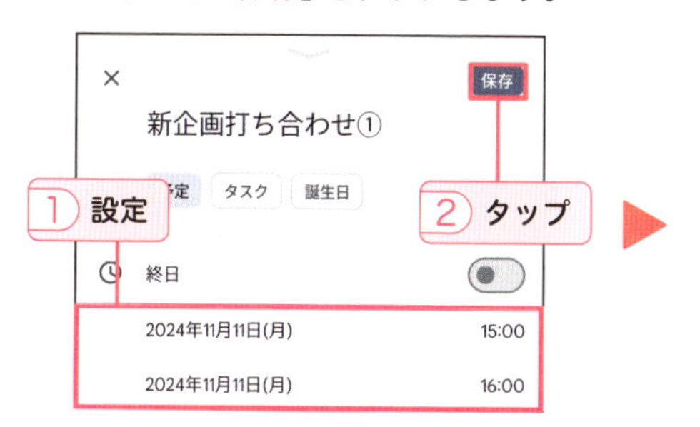

6 カレンダーに予定が登録されます。

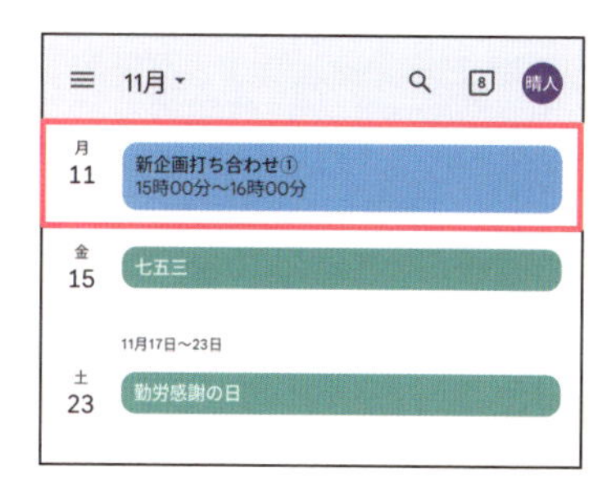

タスクを登録する

1 「カレンダー」アプリを起動し、＋をタップします。

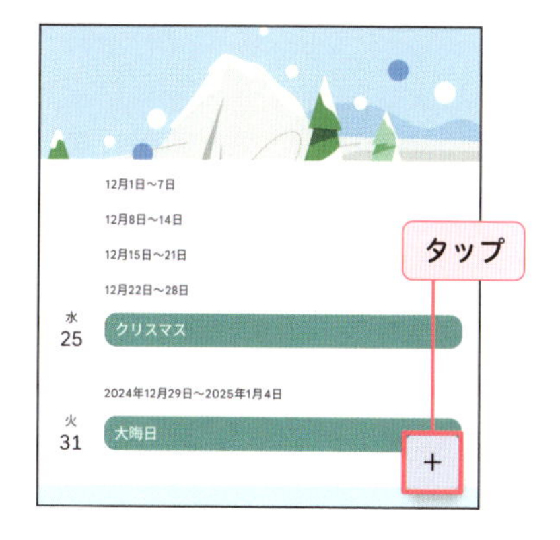

2 「タスク」をタップします。

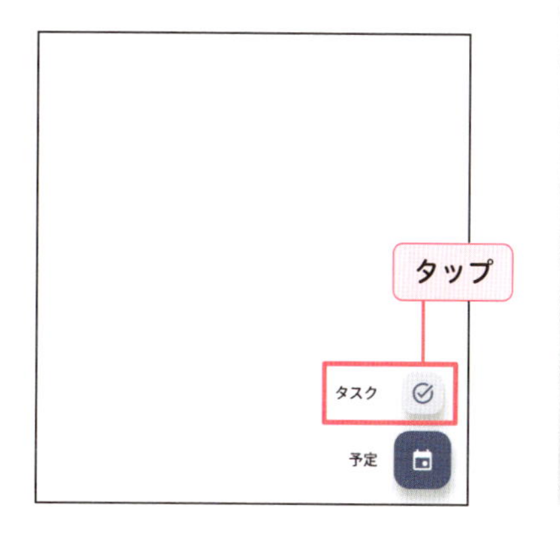

3 タイトルを入力し、「保存」をタップします。

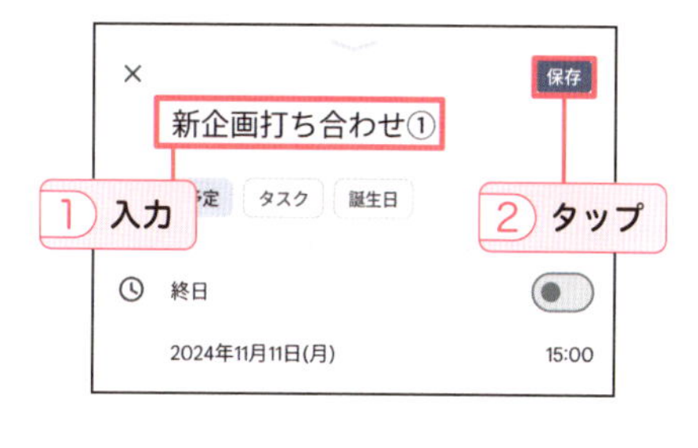

TIPS タスクを完了する

タスクが完了した場合は、カレンダーに登録されたタスクをタップし、「完了とする」をタップすることでタスクに線が引かれ、タスクが完了とされます。

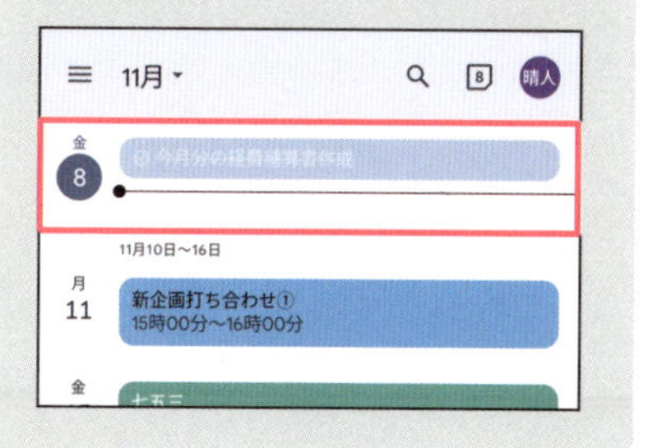

リアルタイム翻訳を活用しよう

Pixel 9の「翻訳」アプリでは、相手と自分の会話を上下に分割して表示してくれるため、スムーズなコミュニケーションが叶います。

「翻訳」アプリで会話する

1 「すべてのアプリ」画面で（翻訳）をタップして、「翻訳」アプリを起動します。

2 設定されている元の言語をタップします。

3 変更したい言語をタップして選択します。

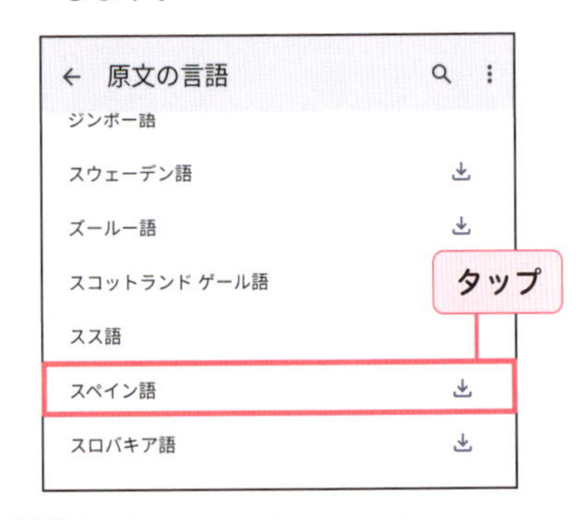

HINT 「言語を検出する」をタップすると自動検出された言語を翻訳してくれます。

4 訳語も同様に設定し、「会話」をタップします。

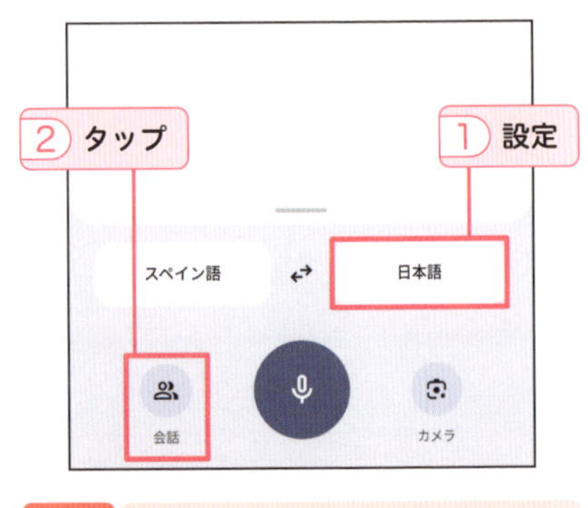

HINT ⇄をタップすると元の言語と訳語を入れ替えられます。

5 初回は音声の録音を許可し、「OK」をタップします。

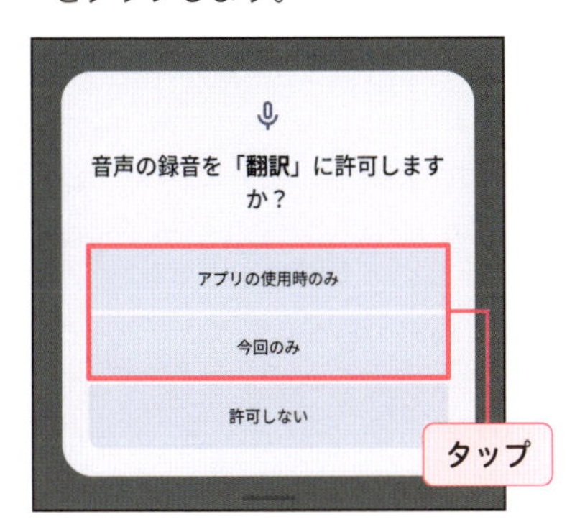

6 ✦をタップします。

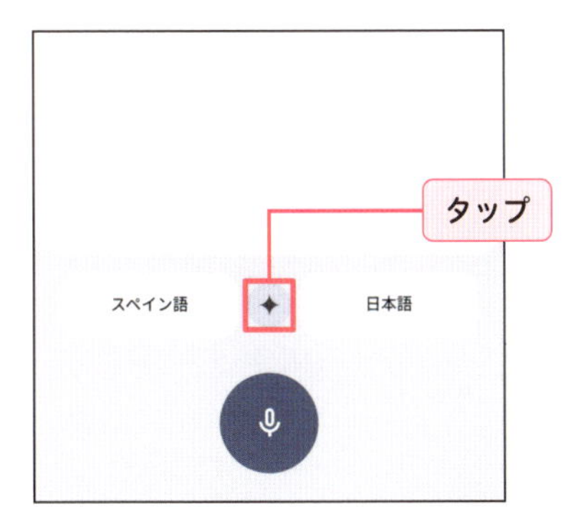

7 マイクアイコンが2つ表示され、交互に話せるようになります。▤をタップします。

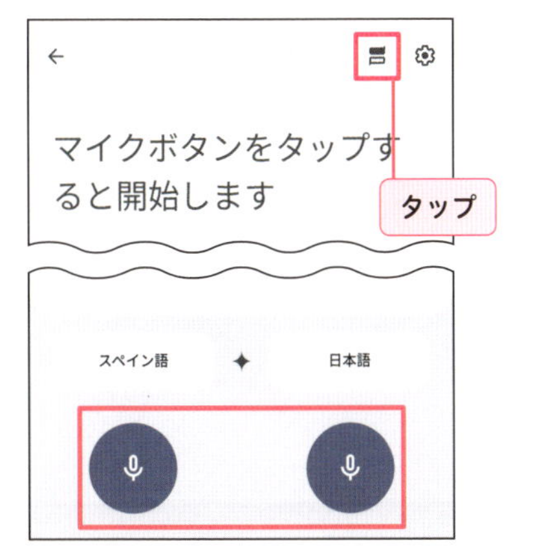

8 翻訳欄が上下に分割されます。ここではスペイン語の🎙をタップして相手に話してもらいます。

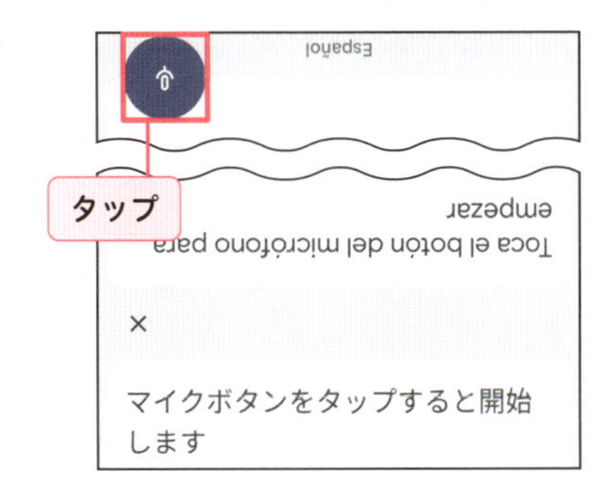

9 相手の翻訳欄には話した内容が、自分の入力欄にはその内容が翻訳されて表示されます。自分の🎙をタップして返答します。

10 交互に繰り返して会話を続けます。

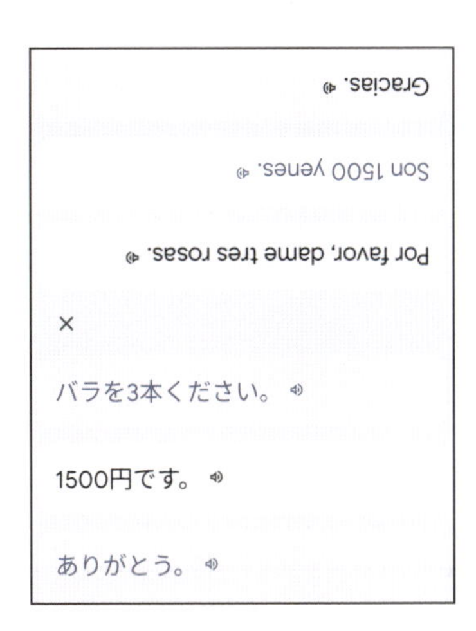

ウォレットを活用しよう

クレジットカードや電子マネー、ポイントカードなど、手持ちのさまざまなカードを1カ所にまとめて管理できるのが「ウォレット」アプリです。

クレジットカードを登録する

1 「すべてのアプリ」画面で（ウォレット）をタップして、「ウォレット」アプリを起動します。

2 「ウォレットに追加」をタップします。

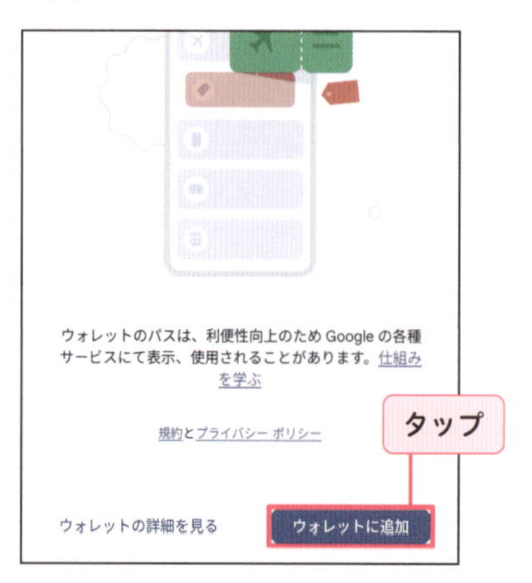

3 「クレジットカードまたはデビットカード」をタップします。

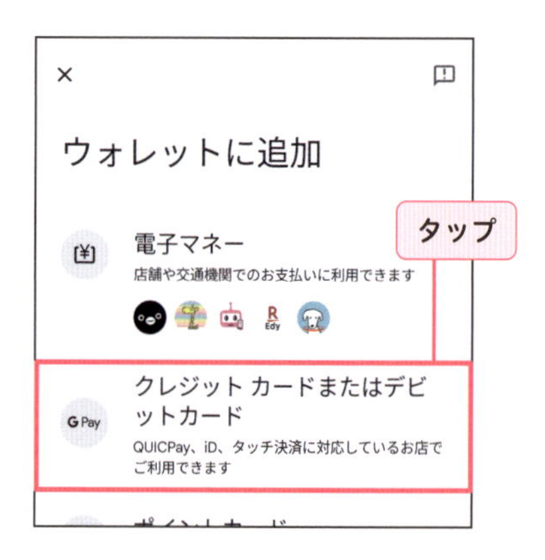

4 カメラをクレジットカードに向けます。

HINT 「または、詳細を手動で入力します」をタップすると手動で入力できます。

5 読み取られたカード番号が自動入力されるので確認し、ほかに必要な情報や住所などを入力して「保存して次へ」をタップします。

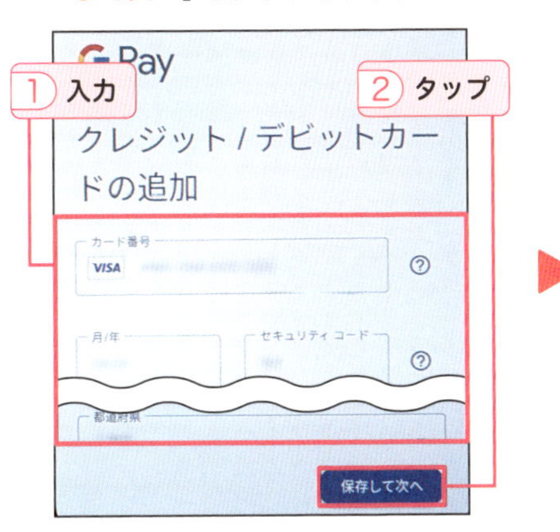

6 「続行」をタップし、あとは画面の指示に従ってカードの登録を進めていきます。

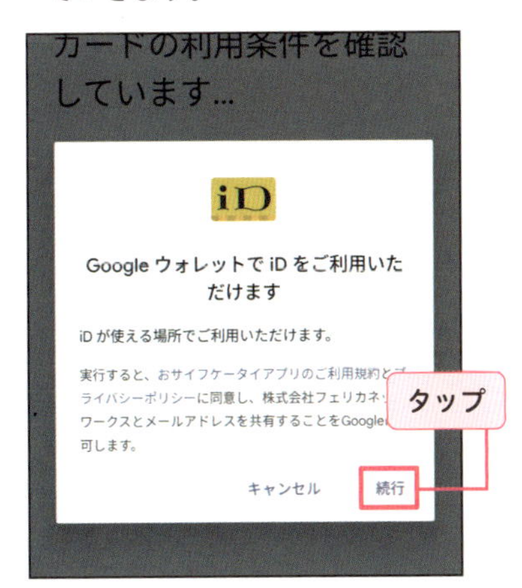

電子マネーを追加する

1 「ウォレット」アプリを起動し、「ウォレットに追加」→「電子マネー」をタップします。

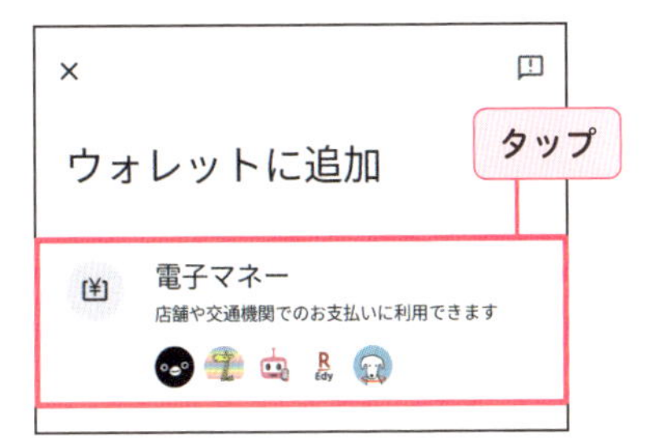

2 追加したい電子マネー（ここでは「Suica」）をタップします。

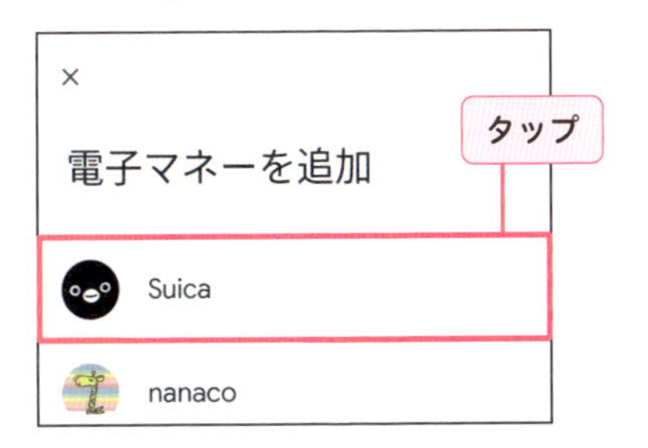

3 「続行」をタップします。

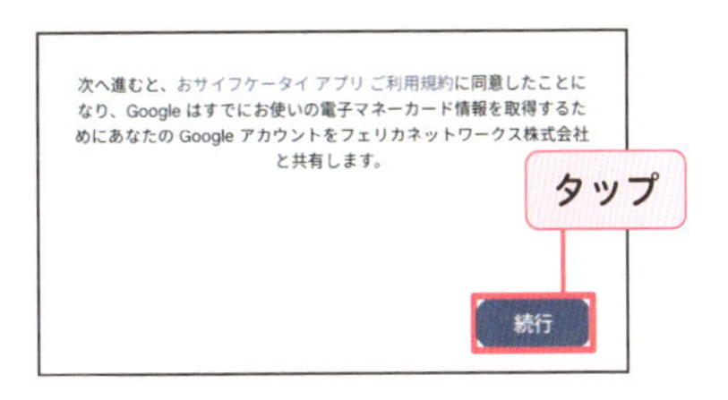

4 新しいカードを追加、または移行するかを選択し、画面の指示に従って進めていきます。

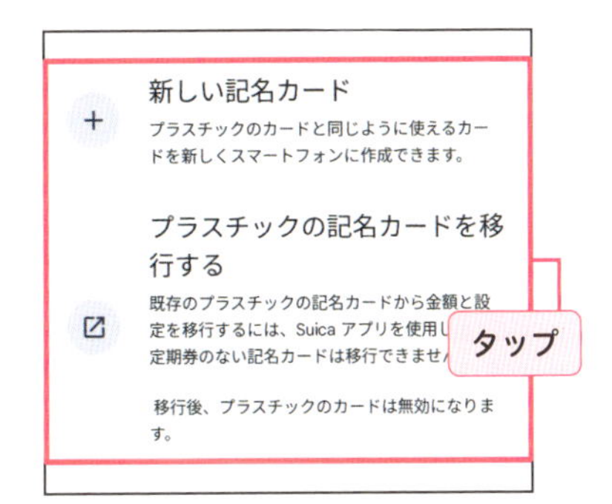

Googleドライブにファイルを保存しよう

「ドライブ」アプリは、無料で15GBまでのデータを保存できるクラウドストレージサービスです。大事な写真や書類などを一覧で管理できます。

ファイルを保存する

1 「すべてのアプリ」画面で (ドライブ) をタップして、「ドライブ」アプリを起動します。

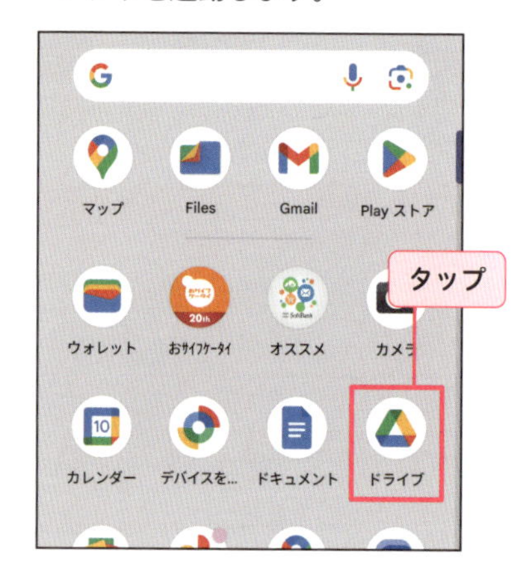

2 「新規」をタップします。

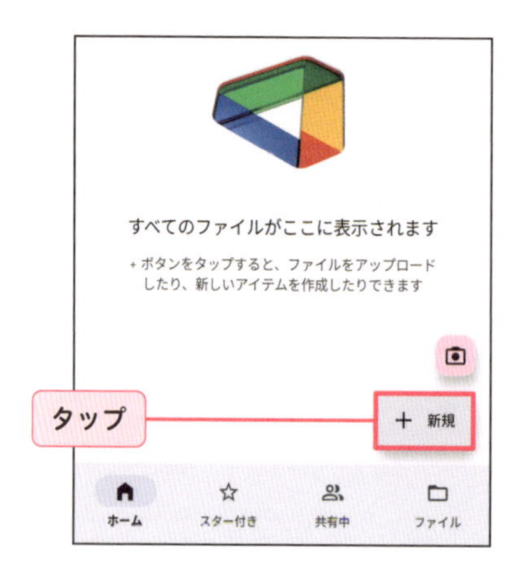

3 「アップロード」をタップします。

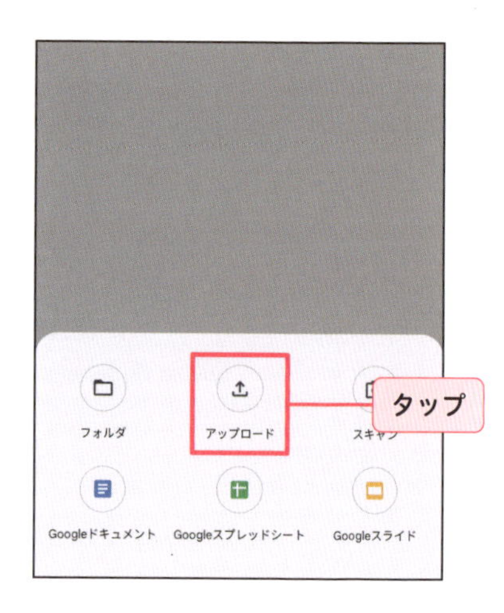

4 アップロードしたいファイルをタップして、アップロードします。

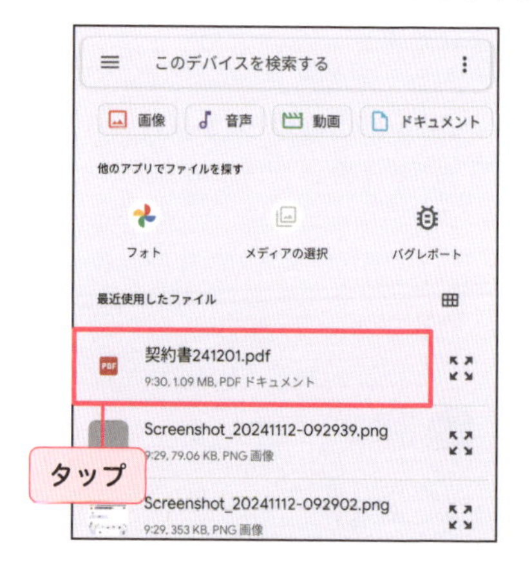

5 アップロードしたら、「ファイル」をタップすると、保存したファイルを確認できます。

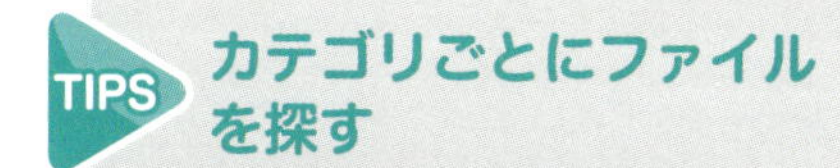

P.152手順**4**の画面上部にある「画像」「ドキュメント」などのカテゴリでファイルを探せます。

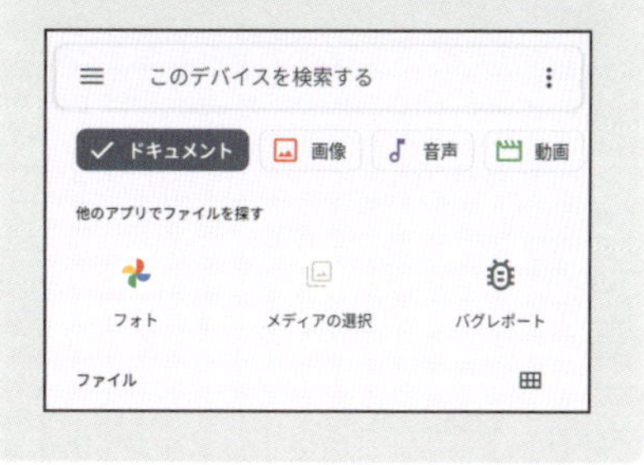

保存したファイルをフォルダに移動する

1 「ドライブ」アプリを起動し、「ファイル」をタップして移動したいファイルをタップします。

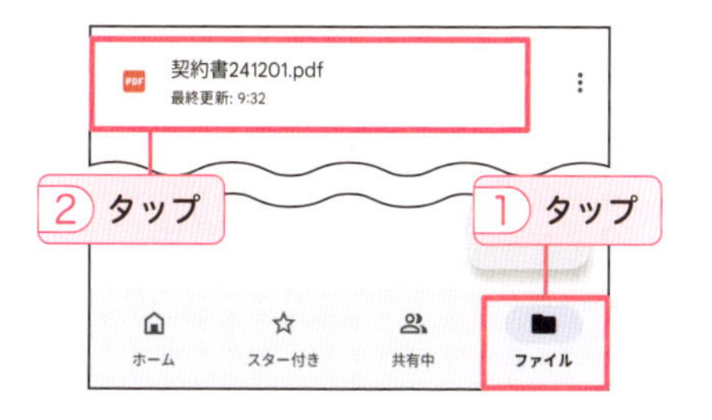

2 ファイルが開きます。⋮をタップし、「移動」をタップします。

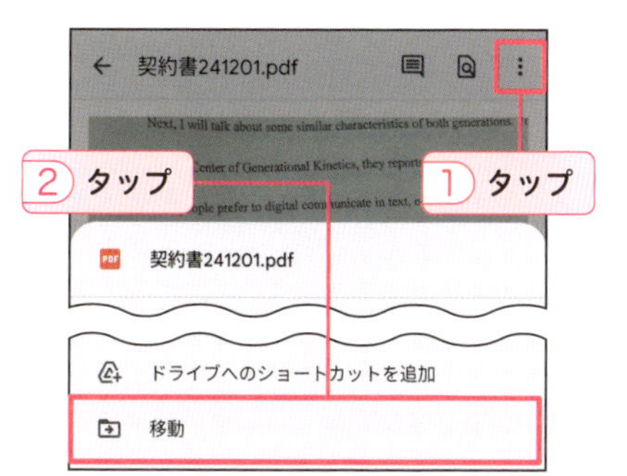

3 📁をタップし、フォルダ名を入力して「作成」をタップします。

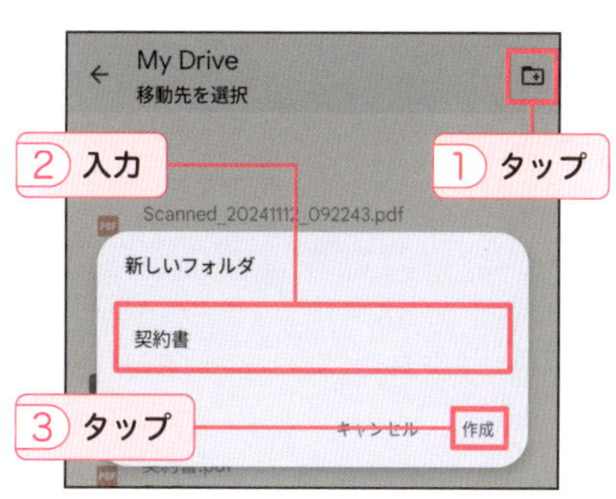

4 「移動」をタップすると作成したフォルダ内にファイルが移動します。

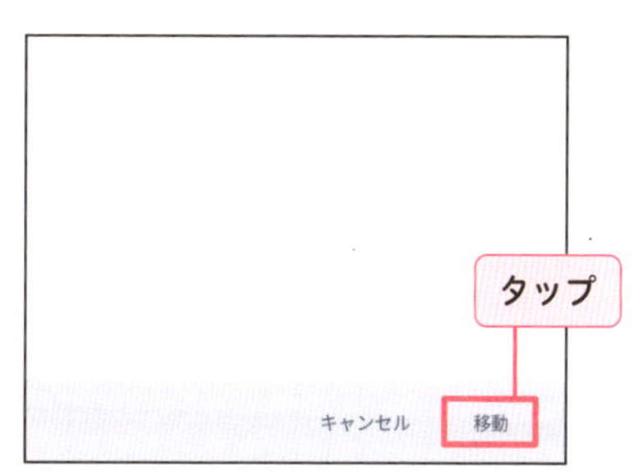

Officeファイルを表示する

1 「ドライブ」アプリを起動し、「ファイル」をタップして、表示したいOfficeファイルをタップします。

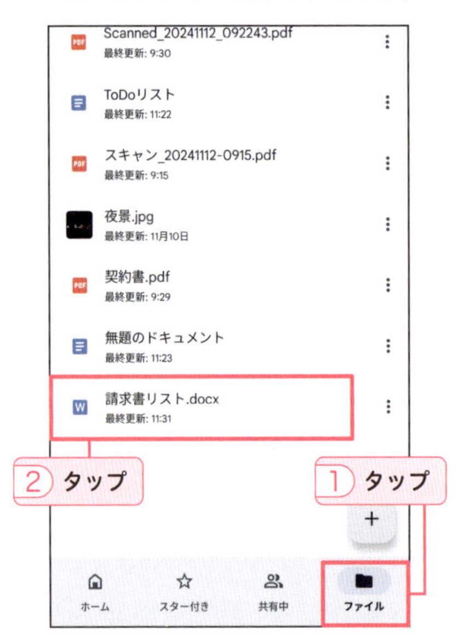

2 ファイルが開きます。✎をタップします。

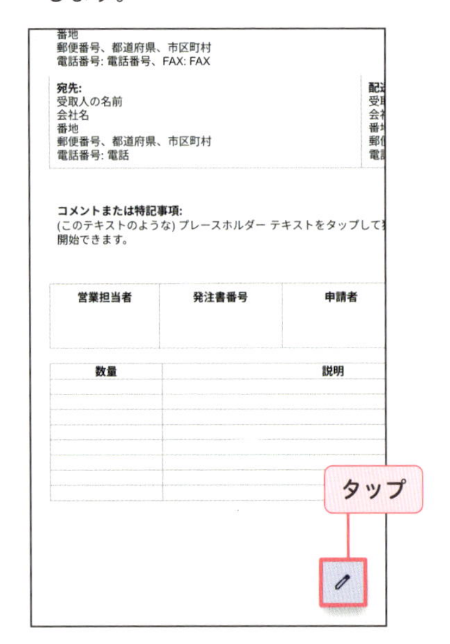

3 ファイルを編集できます。✓をタップして完了です。

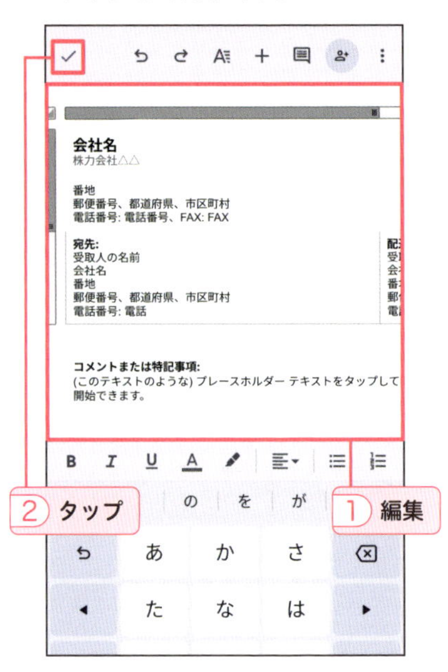

4 ✕をタップして手順1に戻ります。

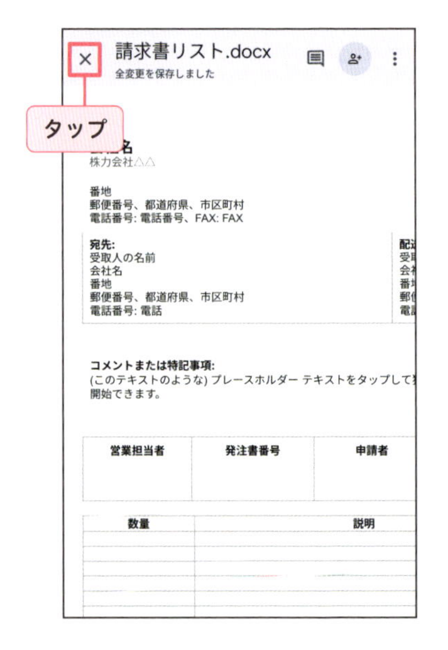

書類をスキャンしてPDFにする

1 「ドライブ」アプリを起動し、📷をタップします。

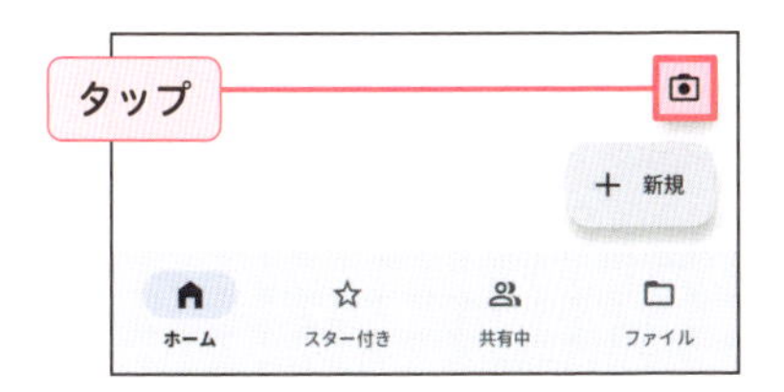

2 初回は動画と動画のアクセスを許可し、スキャンしたい書類にカメラを向けます。

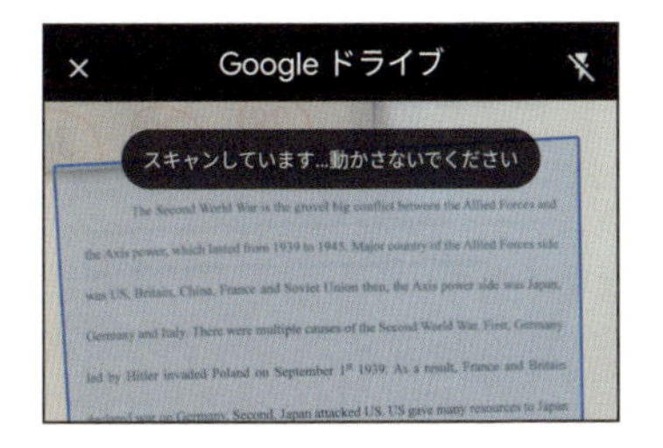

HINT デフォルトでは自動でスキャンされます。「手動」では、シャッターアイコンをタップします。

3 書類がスキャンされ、プレビューが表示されます。「完了」をタップします。

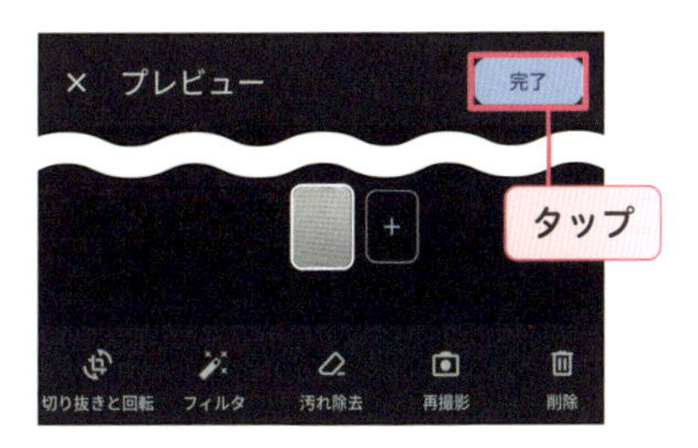

HINT 「再撮影」をタップすると再スキャンできます。

HINT ➕をタップして書類を追加できます。

4 ファイル名と保存先を設定し、「Format」の「PDF」をタップして「保存」をタップします。

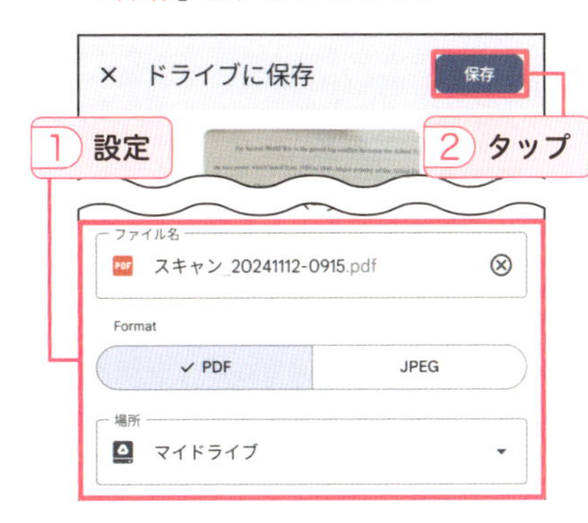

5 「ファイル」をタップすると、スキャンした書類を確認できます。

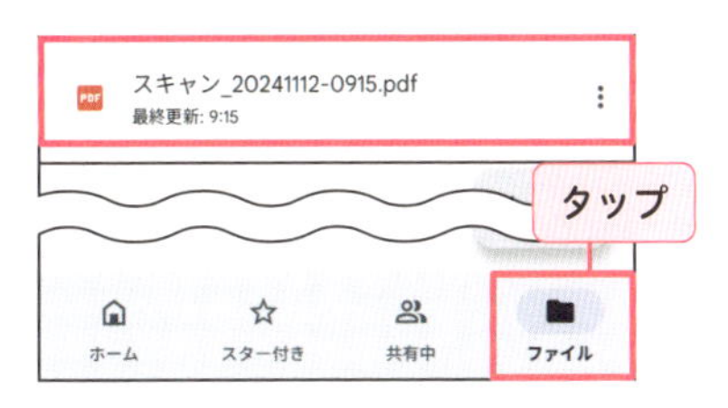

TIPS 「Files」アプリで書類をスキャンする

「Files」アプリでも書類をスキャンしてデータを保存できます。「Files」アプリを起動し、⧉をタップして書類をスキャンします。スキャンした書類は、「ドキュメント」→「Scanned」に保存されます。

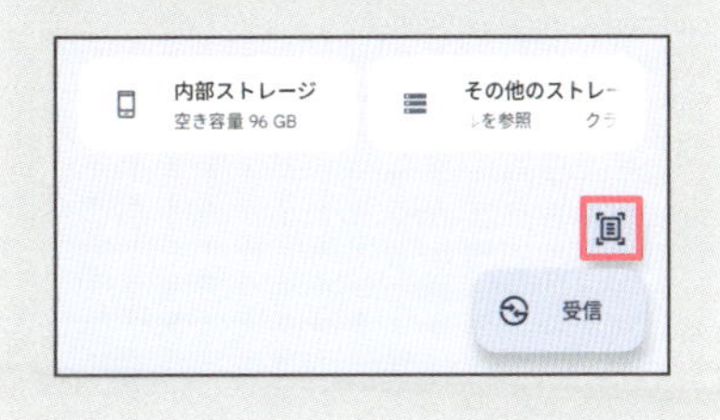

5章 Google のアプリやサービスを使おう

Googleドライブにバックアップをしよう

Pixel 9のデータは、バックアップすることで有事の際に復元できます。自動的にバックアップされるようになっていますが、手動で行うこともできます。定期的に確認しましょう。

Pixel 9のデータをバックアップする

1 「設定」アプリを起動し、「システム」をタップします。

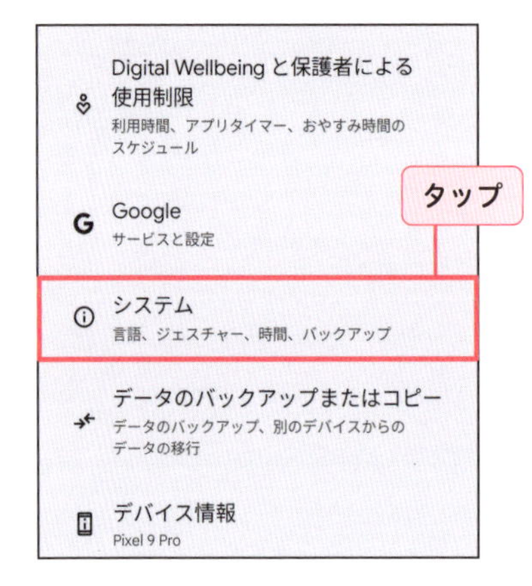

2 「バックアップ」をタップします。

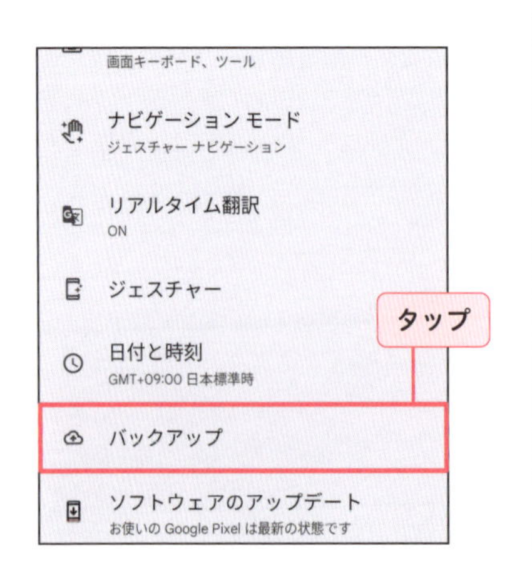

3 「今すぐバックアップ」をタップします。

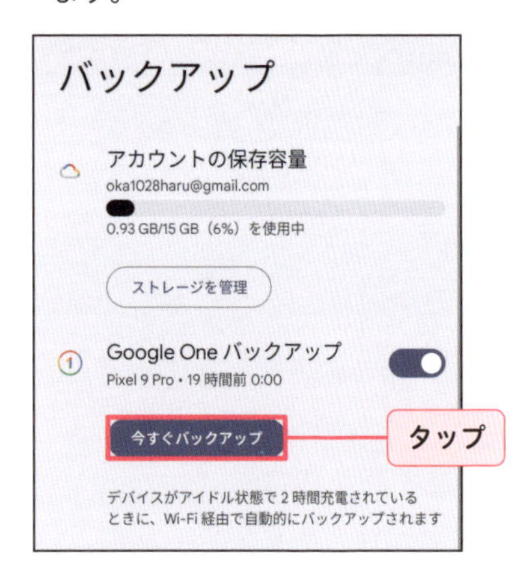

4 バックアップが完了すると、最終バックアップ時間が表示されます。

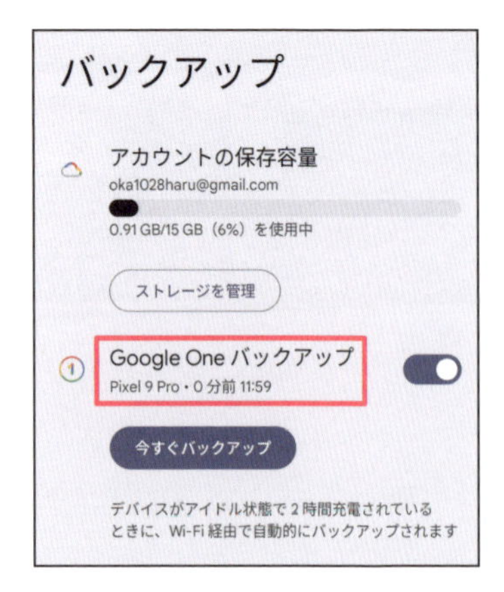

バックアップをオフにする

1 P.156手順**3**で「Google Oneバックアップ」の をタップします。

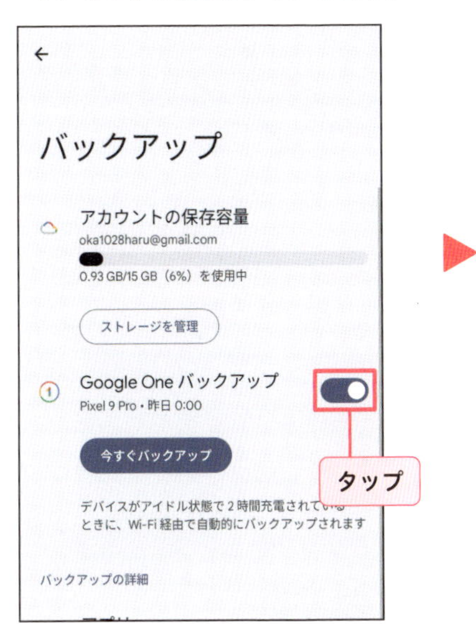

2 「OFFにして削除」をタップすると、バックアップがオフになります。

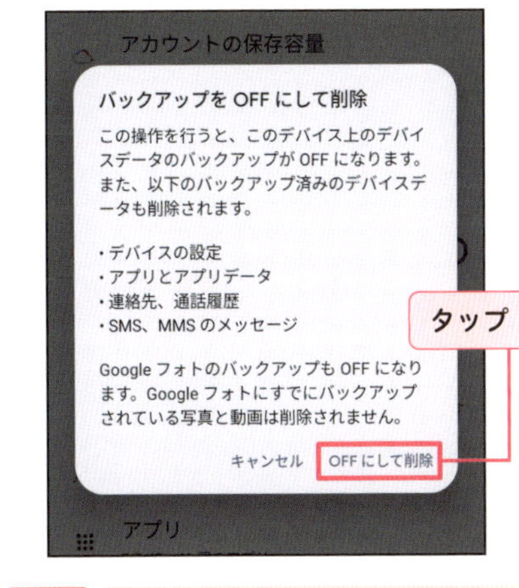

HINT 「フォト」アプリにバックアップしたものを除き、バックアップデータは消去されます。

TIPS バックアップに含まれるデータを確認する

バックアップに含まれるデータは、P.156手順**3**の画面を上方向にスワイプすると表示される「バックアップの詳細」に表示されています。「写真と動画」をタップすると「フォト」アプリでバックアップしたデータを確認でき、「Googleアカウントのデータ」をタップすると、Googleが提供するアプリをタップして同期のオン／オフを切り替えられます。Google以外のLINEやスマホゲームなどのアプリでは、各サービスごとにバックアップ方法があるので、利用しているアプリの情報を確認してください。
また、バックアップデータのサイズが大きくなり、容量が不足するなら、Google Oneの有料プランの契約を検討しましょう。

バックアップの詳細
アプリ
717 KB・43 個のアプリ
写真と動画
Google フォトと同期しました
SMS、MMS のメッセージ
1.4 MB
通話履歴
4.3 KB
デバイスの設定
89 KB
Google アカウントのデータ
コンタクト、カレンダーなどと同期しました
詳細設定

「Files」アプリでファイルを開こう

「Files」アプリは、Pixel 9に保存しているファイルをまとめて管理できるアプリです。ダウンロードしたデータ、画像、音声などカテゴリごとに分類されて保存されています。

ファイルを開く

1 「すべてのアプリ」画面で (Files) をタップして、「Files」アプリを起動します。

2 開きたいファイルのカテゴリをタップします。

3 すべての画像が表示されます。開きたいファイルの種類をタップします。

4 開きたいファイルをタップします。

5 ファイルが開きます。✎をタップします。

HINT ☆をタップすると「スター付き」フォルダに保存されます。

6 画面をトリミングしたり、テキストを書き込んだりして画像を編集できます。「保存」をタップして完了です。

TIPS ファイルを「ドライブ」アプリにアップロードする

ファイルは、メールで特定の相手に共有したり、「ドライブ」アプリに保存したりできます。上の手順**5**で<をタップし、「ドライブ」をタップします。ファイル名と保存場所を設定し、「保存」をタップすると、「ドライブ」アプリにアップロードされます。P.158手順**2**で「その他のストレージ」→「ドライブ」をタップすると、「ドライブ」アプリが起動して、アップロードしたファイルなどを確認できます。

「YouTube」アプリで動画を見よう

YouTubeは、世界最大の動画視聴サービスです。ユーザーのアクティビティに基づき、関心のある動画が表示されやすくなります。

動画を再生する

1 ホーム画面で（YouTube）をタップし、「YouTube」アプリを起動します。

2 🔍をタップします。

3 動画のキーワードを入力し、🔍をタップします。

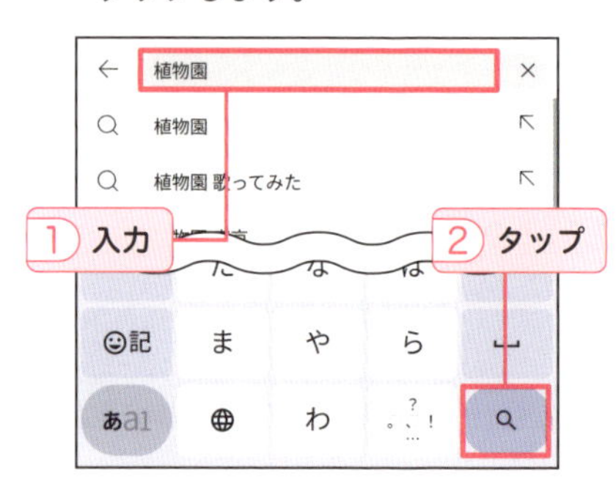

4 検索結果が表示されます。画面を上下にスワイプして再生したい動画をタップして選択します。

5 動画が再生されます。動画をタップします。

6 画面上に表示される⏸をタップします。

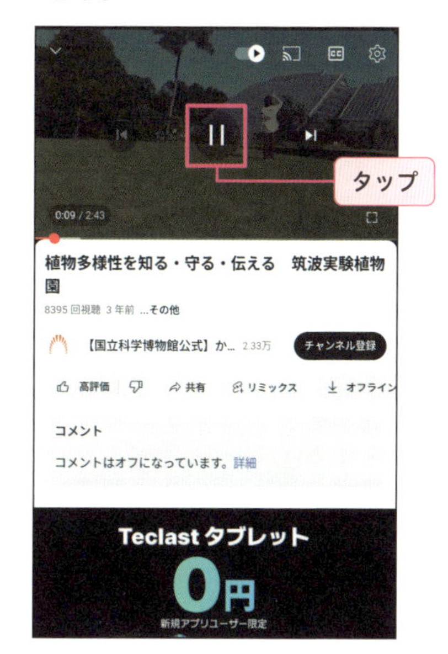

HINT ⛶をタップすると動画が全画面で再生されます。

7 動画が一時停止します。動画を下方向にスワイプ、または⌄をタップします。

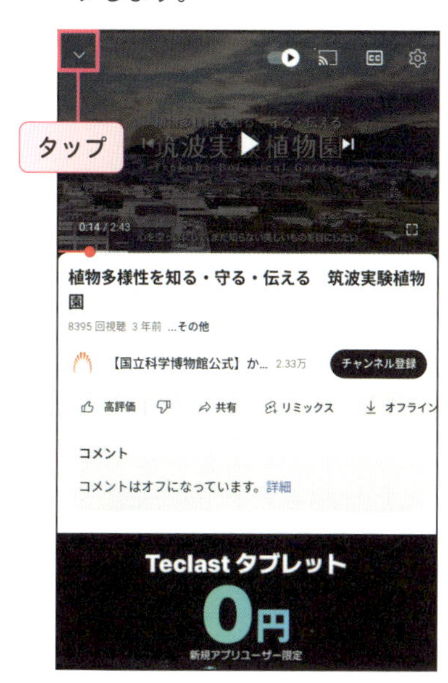

HINT ▶をタップすると、再生されます。

8 動画が小窓で表示され、視聴しながら、ほかの動画を探せます。

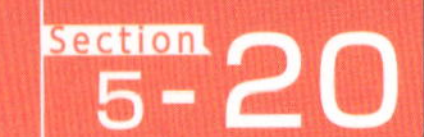

「YT Music」アプリで音楽を聴こう

「YT Music」アプリは、YouTubeが提供する音楽やラジオのストリーミングサービスを視聴できます。有料プランにアップグレードすることも可能です。

音楽を聴く

1 「すべてのアプリ」画面で（YT Music）をタップして、「YT Music」アプリを起動します。

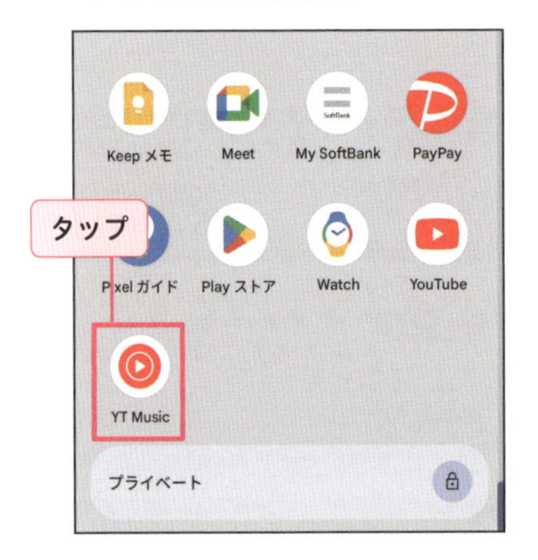

2 初回は有料プランの案内画面が表示されます。ここでは☒→「参加しない」をタップします。

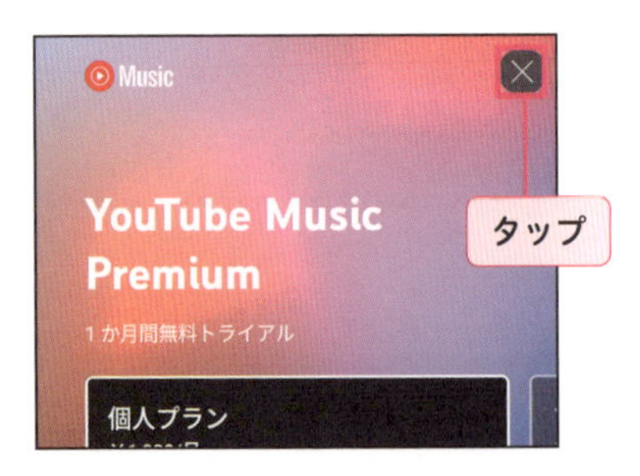

HINT 有料プランを試したい場合は、有料プランの「無料トライアルを開始」をタップし、画面の指示に従って登録を進めます。

3 🔍をタップします。

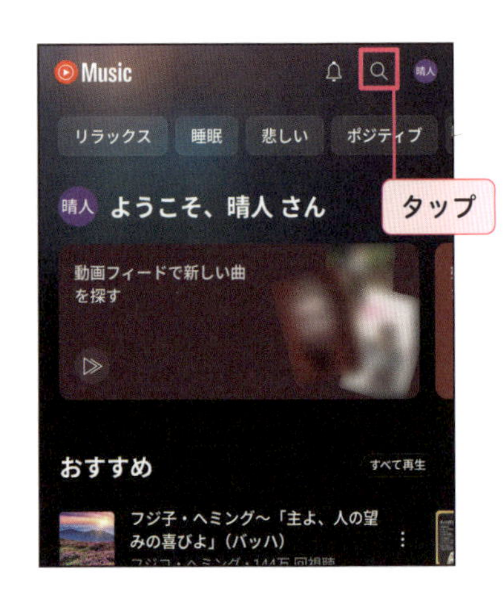

4 曲名やアーティスト名などを入力し、🔍をタップします。

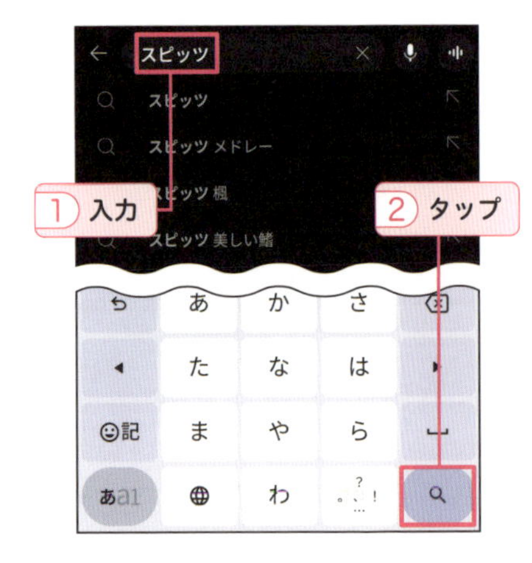

5 検索結果が表示されます。画面を上下にスワイプして聞きたい曲をタップします。

6 曲が再生されます。

HINT IIをタップすると、曲が一時停止します。

曲をライブラリに保存する

1 曲の再生画面で⋮をタップします。

2 「ライブラリに保存」をタップします。

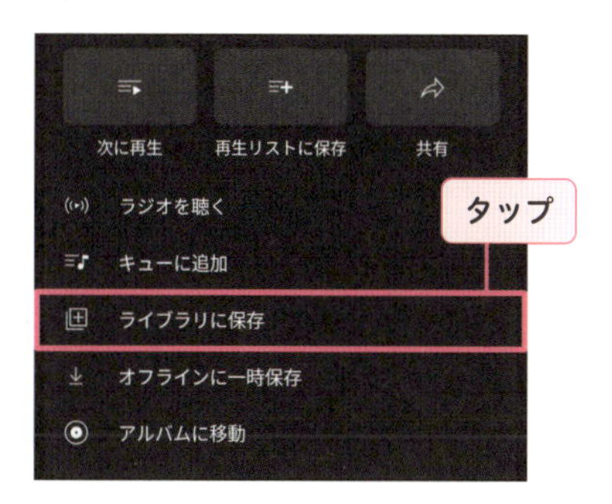

3 「ライブラリ」をタップし、「曲」をタップします。

4 ライブラリの曲の一覧に保存した曲が表示されます。

Geminiに質問しよう

Geminiとは、Pixel 9でデフォルトで設定されているGoogleのデジタルアシスタントの対話型生成AIです。

Geminiとは？

Googleデジタルアシスタントには、「Gemini」と「Googleアシスタント」があります。Pixel 9では、デフォルトでGeminiが設定されており、電源ボタンを長押し、または「すべてのアプリ」画面で✦（Gemini）をタップすることで起動します。会話をしたり、文章や画像の生成、翻訳、企画の提案などができたりするほか、特定のアプリを起動したり、ほかのアプリと連携したりといったこともできます。

「Gemini」アプリの画面

❶すべてのチャット
保存したチャットが表示されます。

❷アカウントアイコン
デジタルアシスタントを切り替えたり設定を変更したりできます。

❸Geminiに質問
プロンプト入力欄です。

❹拡大／縮小
プロンプト入力欄を拡大／縮小します。

❺マイク
音声入力します。

❻カメラ
プロンプト入力欄に画像を追加します。

❼送信
キーボード入力したあとに送信します。プロンプトを何も入力していない状態だと、（Gemini Live）が表示されます。

Geminiに質問する

1 電源ボタンを長押しし、初回は、「もっと見る」→「Geminiを使用」をタップしてGeminiを起動します。

HINT 「すべてのアプリ」画面で✦（Gemini）をタップすることでも起動できます。

2 質問を音声入力します。

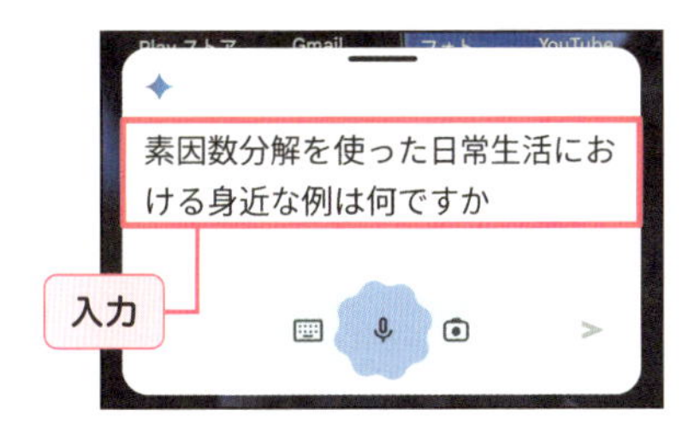

HINT ⌨をタップするとキーボード入力できます。

3 回答が生成され、自動で回答が読み上げられます。↗をタップします。

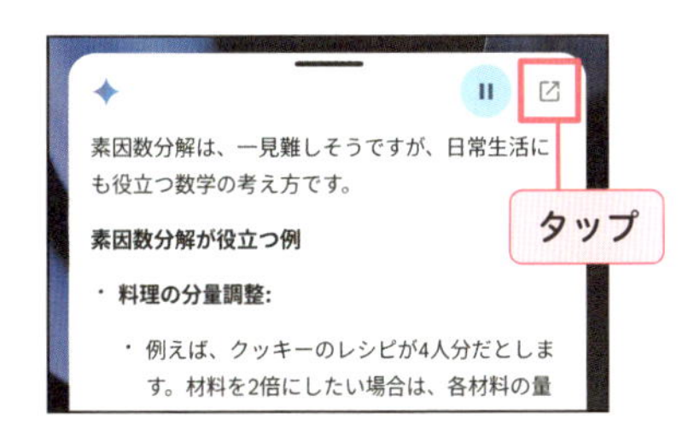

HINT ⏸をタップすると音声が一時停止します。

4 「Gemini」アプリが全画面表示になります。くをタップします。

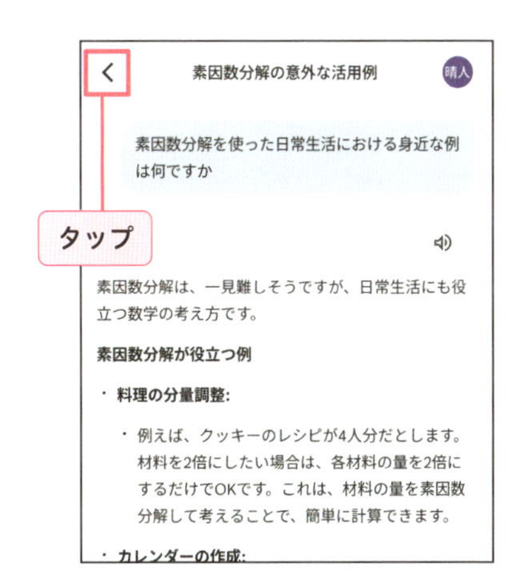

5 保存されたチャットの一覧が表示されます。

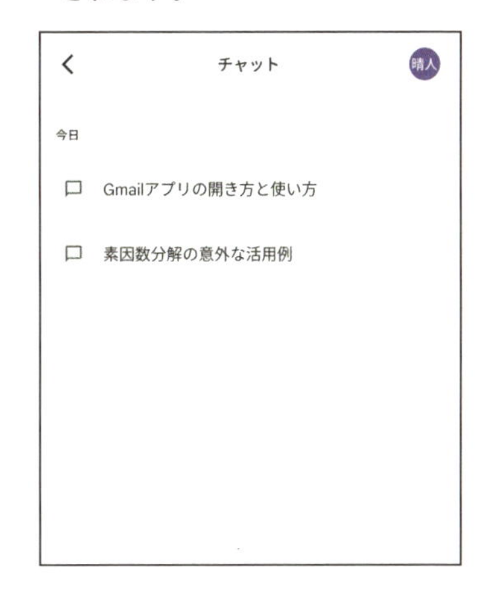

電源ボタンでデジタルアシスタントが起動しないようにする

P.039手順3で「電源ボタンを長押し」をタップし「電源ボタンメニュー」をタップします。

Geminiにスマートフォンを操作してもらう

1 電源ボタンを長押しし、Geminiを起動します。

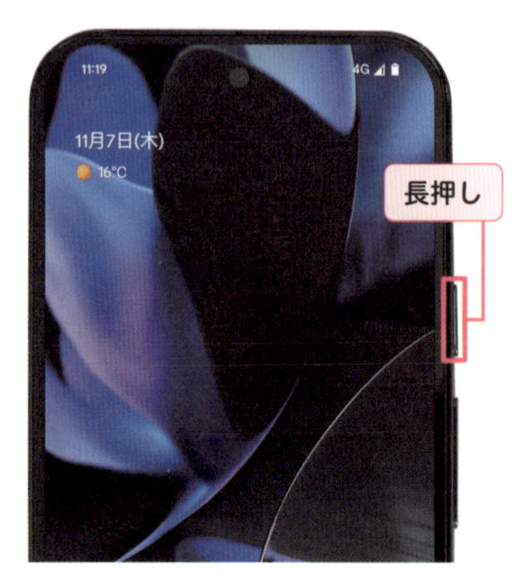

2 操作してほしい内容を音声入力します。

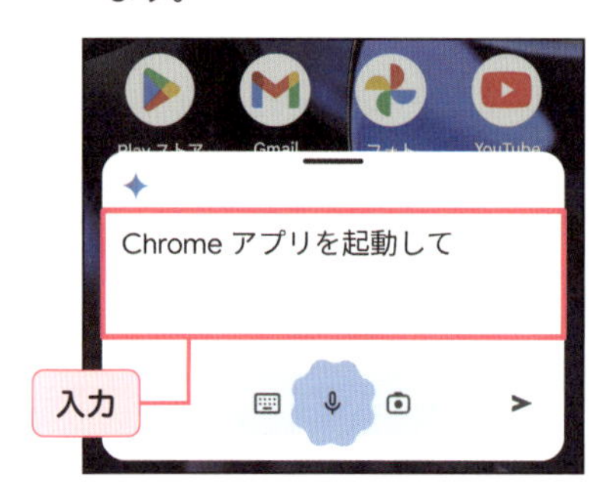

3 操作が実行されます。

TIPS Googleアシスタントと切り替える

Geminiのアカウントアイコンをタップし、「設定」→「Googleのデジタルアシスタント」→「Googleアシスタント」→「切り替える」をタップします。

TIPS Gemini Live

Gemini Liveは、アイデアを出し合ったり旅行の計画を相談したりといった自然な会話を楽しめるAIパートナーです。利用するには、Geminiを起動し、をタップします。初回は画面の指示に従って音声を選択し、会話を開始します。「終了」をタップすると、会話内容が保存されます。

アラームを設定しよう

アラームやタイマーをセットしたり、ストップウォッチを利用したりといったことは、「時計」アプリからできます。

アラームをセットする

1 「すべてのアプリ」画面で（時計）をタップして、「時計」アプリを起動します。

2 「アラーム」をタップし、＋をタップします。

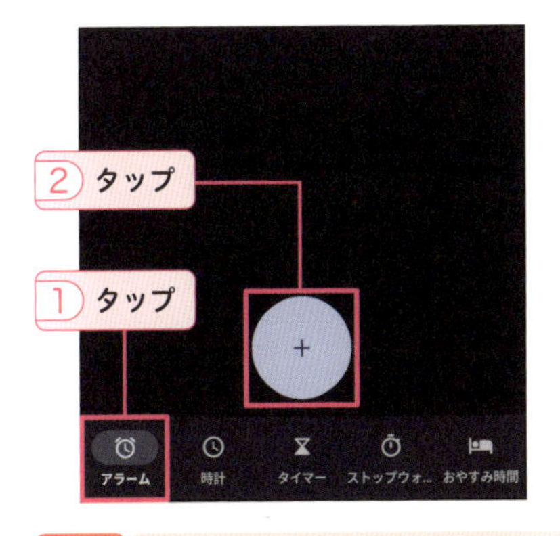

HINT 「タイマー」「ストップウォッチ」をタップするとそれぞれセットできます。

3 時間と分数を設定し、「OK」をタップします。

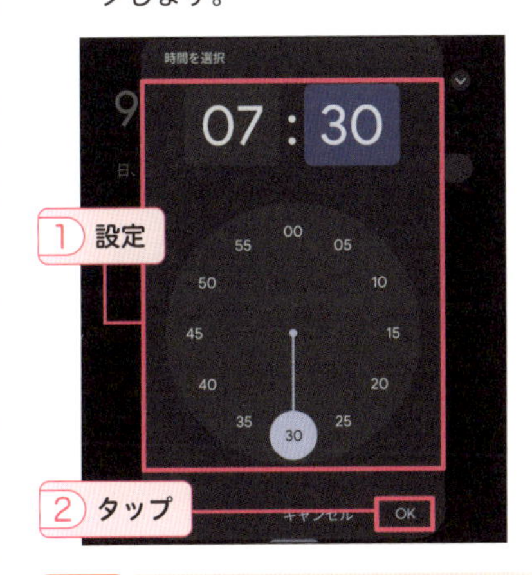

HINT をタップするとキーボード入力で設定できます。

4 アラームがセットされます。オフにするときはをタップします。

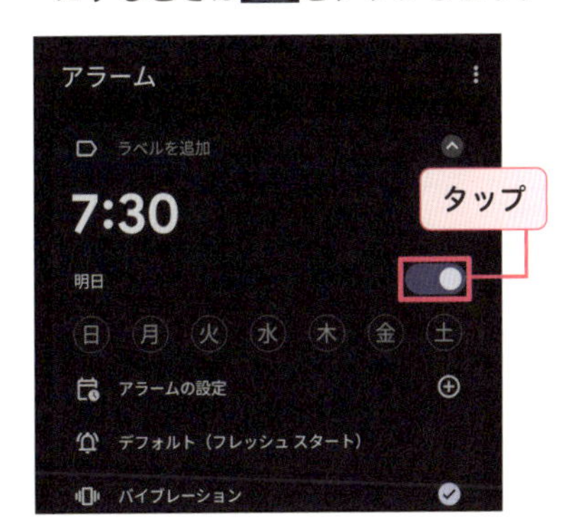

そのほかの便利アプリ

本書で解説しているアプリ以外にも、Pixel 9で利用できるアプリはさまざまなものがあります。ここでは、その一部を紹介します。

そのほかのアプリ

LINE

SNSアプリの1つです。手軽にメッセージや写真のやり取り、通話などができます。

Amazon

Amazon公式の無料アプリです。Amazonユーザーはアプリから買い物できます。

Nova Launcher

デフォルトのPixel Launcherと切り替えてホーム画面を自由にカスタマイズできるアプリです。

TIPS 「温度計」アプリを使用する

Pixel 9 Proシリーズでは、「温度計」アプリが標準搭載されています。食べ物や素材など、対象にカメラを向けるだけで、温度を測定できます。

Chapter

6

Pixelを便利に使いこなす設定をしよう

Googleアカウントの同期をしよう

Googleアカウントは、インストールしているアプリとデフォルトでデータが自動同期されています。手動でオン／オフを切り替えることができます。

Googleアカウントの同期をアプリごとに設定する

1 「すべてのアプリ」画面から「設定」アプリを起動し、「パスワード、パスキー、アカウント」をタップします。

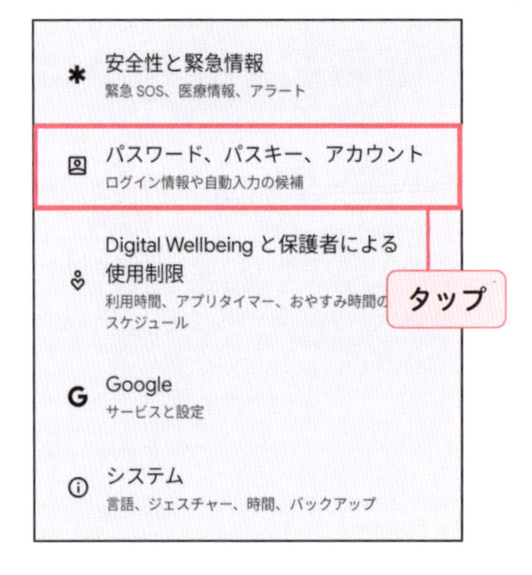

2 同期設定をしたいGoogleアカウントをタップします。

3 「アカウントの同期」をタップします。

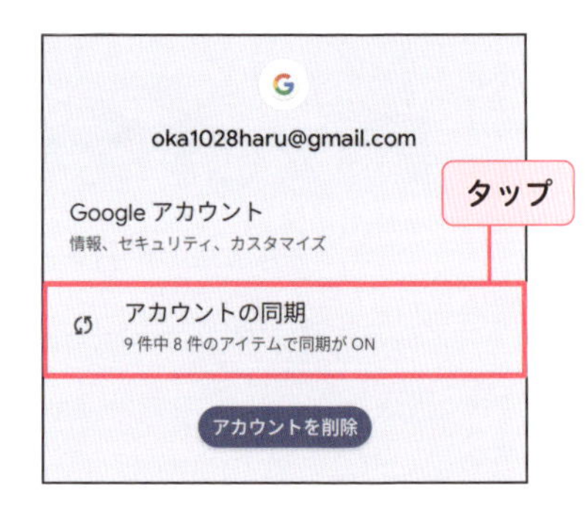

4 アプリごとにタップして同期のオン／オフを切り替えます。⋮をタップします。

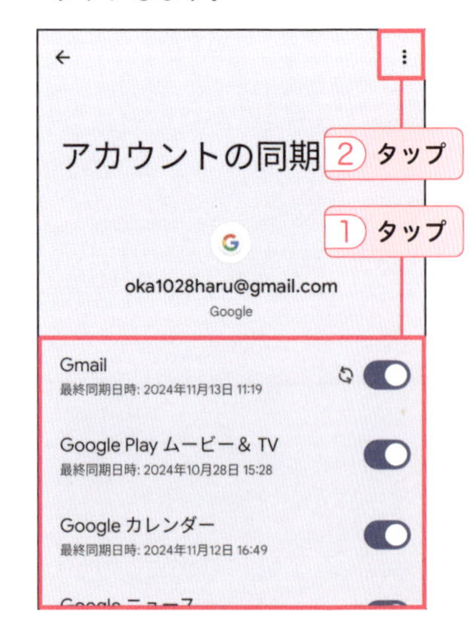

5 「今すぐ同期」をタップします。

6 同期をオンにしたアプリの同期が開始されます。

Googleアカウントの自動同期をオフにする

1 P.170手順**2**で「個人データの自動同期」をタップします。

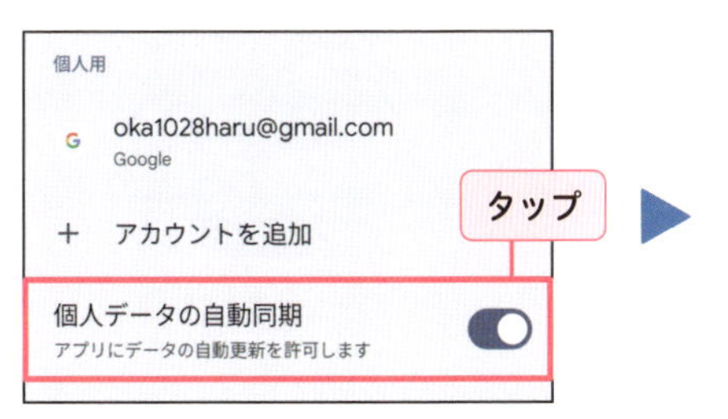

2 「OK」をタップします。

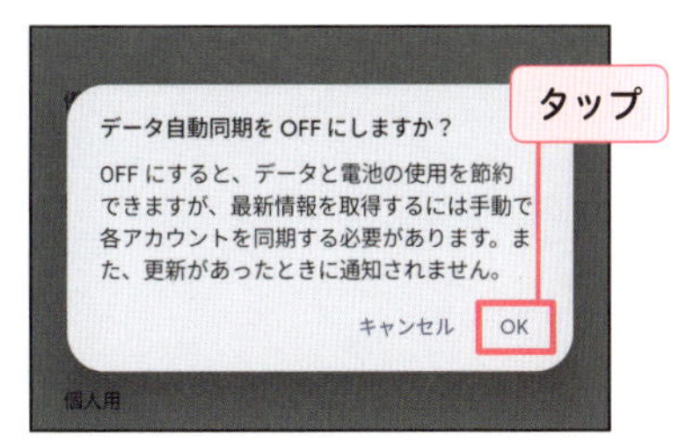

TIPS アカウントを追加する

P.170手順**2**で「アカウントを追加」をタップすると、新しいアカウントを作成したり、手持ちのアカウントでログインして追加したりといったことができます。アカウントを追加すると、アカウントごとにデータを管理できます。

2段階認証を行おう

2段階認証を有効にすると、パスワードを忘れた、またはPixel 9を紛失した場合に備えて、セキュリティを強化できます。

2段階認証を設定する

1 「設定」アプリを起動し、「パスワード、パスキー、アカウント」をタップします。

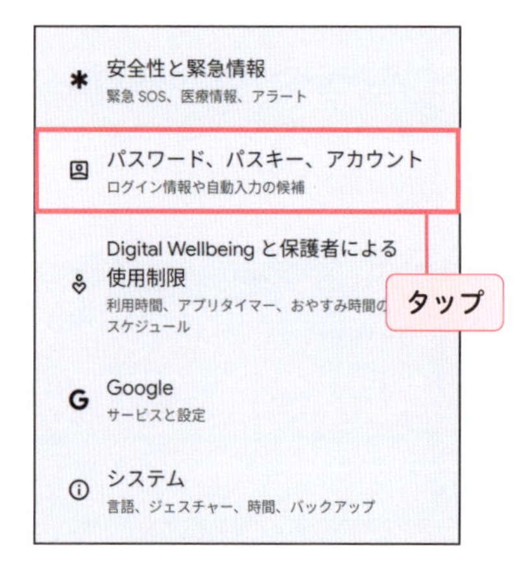

2 2段階認証を設定したいGoogleアカウントをタップします。

3 「Googleアカウント」をタップします。

4 画面上部のメニューを左右にスライドし、「セキュリティ」をタップします。

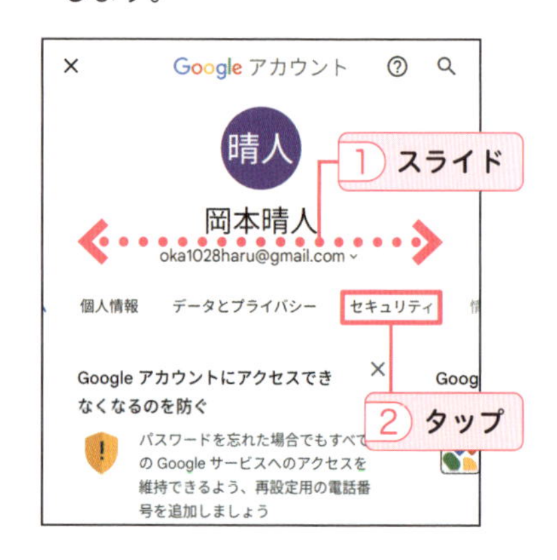

5 「2段階認証プロセス」をタップします。

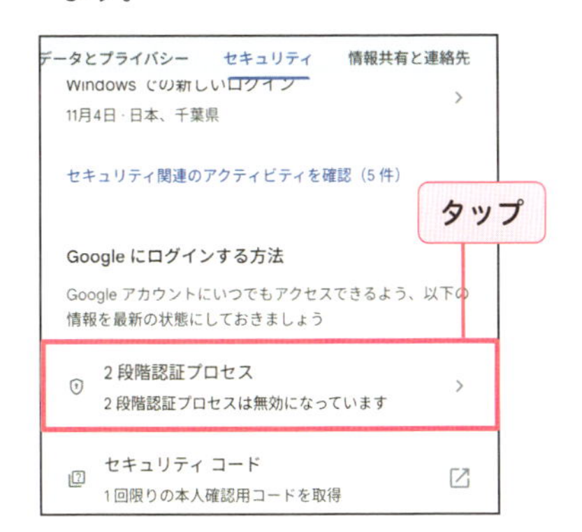

6 Googleアカウントのパスワードを入力し、「次へ」をタップします。

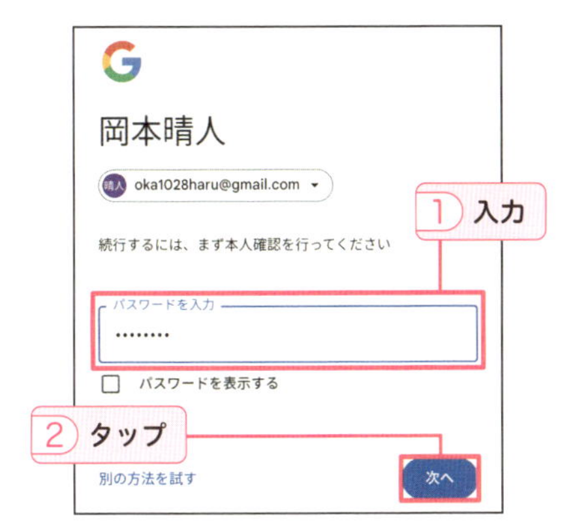

7 「2段階認証プロセスを有効にする」をタップします。

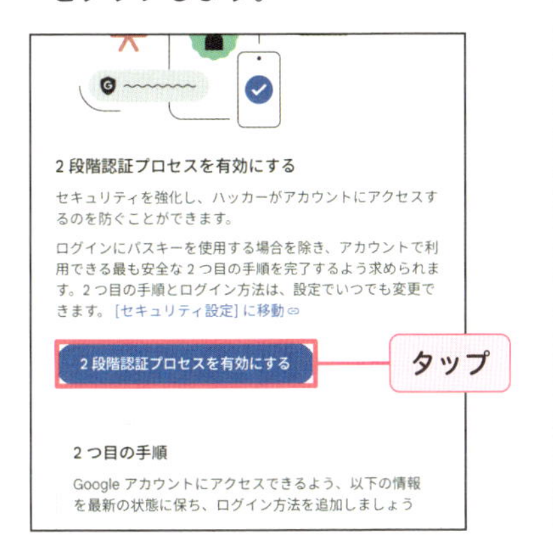

8 設定する電話番号を入力し、「次へ」をタップします。

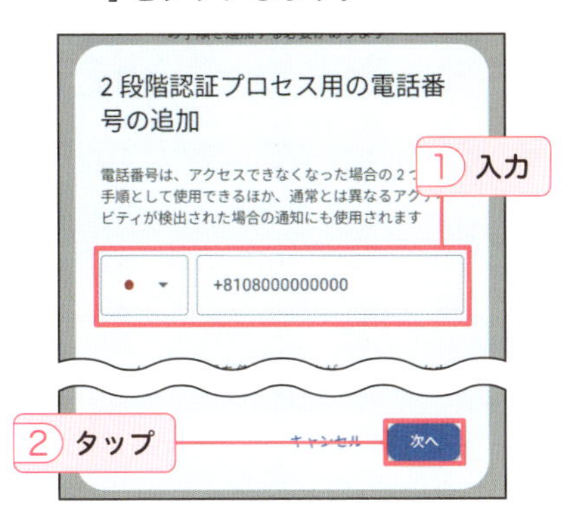

9 手順**8**で設定した電話番号宛に確認コードが送信されるので、入力して「確認」→「完了」をタップします。

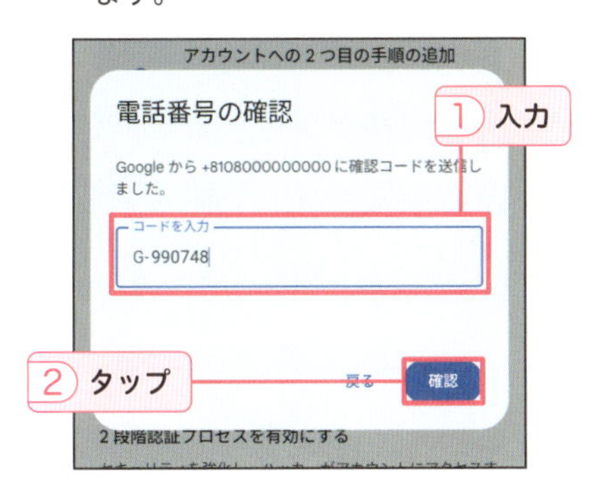

10 オフにする場合は、「2段階認証プロセスを無効にする」→「オフにする」をタップしてオフにできます。

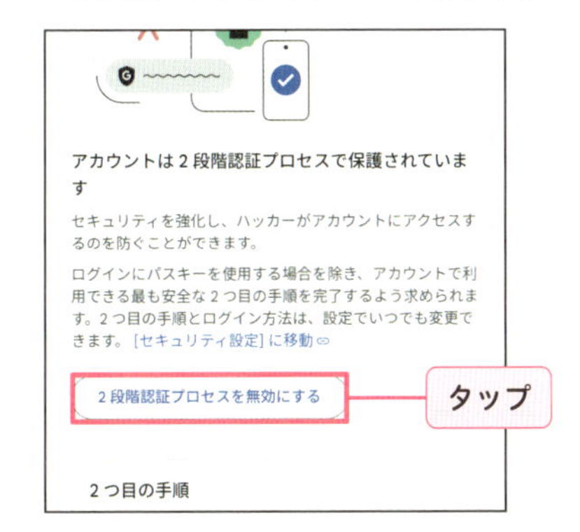

画面にロックをかけよう

画面ロックを設定すると、不特定多数の人間が勝手にPixel 9にアクセスするのを防げます。設定したPINやパスワードは忘れないように気を付けましょう。

画面ロックを設定する

1 「設定」アプリを起動し、「セキュリティとプライバシー」をタップします。

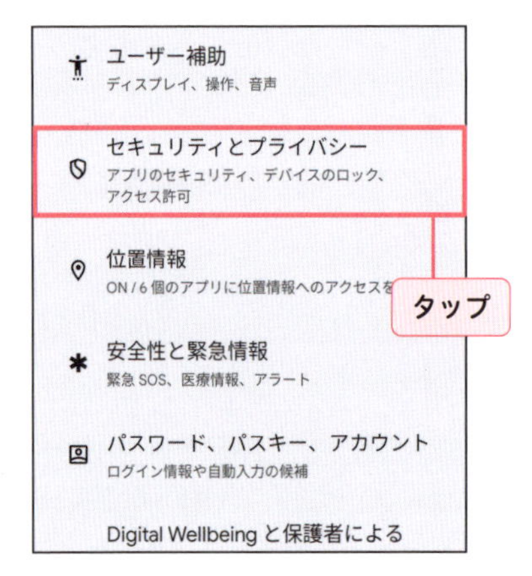

2 「画面ロックを設定」をタップします。

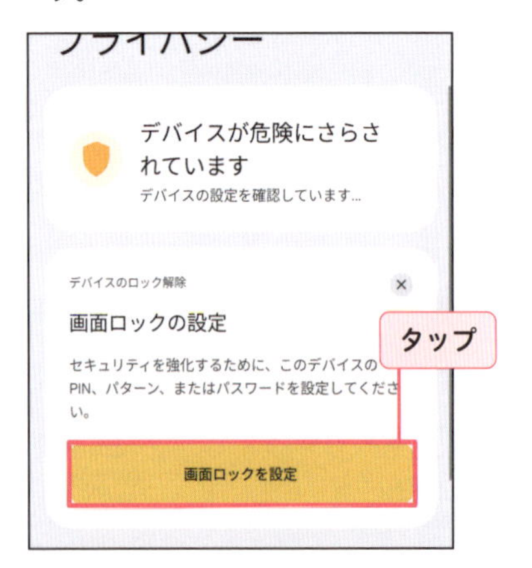

3 設定したい画面ロックの種類（ここではPIN）をタップして選択します。

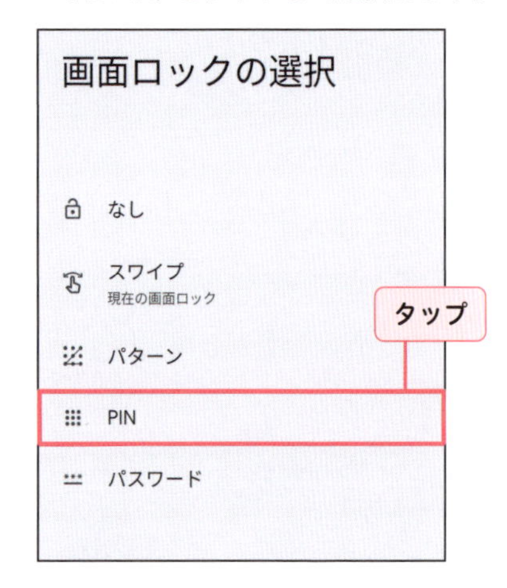

4 PIN（4桁以上の数字）を入力し、「次へ」をタップします。

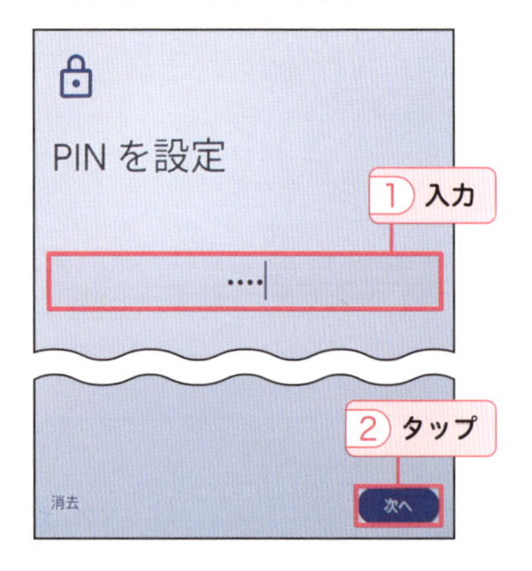

5 設定したPINを再入力し、「確認」をタップします。

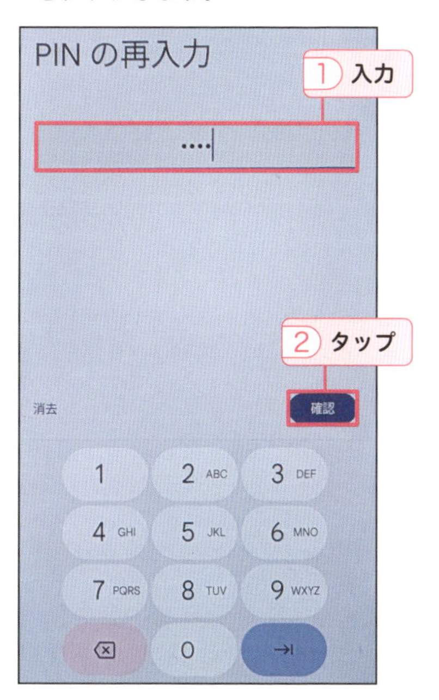

6 ロック画面上に表示する通知を設定し、「完了」をタップします。

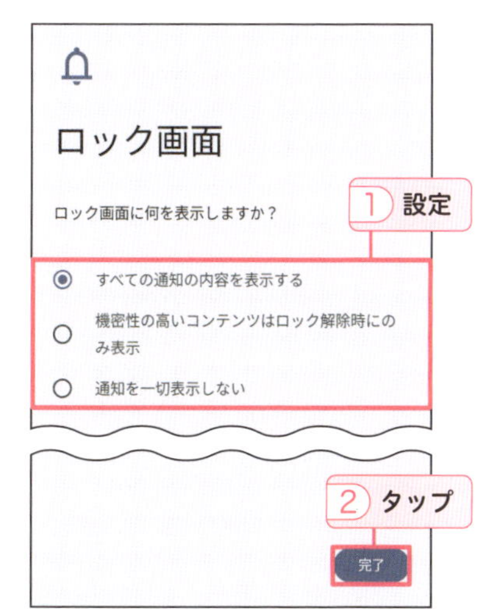

HINT パソコンなどのデバイスにUSBで接続した際も、画面ロックの解除が必要になります。

7 ロック画面でPINを入力し、→|をタップします。

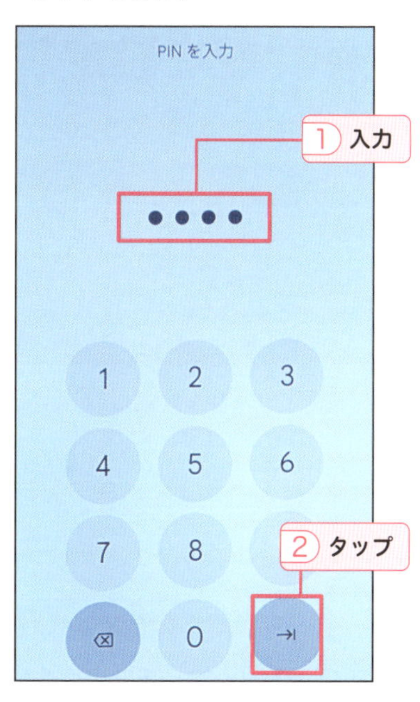

8 ロックが解除され、ホーム画面が表示されます。

HINT 画面ロックを設定すると、P.019手順4で「ロックダウン」が表示され、タップすると生体認証ではなくここで設定したロック解除が必要です。

生体認証を設定しよう

指紋と顔を登録してよりセキュリティを向上できます。生体認証を登録するには、ロック解除のパターン、PIN、パスワードのいずれかを設定している必要があります（P.174～175参照）。

指紋認証を設定する

1 「設定」アプリを起動し、「セキュリティとプライバシー」をタップします。

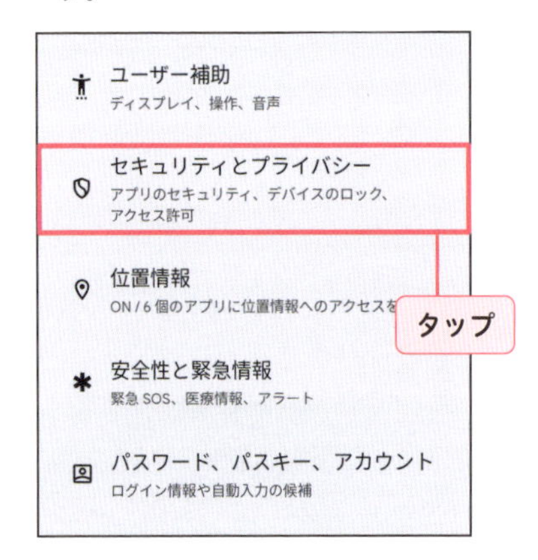

2 「デバイスのロック解除」をタップします。

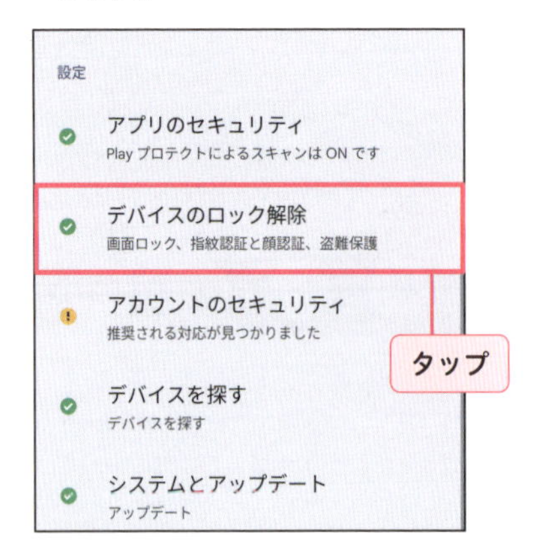

3 「指紋認証と顔認証」をタップします。

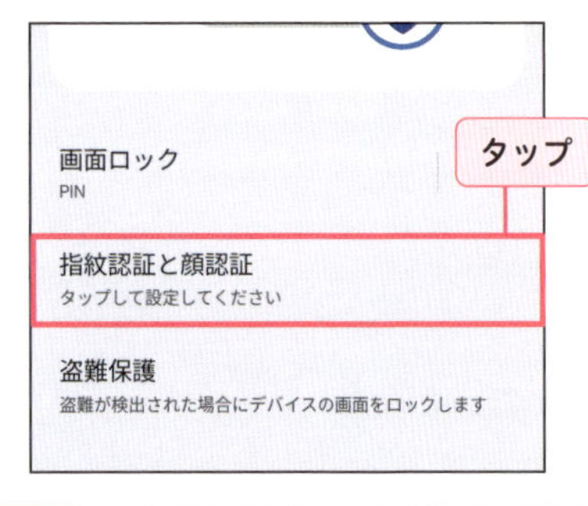

HINT 「盗難保護」では、デバイスのひったくりを自動検知した際に、画面ロックがかかるように設定できます。

4 設定中の画面ロックを解除します。

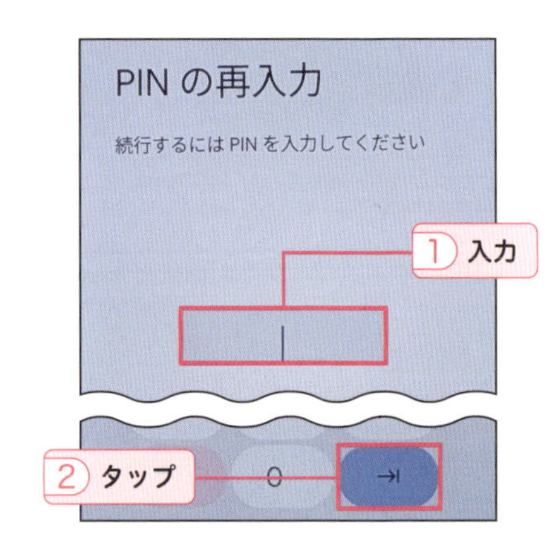

5 ここでは「指紋認証」をタップします。

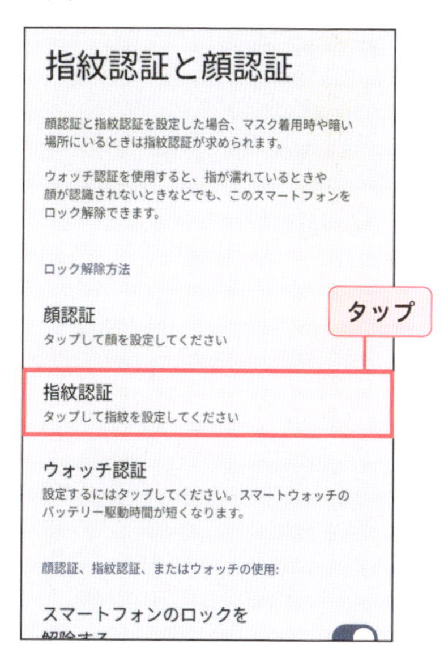

6 「もっと見る」→「同意する」をタップします。

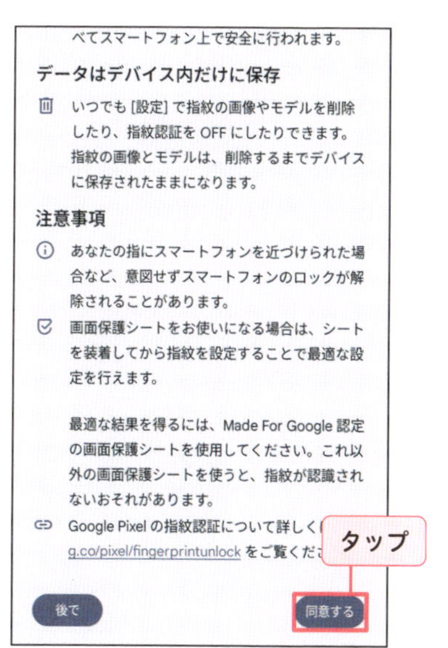

HINT 手順9で、生体認証でうまく認証できない場合は、画面を上方向にスワイプして設定中の画面ロックでロック解除できます。

7 「開始」をタップし、指紋認証センサーの部分を長押しします。

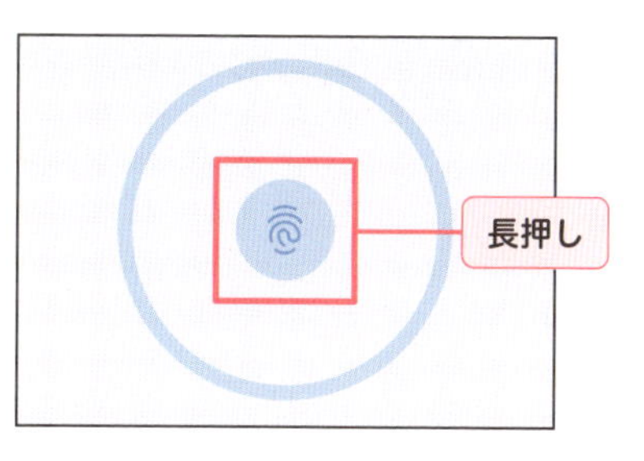

8 画面の指示に従って指紋を登録します。

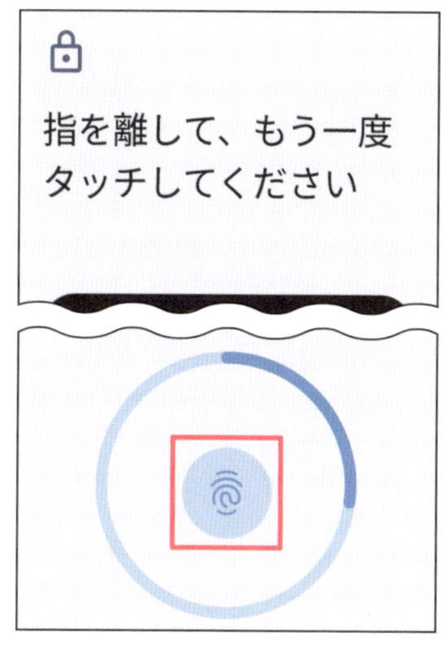

9 登録ができたら、ロック画面で指紋認証すると、ロックが解除されます。

Googleパスキーを設定しよう

パスキーは、パスワードの代わりに用いられるログイン手段です。パスキーを設定すると、PINなどの画面ロックや生体認証で、Googleアカウントにログインできます。

Googleパスキーを設定する

1 「設定」アプリを起動し、「パスワード、パスキー、アカウント」をタップします。

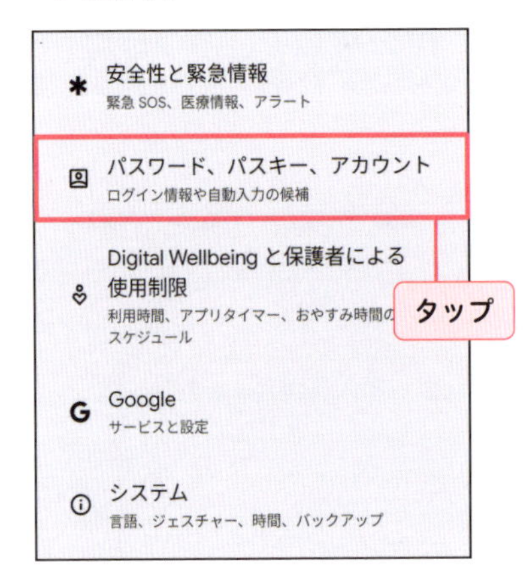

2 Googleパスキーを設定したいGoogleアカウントをタップします。

3 「Googleアカウント」をタップします。

4 画面上部のメニューを左右にスライドし、「セキュリティ」をタップします。

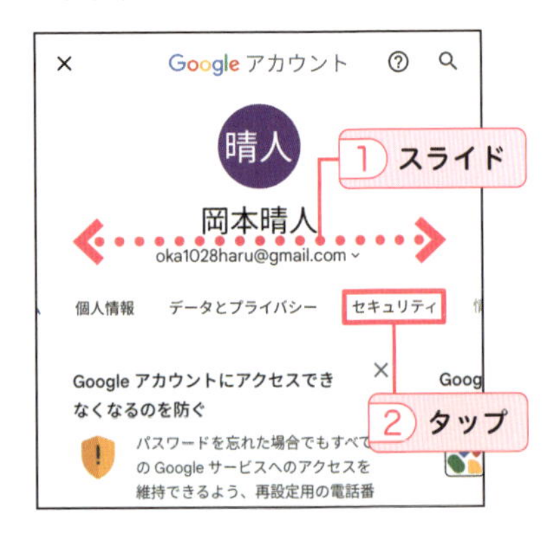

5 「パスキーとセキュリティキー」をタップします。

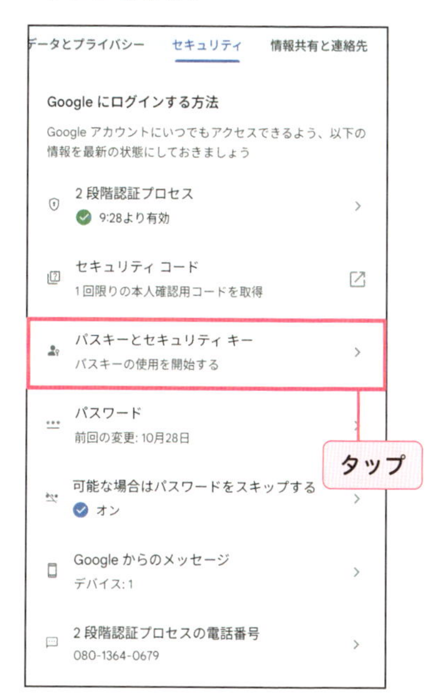

6 Googleアカウントのパスワードを入力し、「次へ」をタップします。

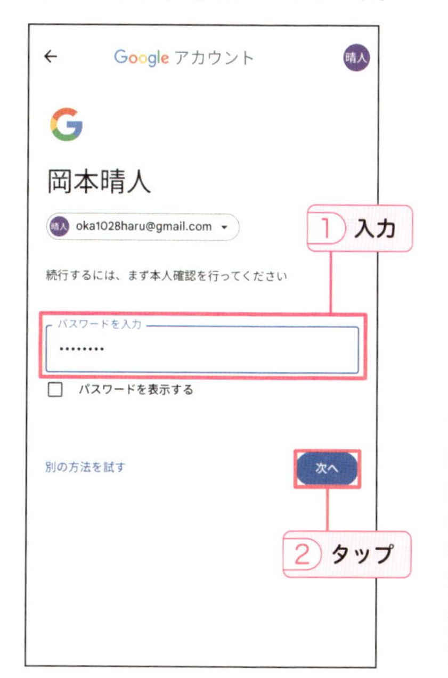

7 「パスキーを使用」→「完了」をタップします。

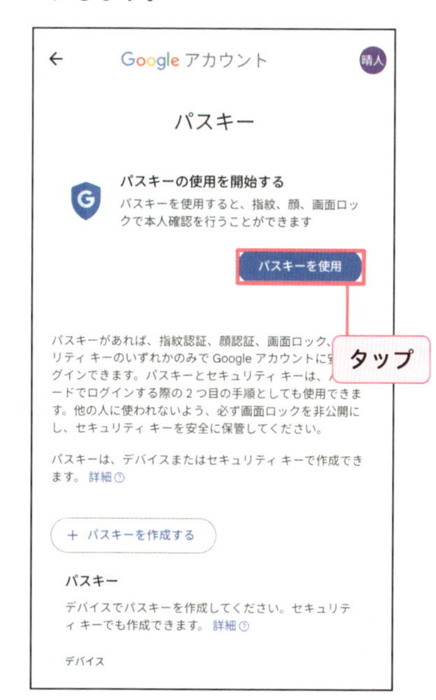

8 Googleアカウントへのログインが必要な際は、設定している画面ロックを解除してログインできます。

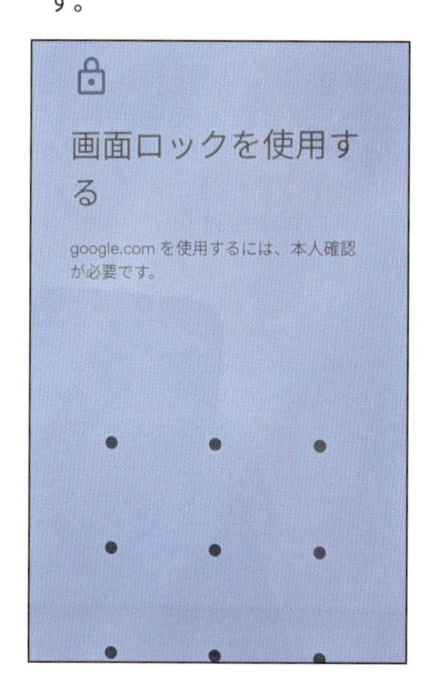

Wi-Fiに接続しよう

Pixel 9をWi-Fiに接続すると、モバイルデータ通信を消費することなくインターネットを快適に使用できます。安全性を考慮し、必ず知っているネットワークに接続しましょう。

Wi-Fiに接続する

1 「設定」アプリを起動し、「ネットワークとインターネット」をタップします。

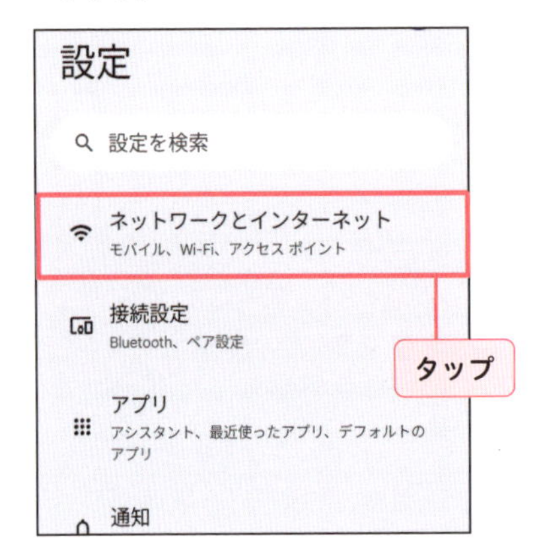

2 「インターネット」タップします。

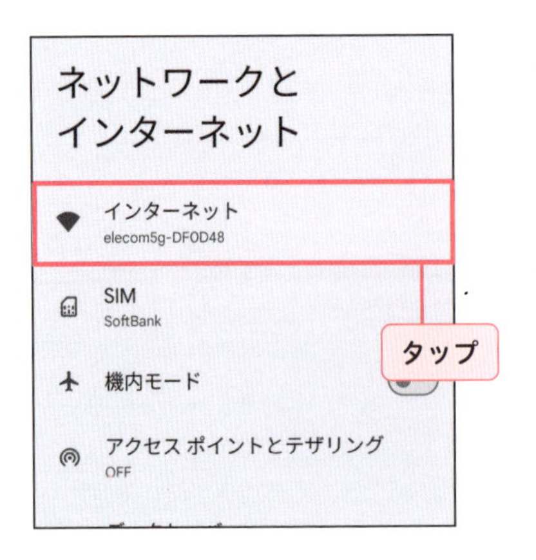

3 「Wi-Fi」をタップしてオンにします。

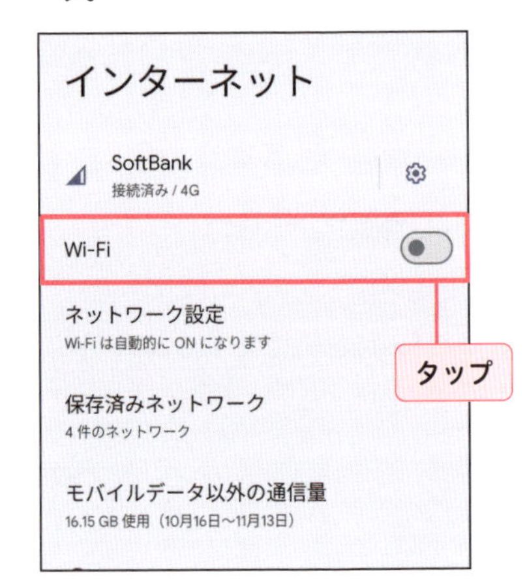

4 接続したいネットワークをタップします。

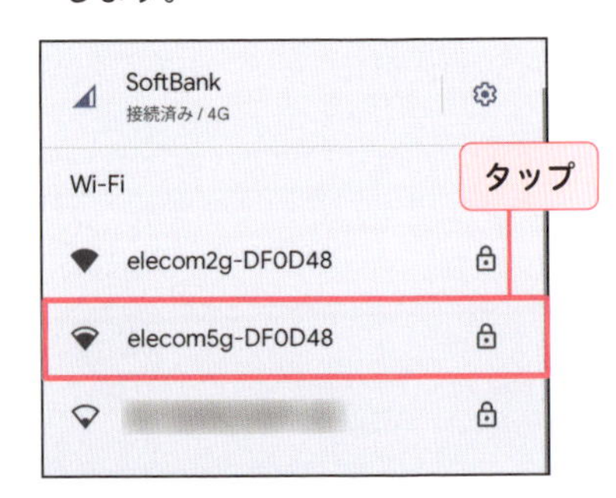

HINT 🔒が表示されているネットワークはパスワードが設定されています。

5 パスワードを入力し、「接続」をタップします。

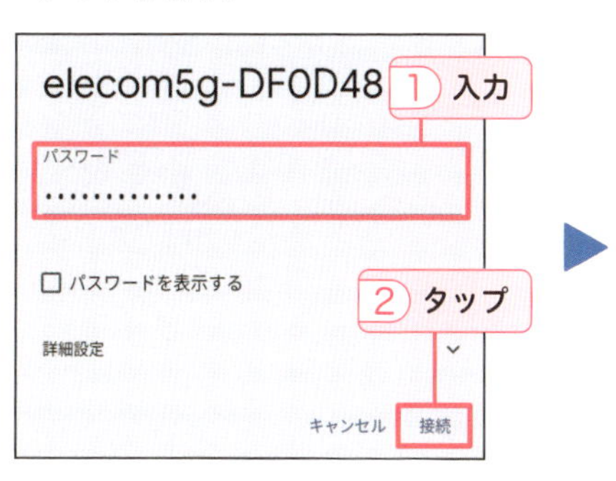

6 「接続済み」と表示され、ネットワークに接続されます。

過去に接続したネットワークを削除する

1 P.180手順**3**で「保存済みネットワーク」をタップします。

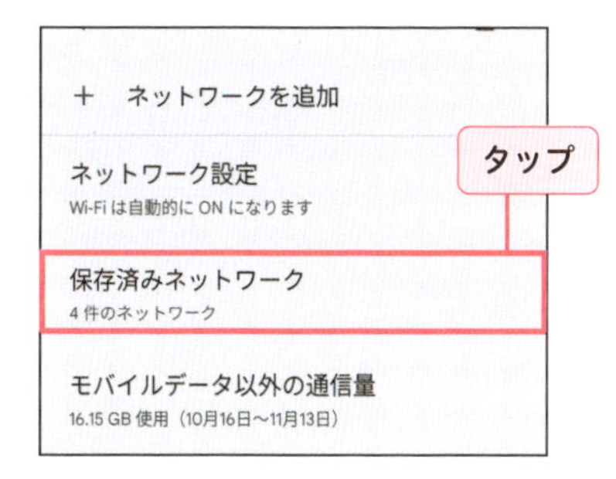

HINT 一度接続したネットワークは、保存されています。

2 過去に接続したネットワークが一覧で表示されます。削除したいネットワークをタップします。

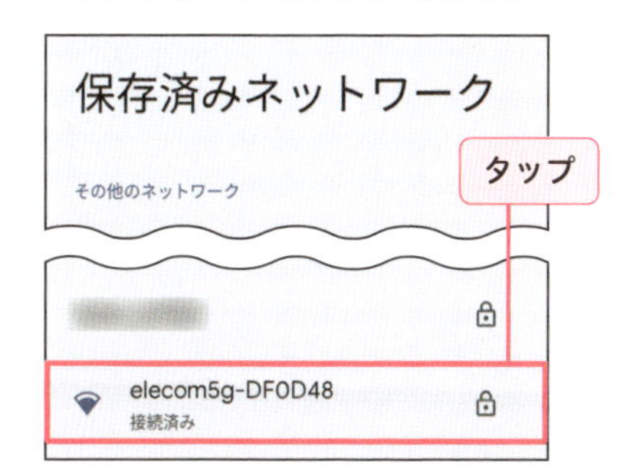

3 「削除」をタップするとネットワークが削除され、再度接続するには接続操作が必要になります。

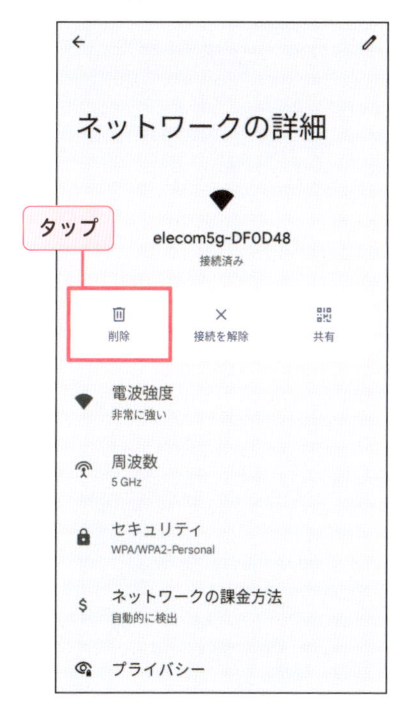

HINT 「接続を解除」をタップすると、ネットワークへの接続を解除できます。

Bluetoothで接続しよう

Bluetoothは無線通信規格の1つです。イヤフォンやマウス、キーボードなどの機器を近距離でワイヤレスで接続して使用します。ここではイヤフォンと接続してみます。イヤフォンの接続操作を行って接続待機中にしておきます。

Bluetoothでデバイスと接続する

1 「設定」アプリを起動し、「接続設定」をタップします。

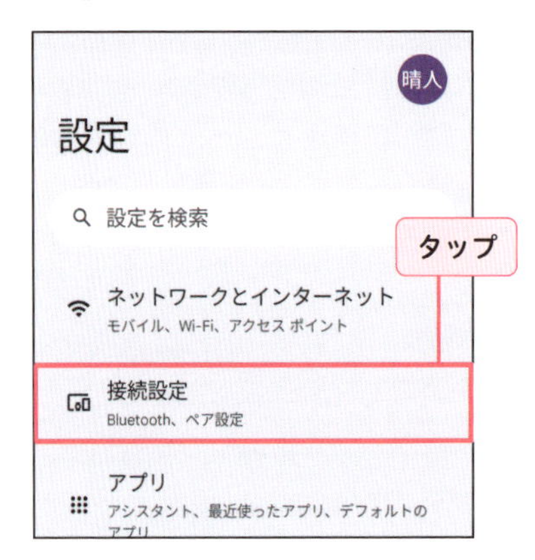

2 「接続の詳細設定」をタップします。

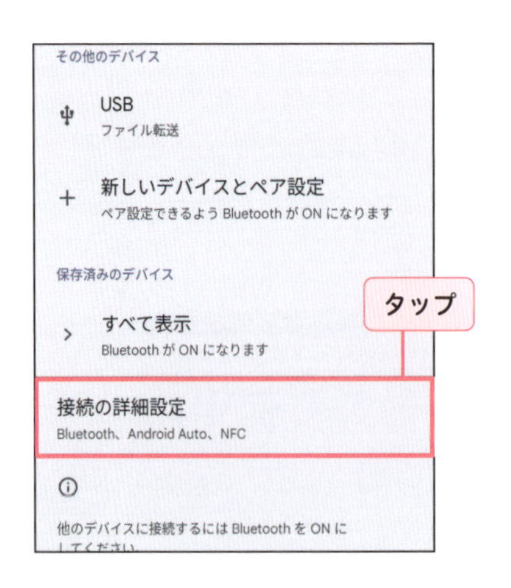

3 「Bluetooth」をタップします。

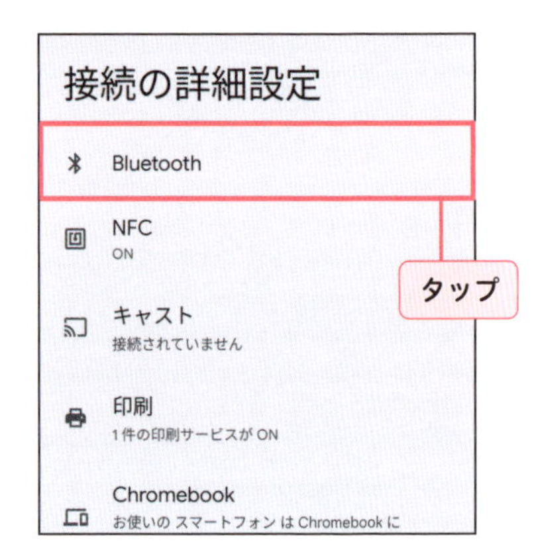

4 「Bluetoothを使用」をタップしてオンにし、「新しいデバイスとペア設定」をタップします。

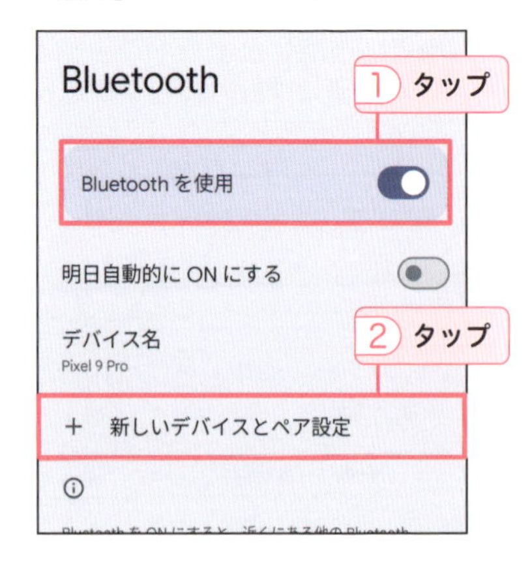

5 接続待機中の周囲のBluetoothデバイスが検出されます。接続したいデバイスをタップします。

6 「ペア設定する」をタップします。

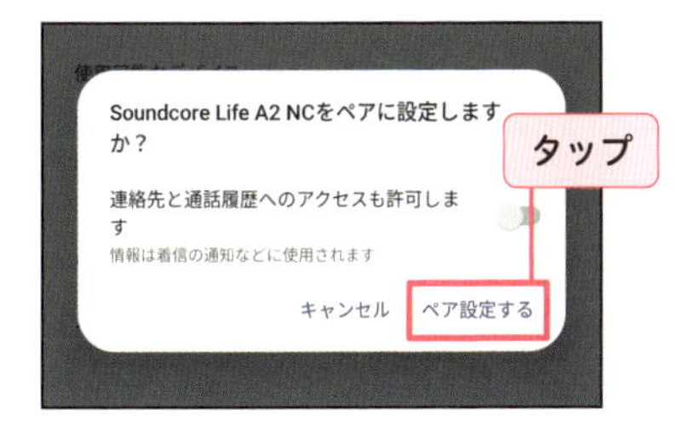

HINT 過去に接続したデバイスは、「保存済みデバイス」に表示されます。

HINT デバイスが接続されるとステータスバーに✻が表示されます。

7 デバイスが接続されます。接続したデバイスの⚙をタップします。

8 デバイスの詳細が表示されます。「削除」→「このデバイスのペア設定を解除」をタップするとデバイスが削除されます。

HINT 「接続を解除」をタップすると、デバイスへの接続を解除できます。

TIPS Pixel 9でBluetoothコーデックを確認する

イヤフォンやスピーカーなどとのBluetooth通信では、「コーデック」を使用し音を圧縮して送受信しています。機種によってサポートされているコーデックは異なります。「設定」アプリを起動し、「デバイス情報」をタップし、「ビルド番号」を連打して開発者向けオプションを有効にします。「システム」→「開発者向けオプション」→「Bluetoothオーディオコーデック」をタップするとサポートされているコーデックを確認できます。

テザリングを活用しよう

テザリングとは、スマートフォンなどをアクセスポイントとしてほかのデバイスとインターネット接続を行うことです。ここでは、Wi-Fiを使用してPixel 9をアクセスポイントとして接続する方法を解説します。

Wi-Fiテザリングでアクセスポイントにする

1 「設定」アプリを起動し、「ネットワークとインターネット」をタップします。

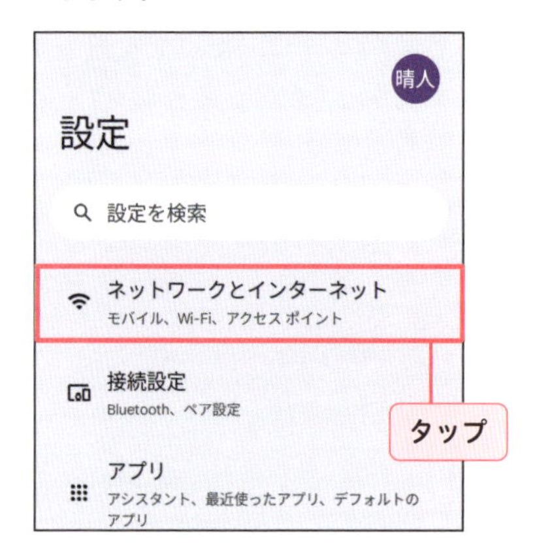

2 「アクセスポイントとテザリング」をタップします。

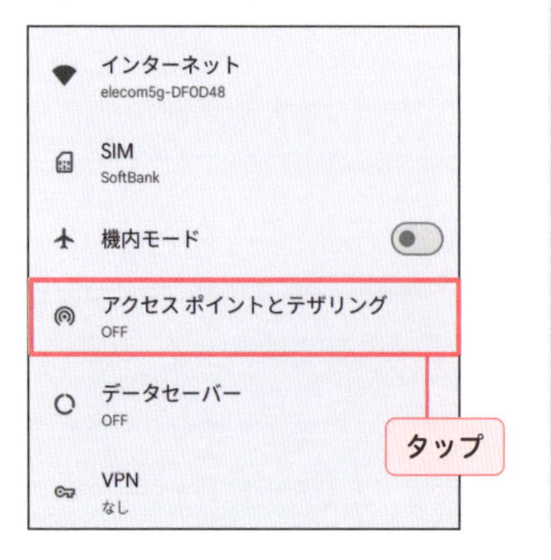

3 「Wi-Fiアクセスポイント」をタップします。

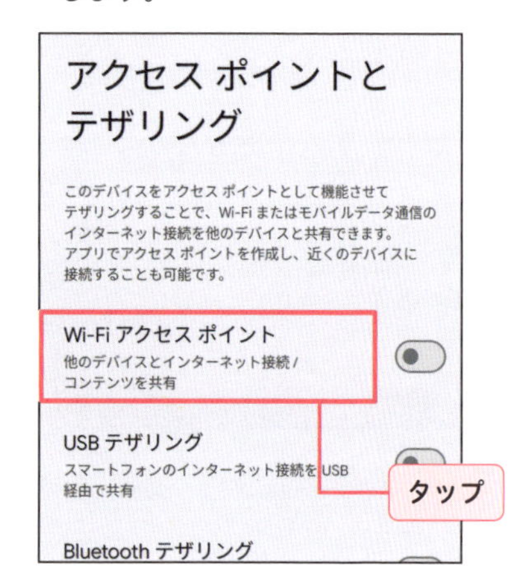

4 「Wi-Fiアクセスポイントを使用する」をタップしてオンにします。

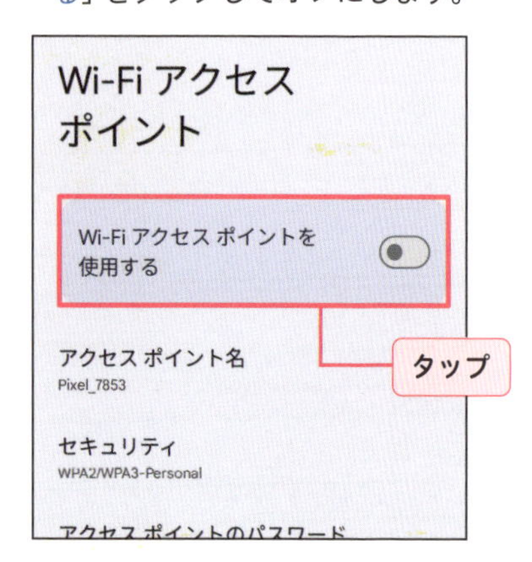

5 「アクセスポイント名」の をタップします。

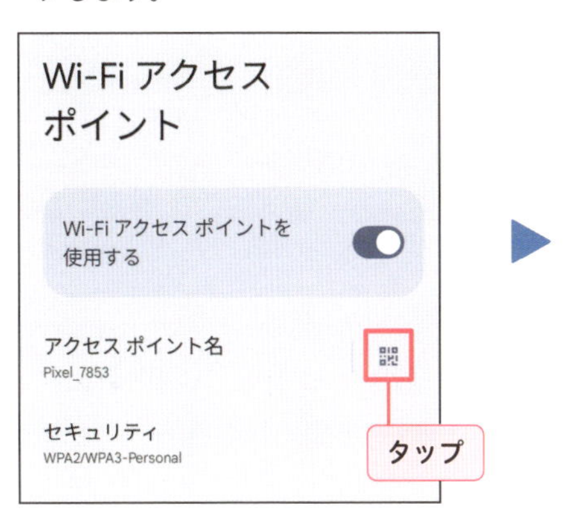

6 QRコードが表示されます。別のデバイスでQRコードを読み取り、接続します。

HINT 「Quick Share」でも接続できます。

ほかのデバイスのWi-Fiテザリングに手動で接続する

1 「設定」アプリを起動し、「ネットワークとインターネット」をタップします。

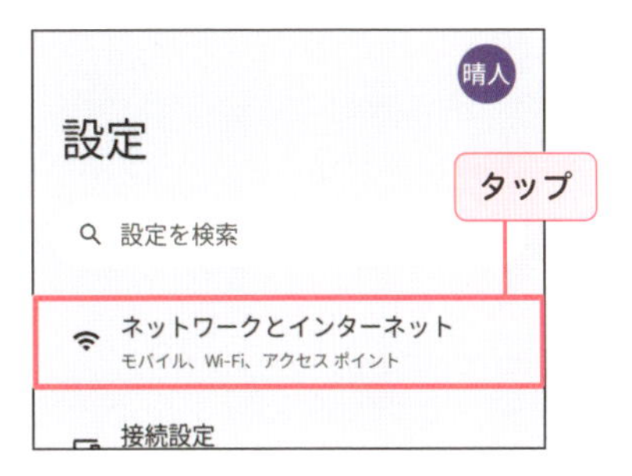

2 「インターネット」をタップします。

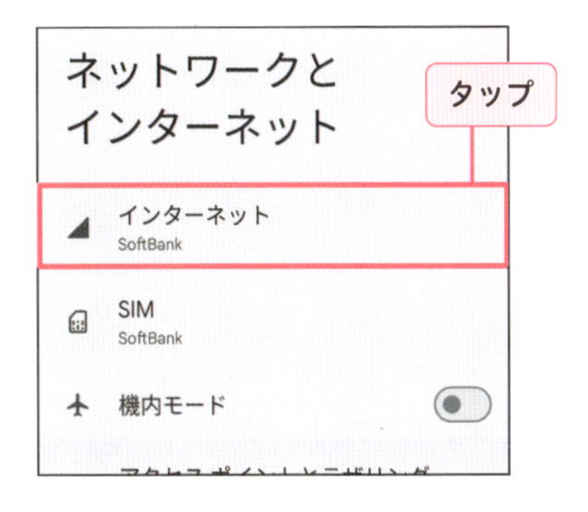

3 ほかのデバイスのアクセスポイント名が表示されているのを確認し、タップします。

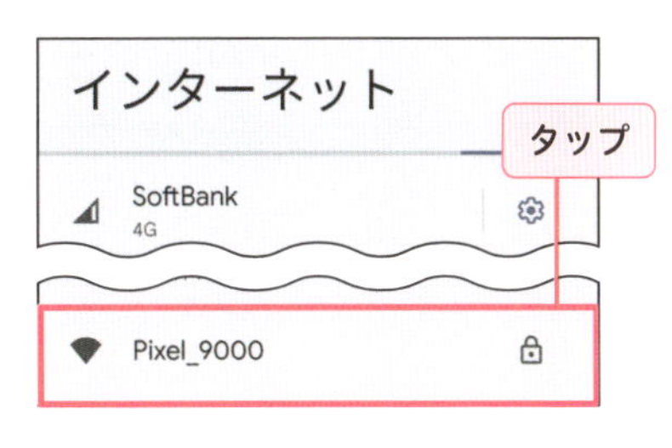

4 パスワードを入力し、「接続」をタップします。

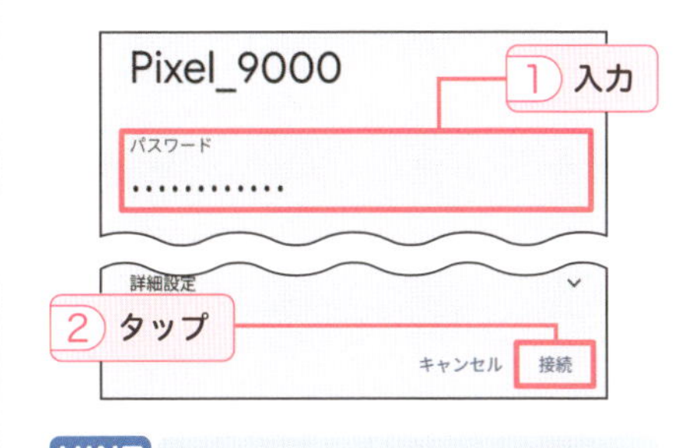

HINT アクセスポイント名とアクセスポイントのパスワードは、上の手順5の画面で確認できます。

通知を設定しよう

各アプリの通知設定は、「設定」アプリや通知パネルからできます。優先度が低いアプリは、完全にオフにして不要な通知に気を取られないようにしましょう。

通知を設定する

1 「設定」アプリを起動し、「通知」をタップします。

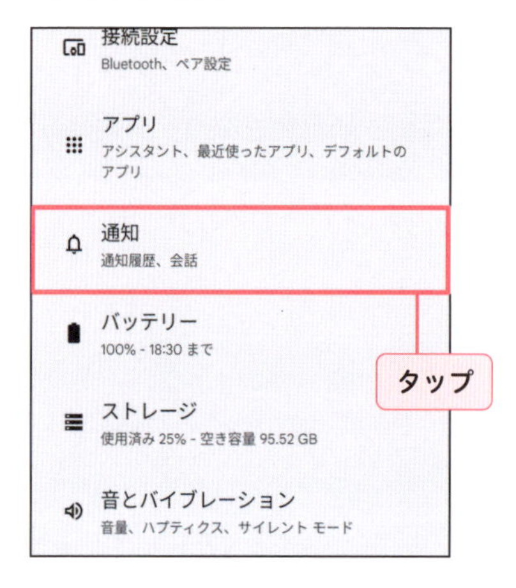

2 「アプリの通知」をタップします。

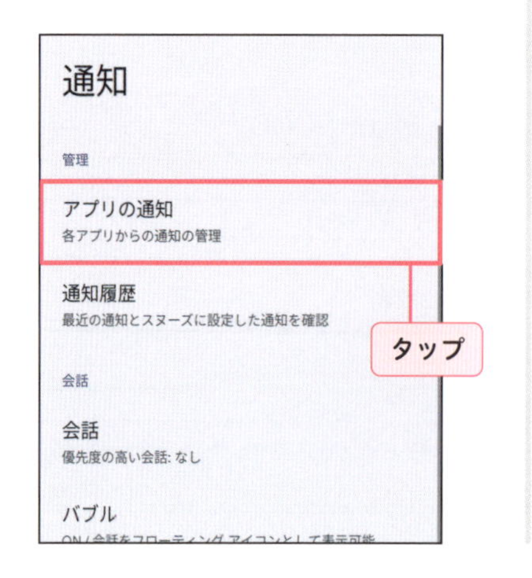

3 通知を設定したいアプリをタップして選択します。

HINT アプリ名の右の◐をタップしてオフにすると、アプリに関するすべての通知がオフになります。

4 各通知の種類をタップして通知のオン／オフを切り替えられます。

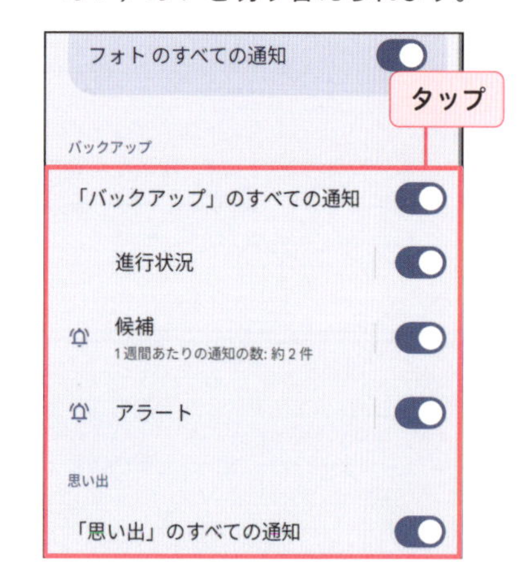

TIPS 通知履歴を確認する

P.186手順**2**で「通知履歴」をタップし、通知履歴を使用をタップしてオンにすると、最近の通知とスヌーズに設定した通知を確認できます。通知履歴をオンにしておくと、通知をうっかり消してしまったときにも、あとから確認することができます。

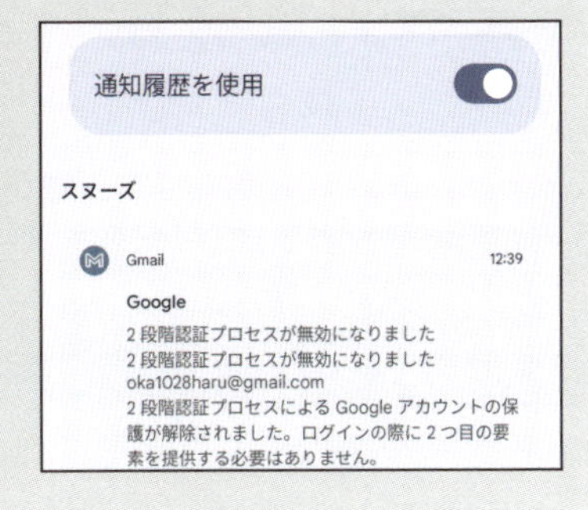

通知パネルから通知を設定する

1 P.024手順**1** **2**を参考に通知パネルを表示し、設定を変更したい通知を長押しします。

2 ここでは、「サイレント」をタップします。

3 「適用」をタップします。

4 通知がサイレントに変更され、通知パネル下部の「サイレント」に表示されるようになります。

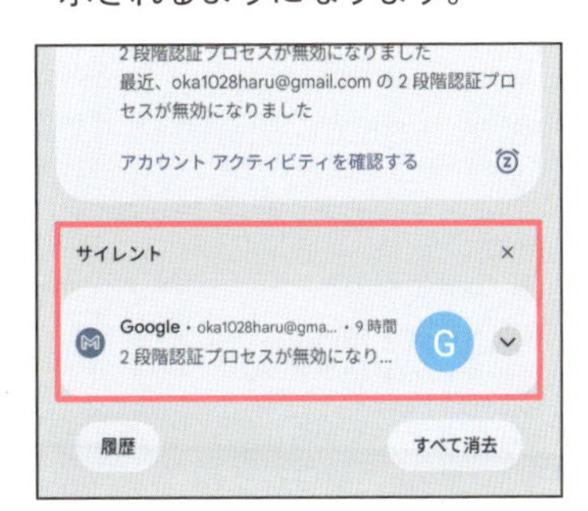

スヌーズを設定しよう

スヌーズとは、一度削除した通知を、一定時間経過したあとに再度通知する機能です。忘れないようにもう一度通知してほしいときは設定します。

スヌーズを設定する

1 P.024手順**1** **2**を参考に通知パネルを表示し、「管理」をタップします。

HINT 通知は右端の⌄をタップして開き、⌃をタップして閉じます。

2 「通知のスヌーズを許可する」をタップしてオンにし、←をタップします。

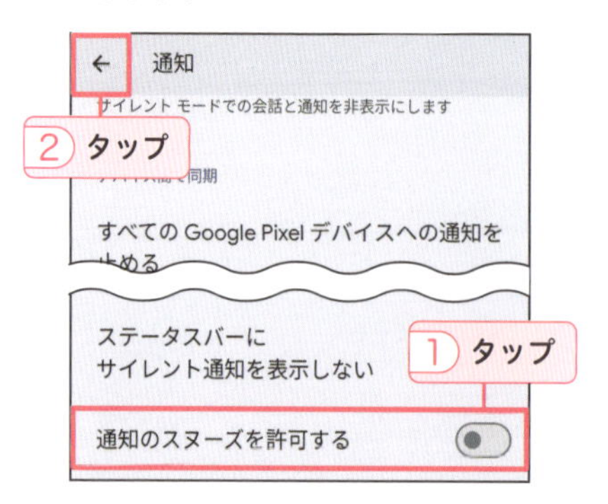

3 通知に⏰が表示されるのでタップします。

4 「スヌーズ」の時間をタップし、再通知したい時間をタップして選択します。

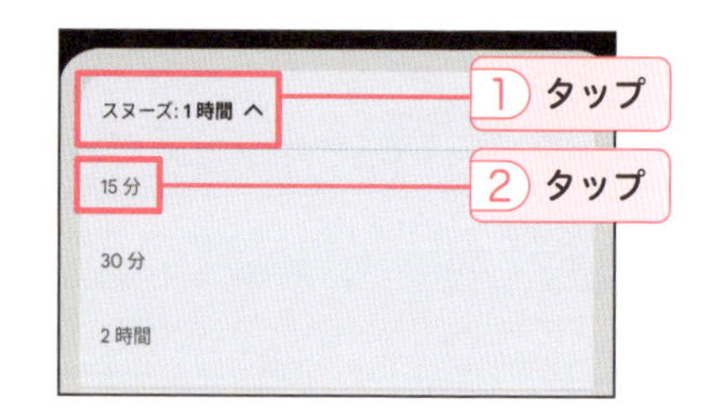

5 指定した時間が経過すると、再通知されます。

サイレントモードを設定しよう

作業に集中したいとき、音が出せない状況下であるときなどは、サイレントモードにすることで、着信音や通知音、振動などが消音になります。

サイレントモードを設定する

1 「設定」アプリを起動し、「音とバイブレーション」をタップします。

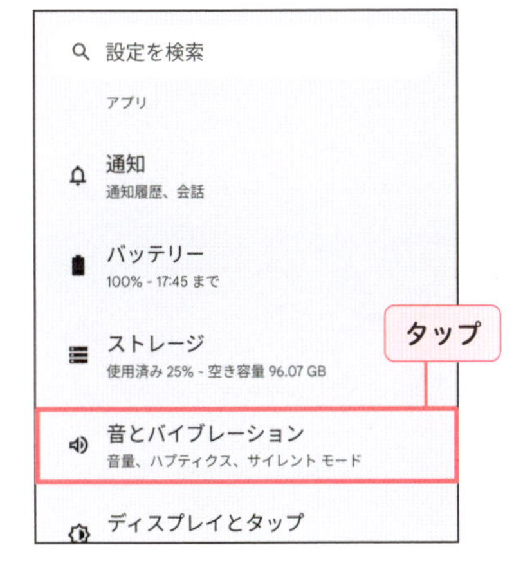

2 「サイレントモード」をタップします。

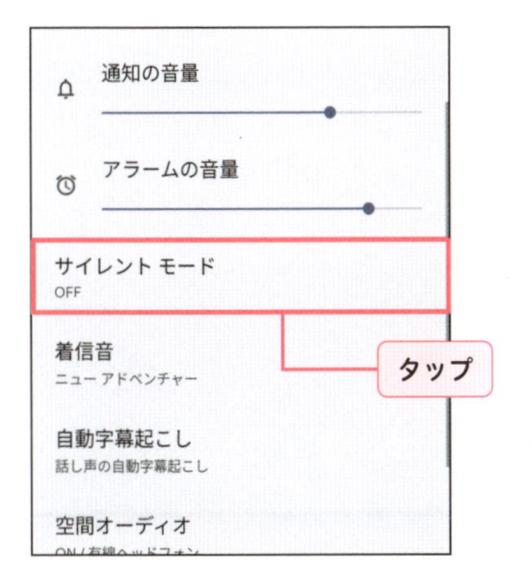

3 「今すぐONにする」をタップしてオンにします。

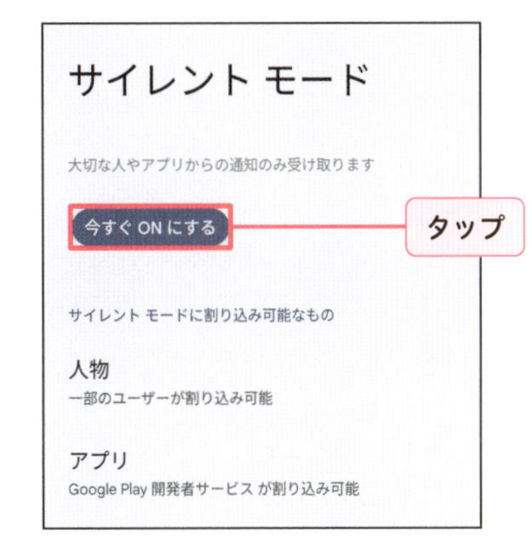

TIPS 特定のアプリや人物からの通知を許可する

手順**3**の画面では、サイレントモード中でも、特定のアプリの通知や人物からのメッセージを許可できます。

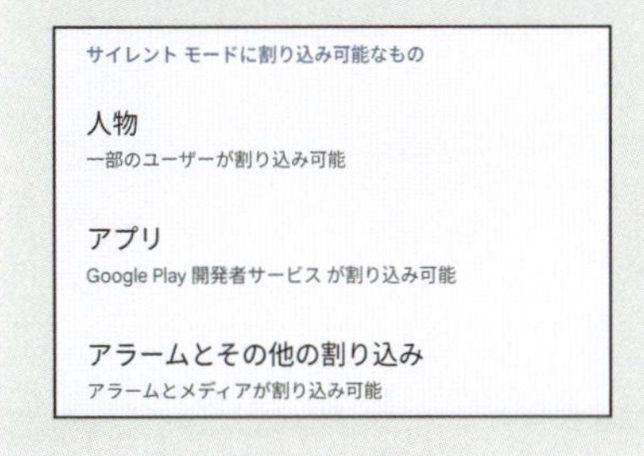

バッテリーセーバーを利用しよう

バッテリーセーバーは、アプリの動作や一部の機能を制御したり、更新を停止したりして、バッテリーの消費を抑えて長持ちさせることができます。

バッテリーセーバーを設定する

1 「設定」アプリを起動し、「バッテリー」をタップします。

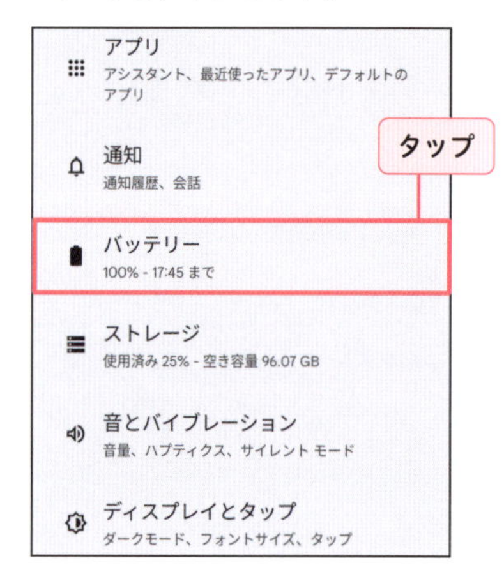

2 「バッテリーセーバー」をタップします。

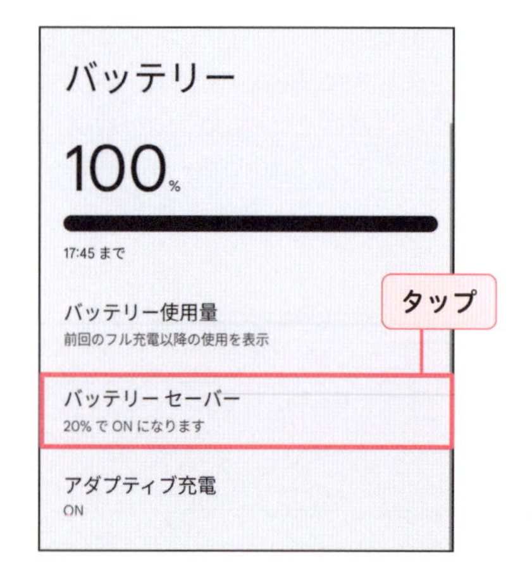

3 「バッテリーセーバーを使用」をタップしてオンにします。

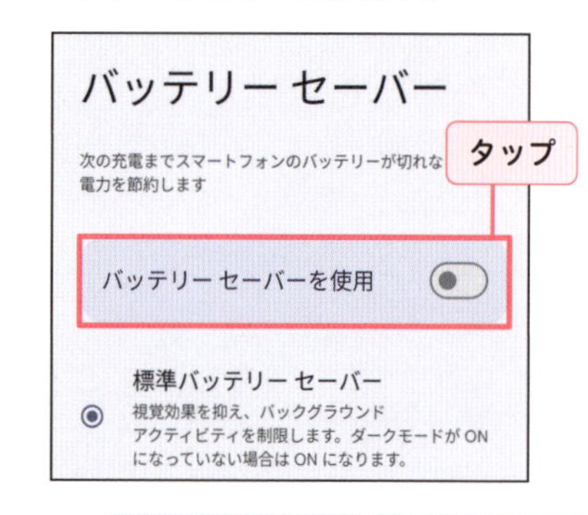

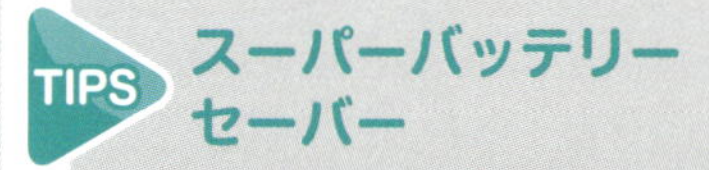

充電中はオンにできません。

TIPS スーパーバッテリーセーバー

手順3で「スーパーバッテリーセーバー」をタップすると、「標準バッテリーセーバー」の機能が反映されるほか、⚙をタップして特定のアプリの通知をオフにできます。

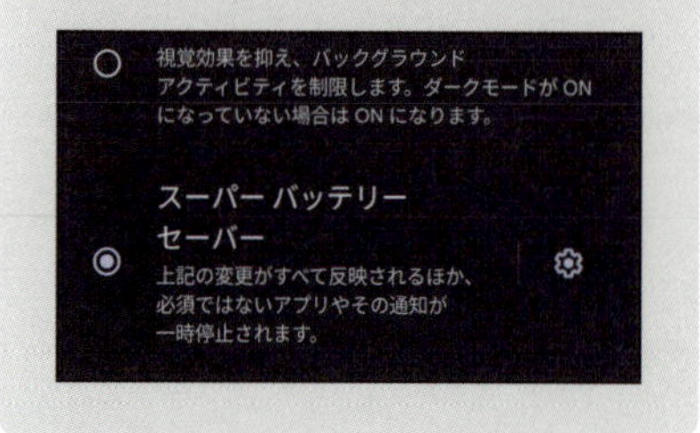

おやすみ時間を設定しよう

おやすみ時間を設定すると、開始時刻から終了時刻までPixel 9をサイレントモードに切り替えます。また、睡眠中の咳やいびきの検知、アプリへのアクセスを検出できるほか、睡眠を記録できます。

おやすみ時間を設定する

1 「設定」アプリを起動し、「Digital Wellbeingと保護者による使用制限」をタップします。

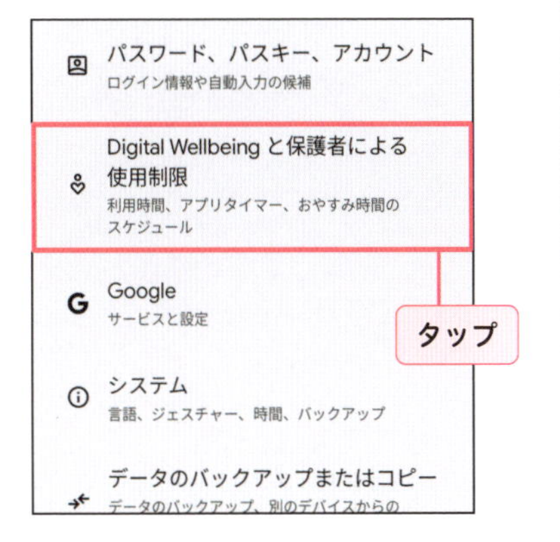

2 「おやすみ時間モード」をタップします。

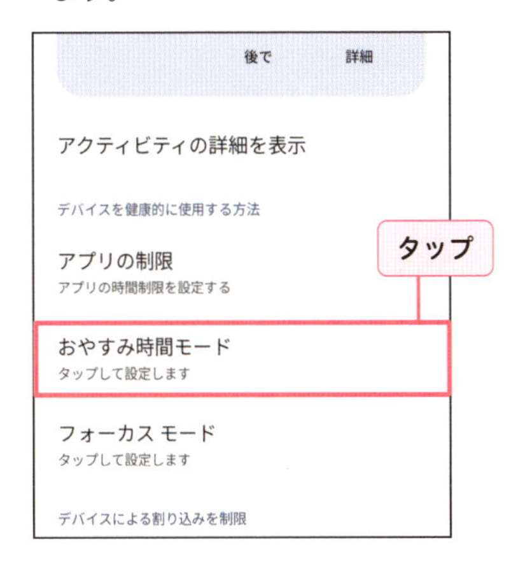

3 「次へ」をタップし、画面の指示に従っておやすみ時間モードを設定します。

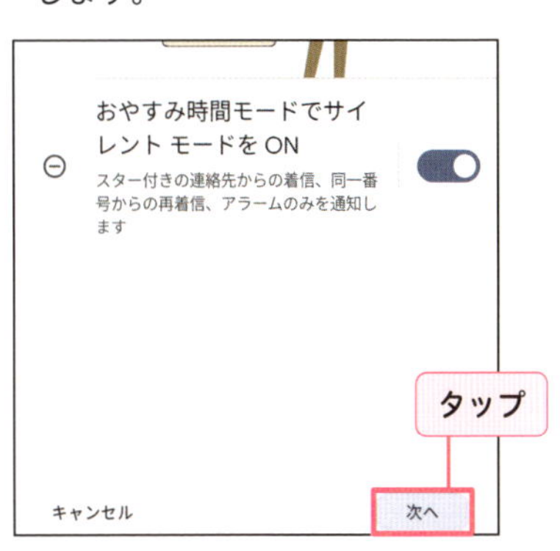

4 設定後は、手順**2**のあとに睡眠慣習の記録が表示されるようになります。

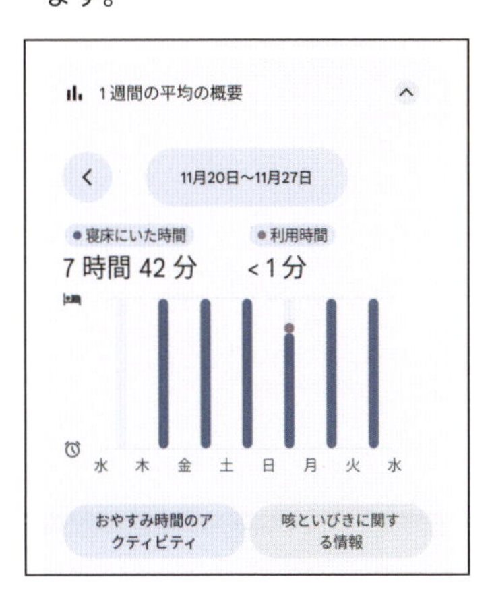

ダークモードを設定しよう

ダークモードにすると、画面全体が暗くなり、バッテリーの消耗が抑えられます。なお、Pixel 9は購入時の段階でダークモードがオンに設定されていますが、本書ではオフにした画面で解説しています。

ダークモードを設定する

1 「設定」アプリを起動し、「ディスプレイとタップ」をタップします。

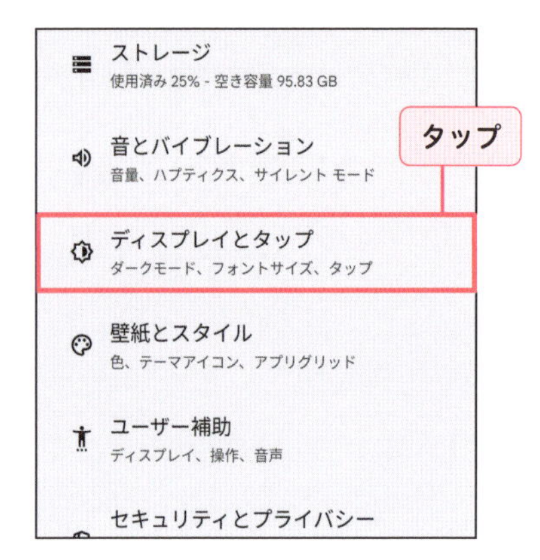

2 「ダークモード」をタップします。

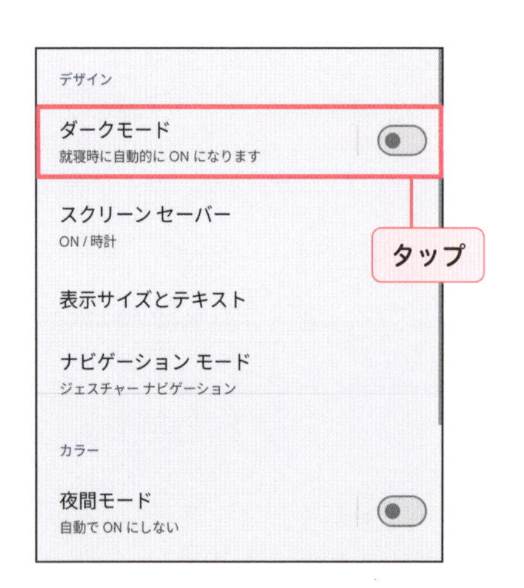

3 「ダークモードを使用」をタップしてオンにします。

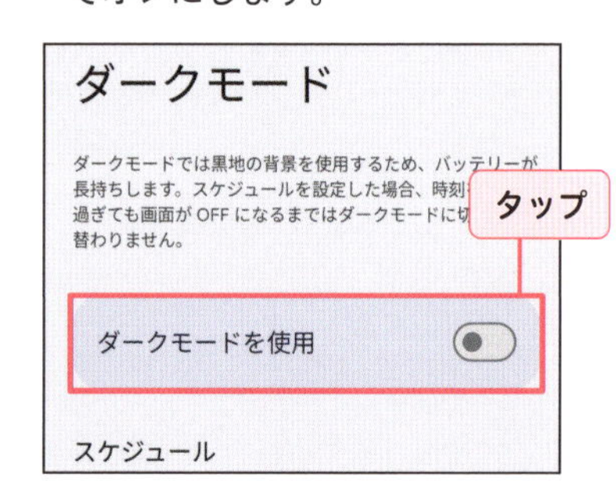

TIPS ダークモードをスケジュールする

手順**3**で「スケジュール」をタップすると、ダークモードをオンにする時刻を設定できます。なお、おやすみ時間モード（P.191参照）を設定している場合は、おやすみ時間モードのスケジュールに合わせた設定になっています。

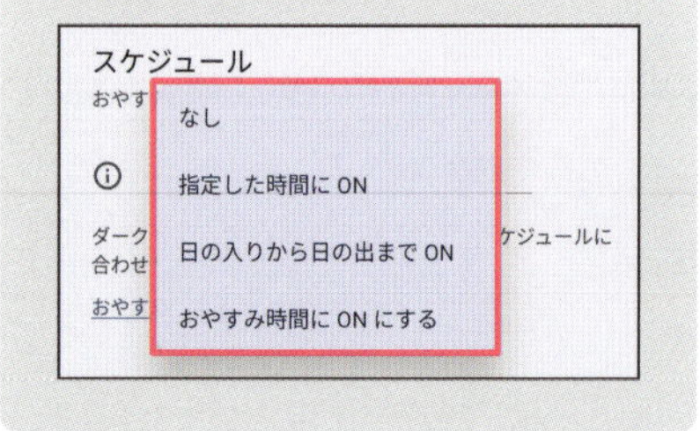

夜間モードを設定しよう

夜間モードにすると、画面全体が黄味がかった色になり、周囲が暗めで薄明りの状態でも画面が見やすい、目にやさしい、といった効果があります。

夜間モードを設定する

1 「設定」アプリを起動し、「ディスプレイとタップ」をタップします。

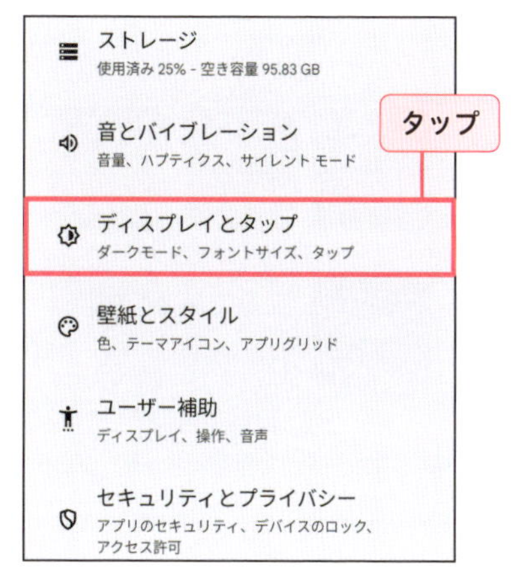

2 「夜間モード」をタップします。

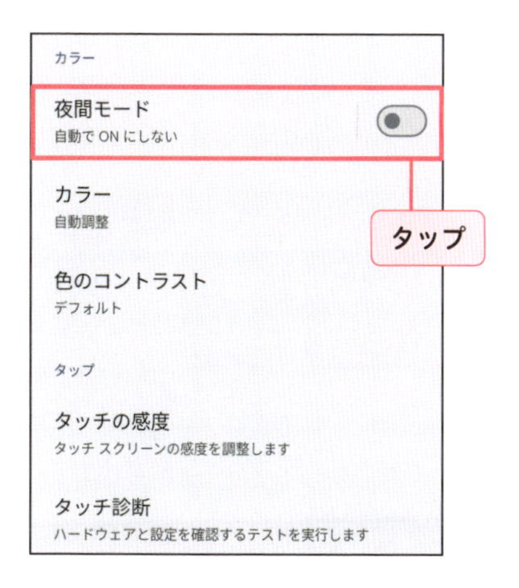

3 「夜間モードを使用」をタップしてオンにします。

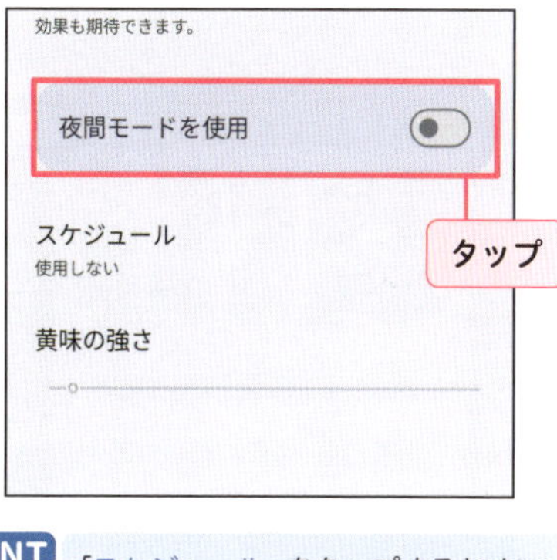

HINT 「スケジュール」をタップするとオンにする時刻を設定できます。

4 「黄味の強さ」の●を左右にスライドして黄味の強さを調整できます。

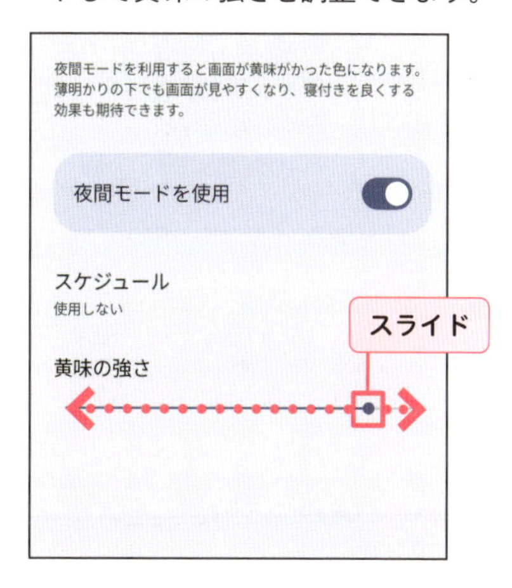

壁紙を変更しよう

壁紙はホーム画面やロック画面に表示される背景画像のことです。多種多様な壁紙から自分らしいデザインを選んでカスタマイズできます。

壁紙を変更する

1 ホーム画面を長押しし、「壁紙とスタイル」をタップします。

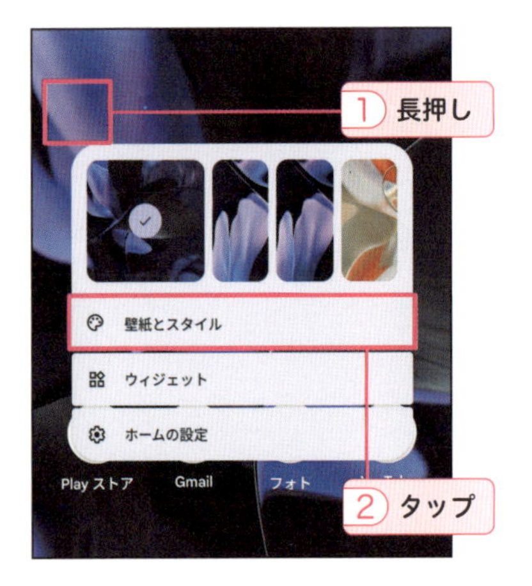

2 「その他の壁紙」をタップします。

3 設定したい壁紙のテーマをタップします。

HINT 「マイフォト」で端末に保存している手持ちの写真を壁紙にできます。

4 指定したい壁紙をタップします。

5 プレビューが表示されるので、タップします。

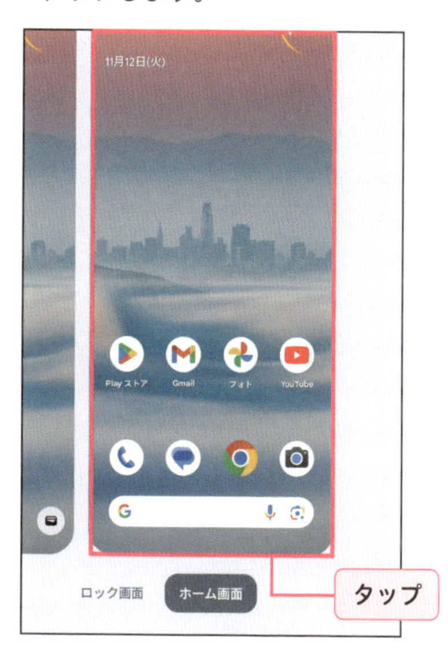

HINT ◎をタップすると、壁紙の概要が表示されます。

6 画面をピンチイン／ピンチアウト、または左右にスワイプして、壁紙の位置や角度を編集し、✓をタップします。

7 「壁紙に設定」をタップします。

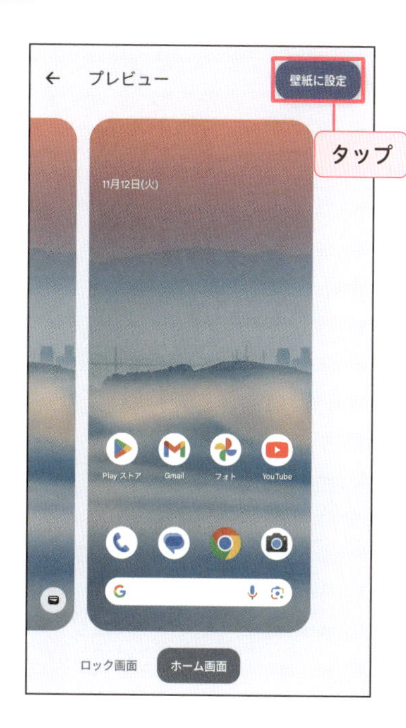

8 「設定」をタップします。

HINT 「ロック画面」をタップしてチェックを外すとホーム画面にだけ壁紙が設定されます。

UIの色を変更しよう

Pixel 9を利用するうえでの視覚的な部分や操作性のことをUIといいます。色を変更すると、クイック設定パネル、通知パネル、キーボードなどの色が変更され、画面全体の印象が変わります。

UIの色を変更する

1 ホーム画面を長押しし、「壁紙とスタイル」をタップします。

2 ⊖をタップします。

3 UIの色合いをタップして選択します。

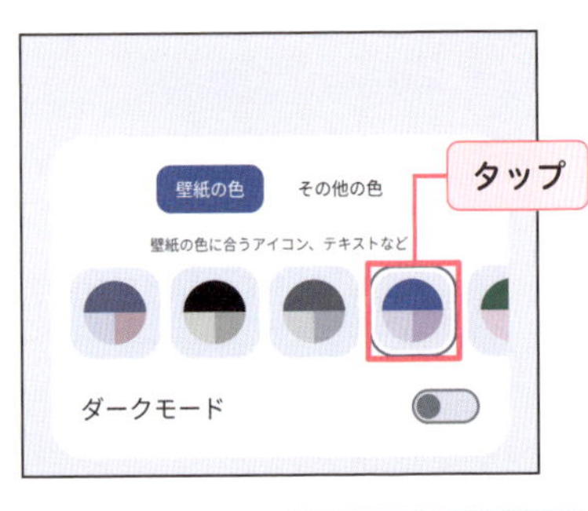

HINT プレビューで変更後の状態を確認できます。

4 UIの色が変更されます。

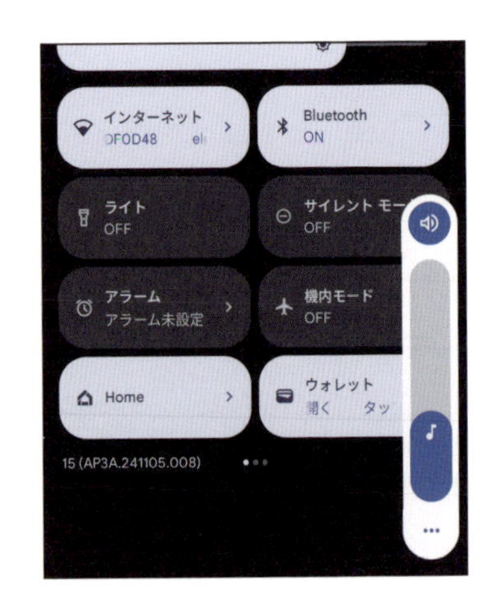

緊急情報を登録しよう

「緊急情報」アプリに緊急時情報を登録しておくと、緊急時に誰でもユーザーの医療情報にアクセスできます。

緊急情報を登録する

1 「すべてのアプリ」画面で✱（緊急情報）をタップして、「緊急情報」アプリを起動します。

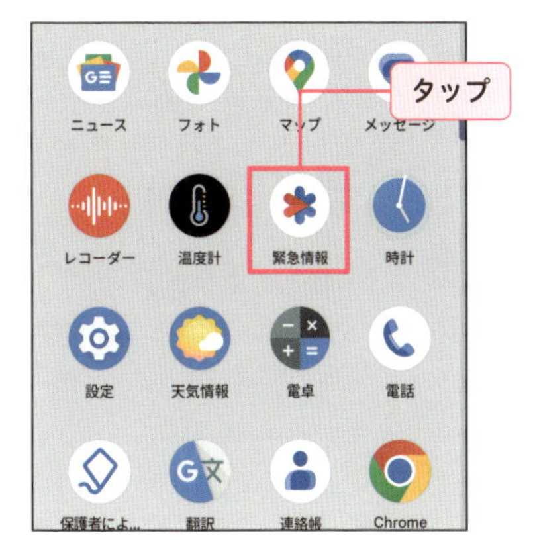

2 初回は、ログインするGoogleアカウントを選択し、「○○で続行」をタップします。

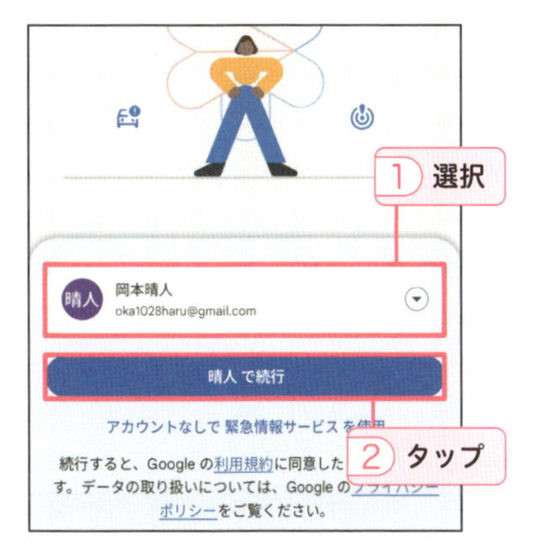

3 「あなたの情報」をタップし、「医療に関する情報」をタップします。

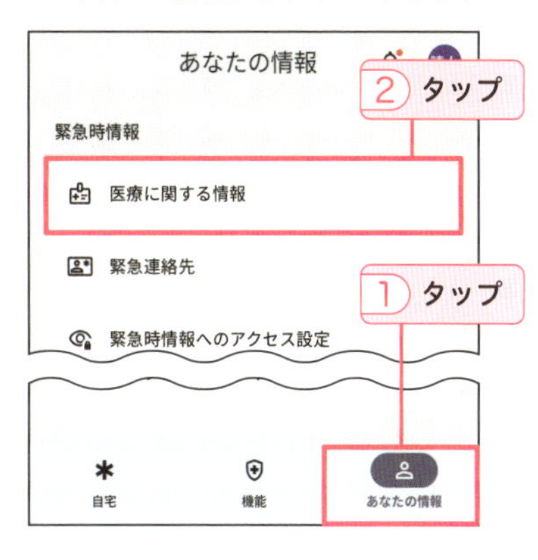

4 名前や生年月日、アレルギーなどの情報を登録します。

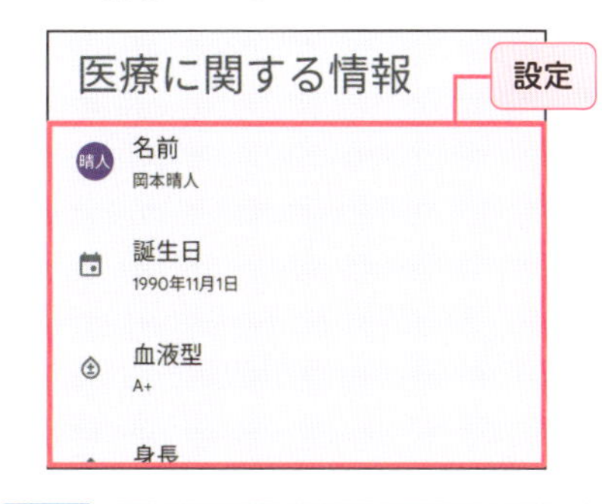

HINT ロック画面で、「緊急通報」→「緊急情報を表示」をタップすると、誰でも登録した情報を確認することができます。表示変更は上の手順3で「緊急時情報へのアクセス設定」をタップして行います。

ユーザー補助機能を設定しよう

ユーザー補助機能を設定すると、スクリーンショットや音量の上げ下げ、クイック設定パネルの表示などを、Pixel 9の画面上に表示されるメニューから操作できるようになります。

ユーザー補助機能を設定する

1 「設定」アプリを起動し、「ユーザー補助」をタップします。

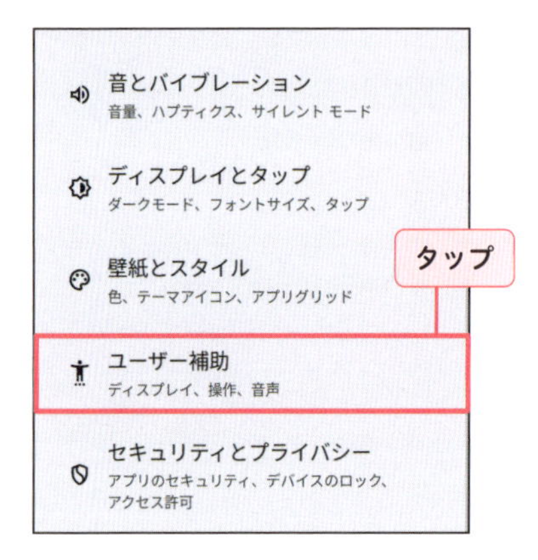

2 「ユーザー補助機能メニュー」をタップします。

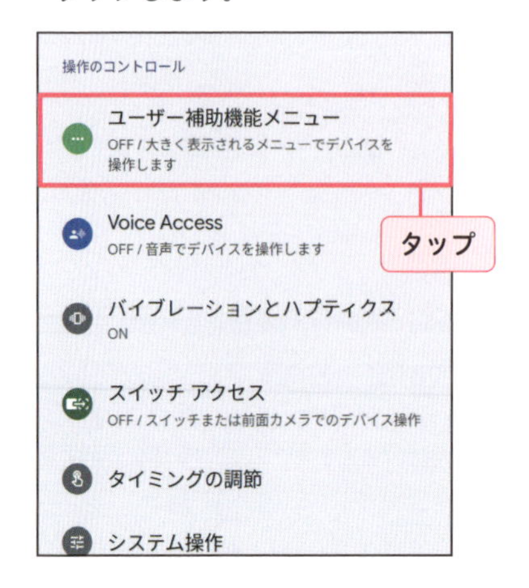

3 「ユーザー補助メニューのショートカット」をタップします。

4 「許可」をタップします。

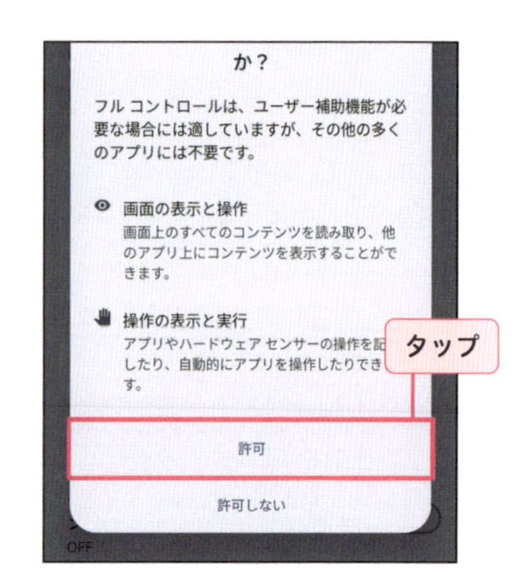

5 「ユーザー補助機能ボタン」をタップしてオンにします。←をタップしてP.198手順**3**に戻ります。

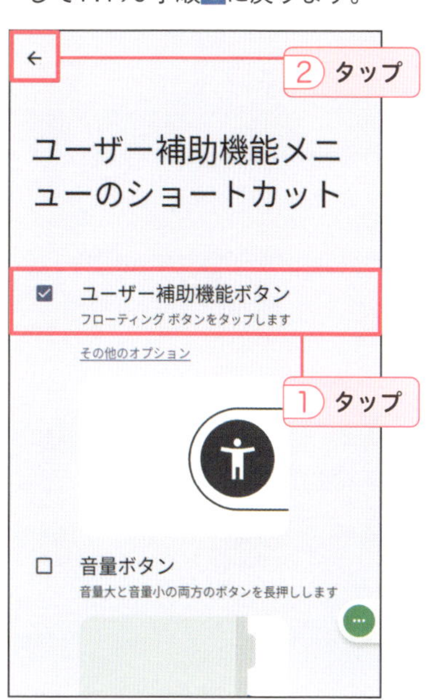

6 画面上にフローティングボタンが表示されるようになります。アイコンをタップします。

7 ユーザー補助メニューが表示されます。ここでは「電源」をタップします。

HINT →をタップしてほかのメニューを見られます。

8 電源メニューが表示されます。

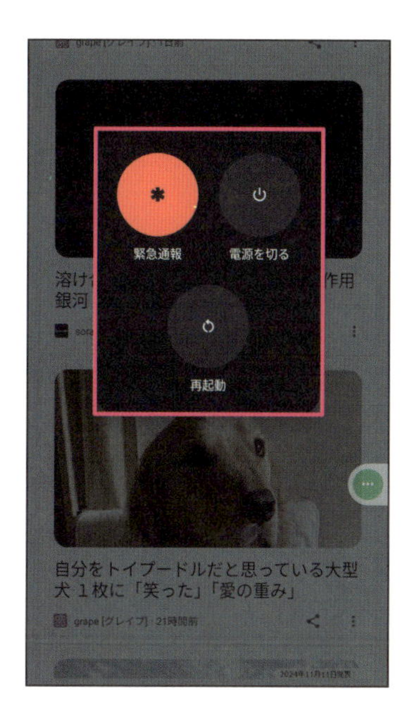

Pixel 9を失くしてしまった場合の対処方法を知ろう

Pixel 9を紛失してしまった場合は、パソコンやほかのAndroidスマートフォンから位置情報を確認できます。

Pixel 9で「デバイスを探す」機能をオンにする

1 「設定」アプリを起動し、「セキュリティとプライバシー」をタップします。

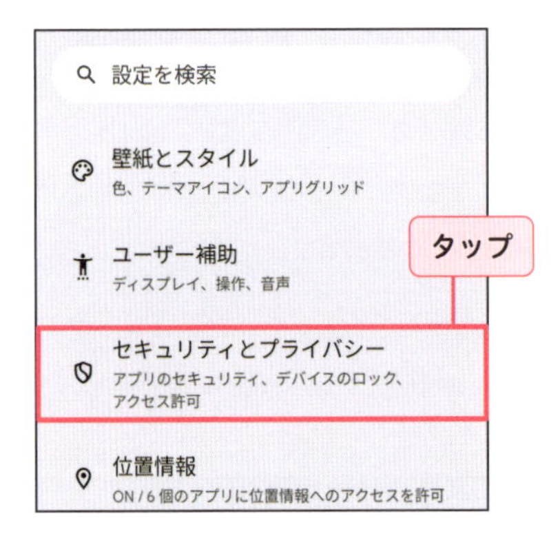

2 「デバイスを探す」をタップします。

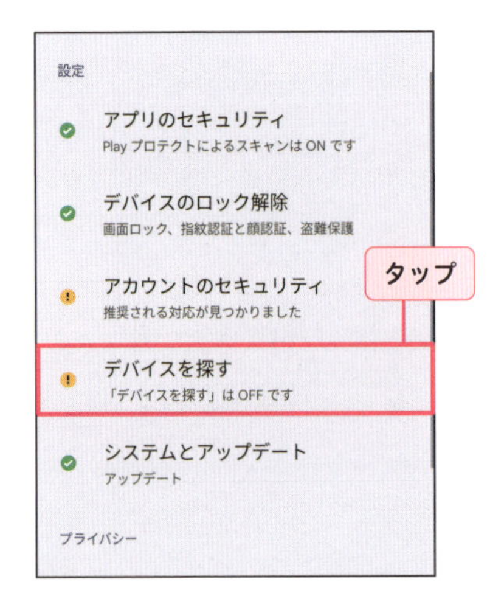

3 「デバイスを探す」をタップします。

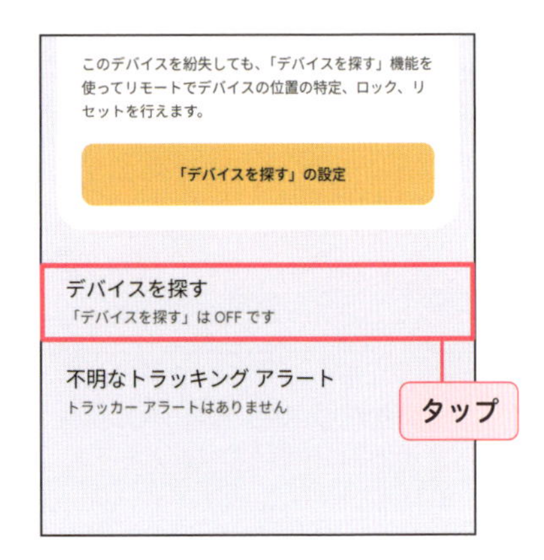

4 「「デバイスを探す」を使用」をタップしてオンにします。

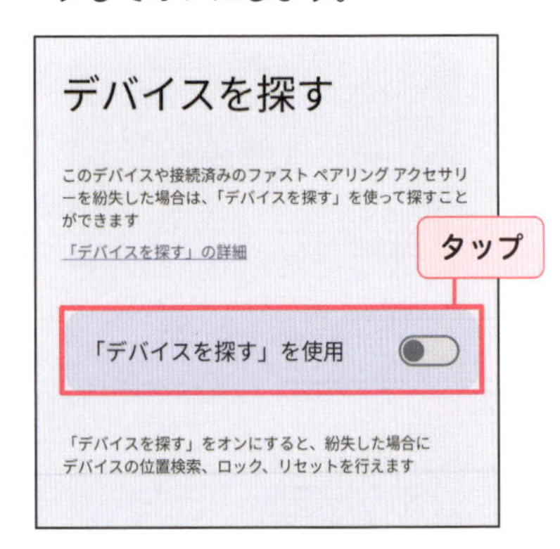

HINT Pixel 9では、デフォルトでオンになっていますが、念のため確認しましょう。

Pixel 9をパソコンから探す

1 パソコンの「Chrome」アプリでPixel 9と同じGoogleアカウントにログインし、アカウントアイコンをクリックして「Googleアカウントを管理」をクリックします。

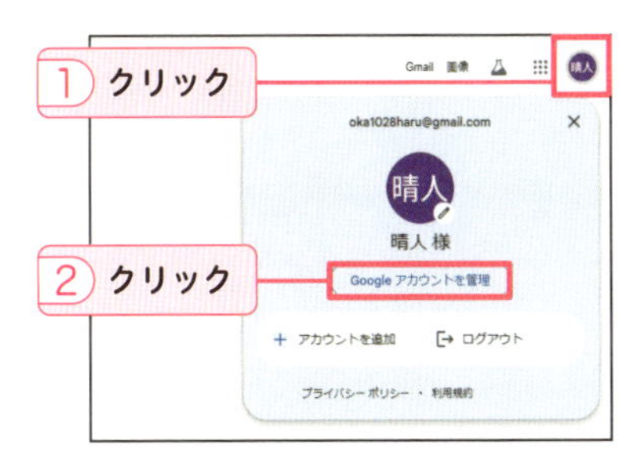

2 「セキュリティ」をクリックします。「紛失したデバイスを探す」をクリックします。

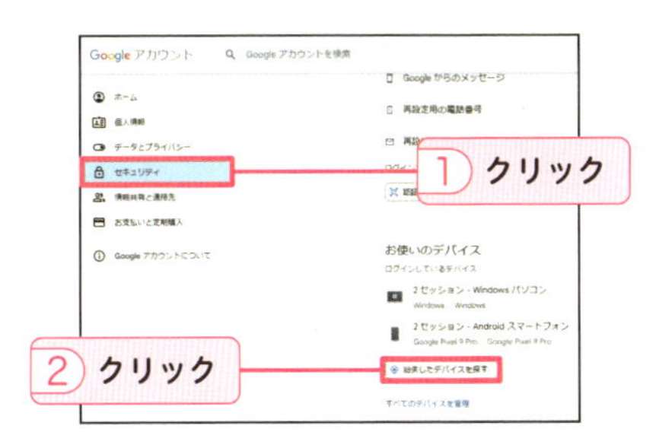

3 探したいPixel 9をクリックします。

4 初回は「同意する」をクリックし、Pixel 9を遠隔で操作します。

TIPS 位置情報をオンにする

位置情報がオフに設定されていると、「デバイスを探す」機能をオンにできません。「設定」アプリを起動し、「位置情報」→「位置情報を使用」をタップしてオンにしておきます。

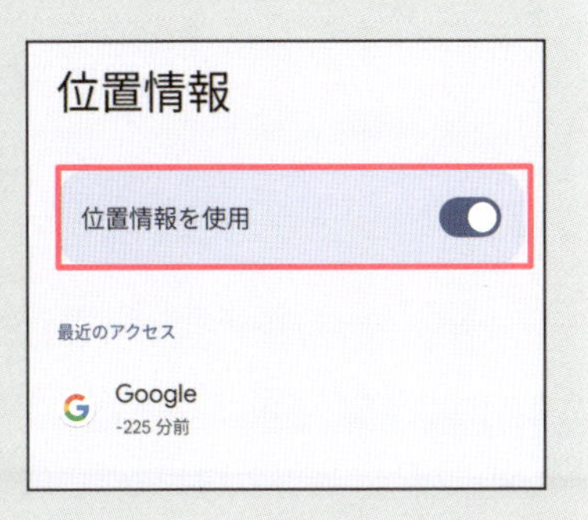

Pixel 9をアップデートしよう

定期的に行われるシステムやセキュリティのアップデートは、新しい機能の追加やバグの修正などが含まれます。定期的に確認して、Pixel 9を最新の状態にして安全性を高めましょう。

Pixel 9のバージョンを確認する

1 「設定」アプリを起動し、「デバイス情報」をタップします。

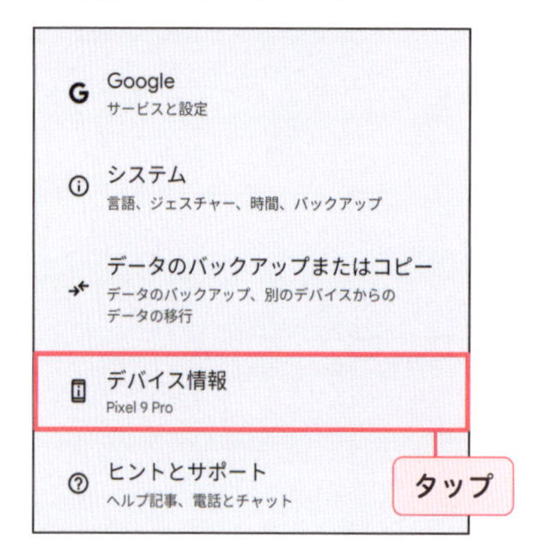

2 「Androidバージョン」をタップします。

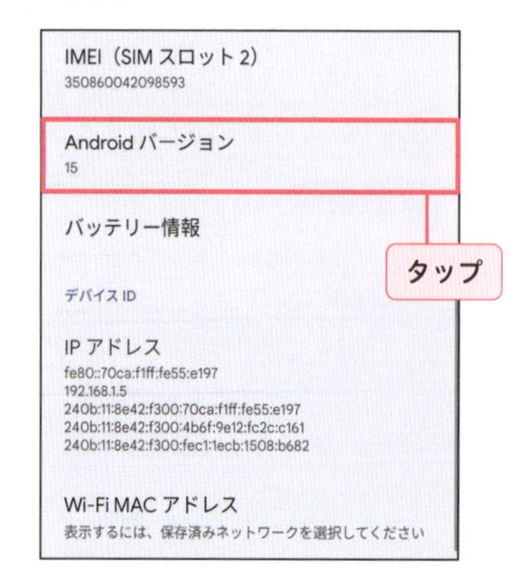

3 Pixel 9のバージョンを確認できます。

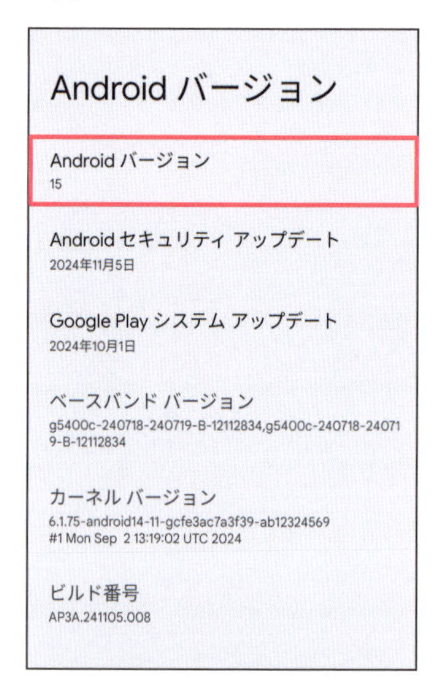

TIPS Androidセキュリティアップデートと Google Playシステムアップデートの違い

Androidセキュリティアップデートは、セキュリティや操作性強化のために行われ、Google Playシステムアップデートは、新しい機能やデザインの更新が含まれるアップデートです。

Pixel 9のシステムをアップデートする

1 「設定」アプリを起動し、「システム」をタップします。

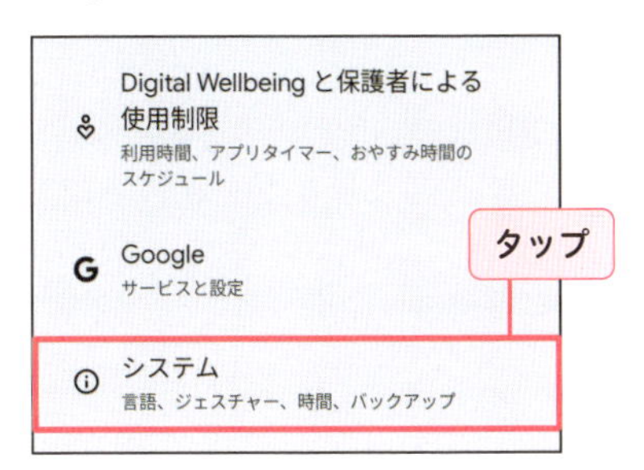

2 「ソフトウェアのアップデート」をタップします。

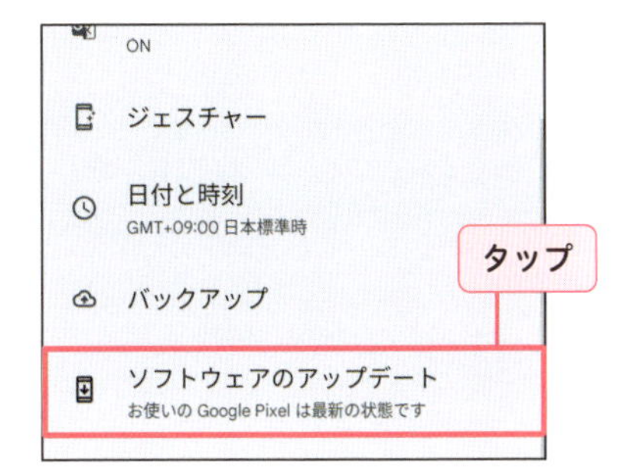

3 「システムアップデート」をタップします。

4 「アップデートを確認」をタップします。

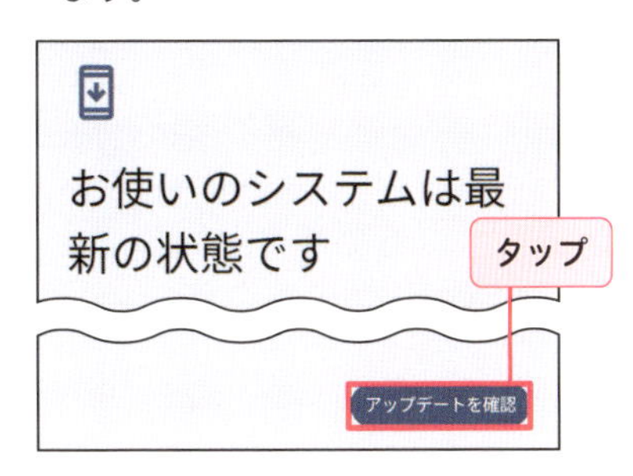

5 アップデートがない場合は、「お使いのシステムは最新の状態です」と表示されます。

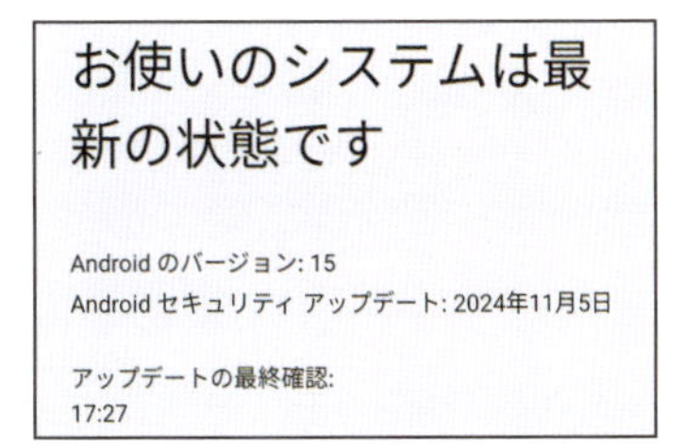

HINT 「アップデートの最終確認」に最終確認時間が更新されます。

TIPS システムアップデート

システムアップデートがある場合、手順5で「ダウンロードしてインストール」をタップしてインストールします。再起動が必要なこともあります。

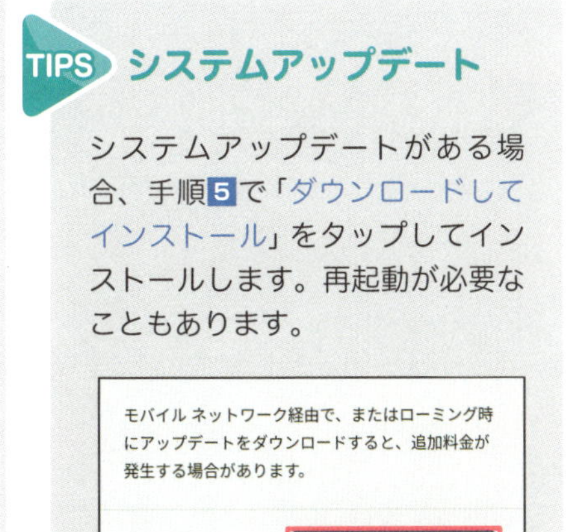

Pixel 9のリセットと復元

スマホを手放す場合、最後に行っておくとよいのが初期化（リセット）です。動作が酷く不安定な場合にもリセットで改善することがありますが、データはすべて消去されるので最終手段です。Googleアカウントにデータをバックアップ（P.156参照）しておくとGoogleのサービス関連は復元できますが、Google以外のアプリのバックアップと復元は各サービスでの確認が必要です。また、eSIMの再セットアップも各通信会社によって異なるので確認が必要です。

Pixel 9をリセットして復元する

1 「設定」アプリを起動し、「システム」をタップします。

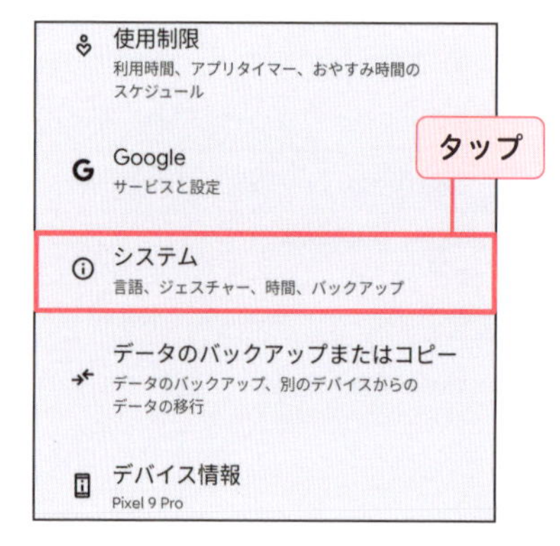

2 「リセットオプション」をタップします。

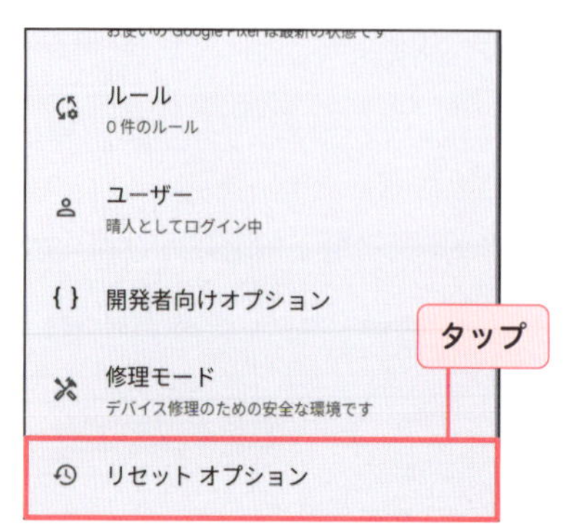

3 「すべてのデータを消去」をタップします。

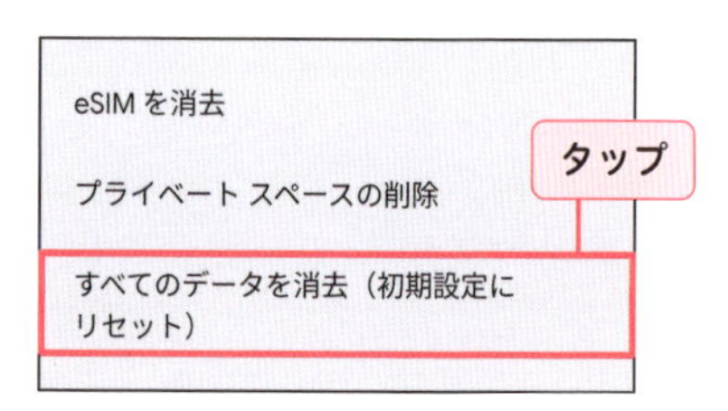

4 「すべてのデータを消去」→「すべてのデータを消去」をタップします。

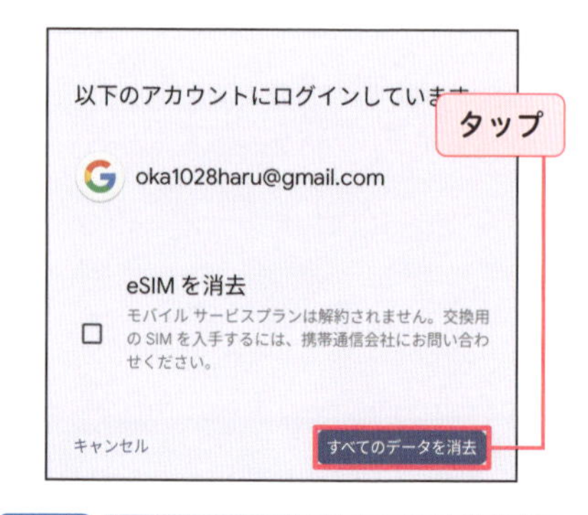

HINT 「eSIMを消去」をタップしてチェックを付けたまま消去する場合、先にeSIMの再セットアップ方法を通信会社に確認しておきます。

5 Pixel 9が初期化され、初期設定画面が表示されます。「始める」→「スキップ」をタップして画面の指示に従って進めます。

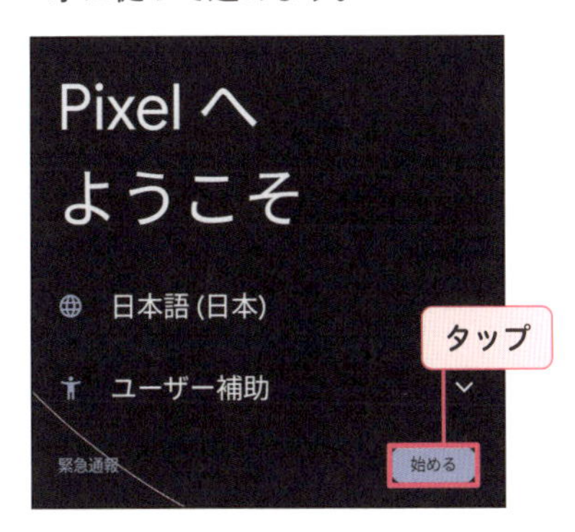

6 Googleのログイン画面が表示されたら、データをバックアップしたGoogleアカウントを入力し、「次へ」をタップして画面の指示に従ってログインします。

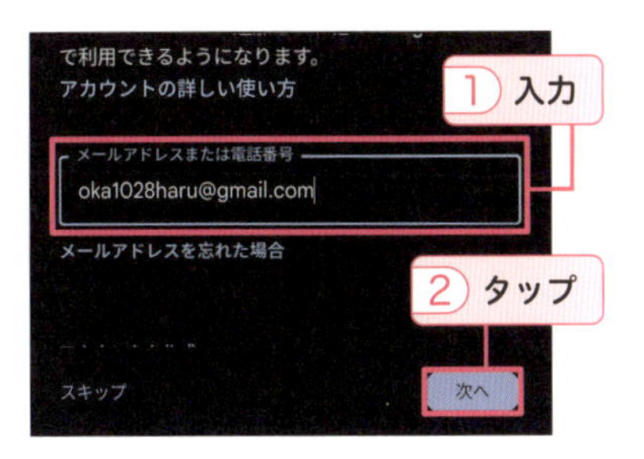

7 アプリとデータのコピー画面が表示されたら「次へ」をタップし、復元するバックアップをタップして選択します。

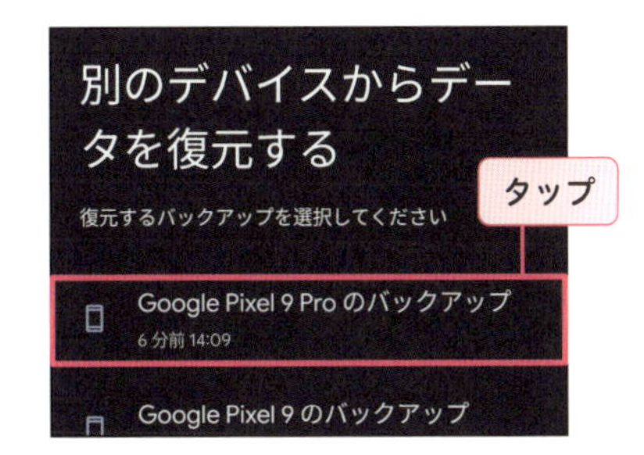

HINT 初期化前にバックアップした最新の日時が記載されているバックアップをタップします。

8 「復元」をタップし、画面の指示に従って設定を進めます。

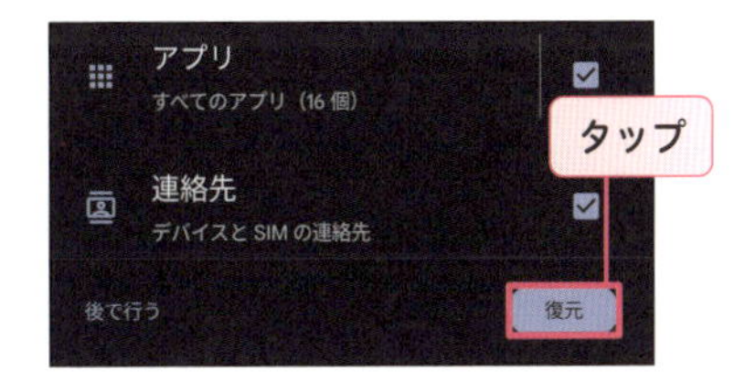

HINT 復元には24時間ほどかかる場合があります。

6章 Pixelを便利に使いこなす設定をしよう

TIPS Pixel 9のデータを新しいPixelに移行する

Googleアカウントにバックアップしたデータは、新しいPixelにデータを移行できます。新しい端末を起動し、手順**5**で「始める」をタップしたあとに「Google Pixel または Android デバイス」をタップして画面の指示に従ってデータの移行を進めます。あらかじめ移行元の古いPixelを用意しておくことで、スムーズに作業を行えます。

索引 Index

記号・数字・英字

あ行

か行

さ行

た行

な行

は行

ま行

や行

ら行

注意事項

- 本書に掲載されている情報は、2024年11月現在のものです。本書の発行後にAndroid OSや各アプリの機能や操作方法、画面が変更された場合は、本書の手順どおりに操作できなくなる可能性があります。
- 本書に掲載されている画面や手順は一例であり、すべての環境で同様に動作することを保証するものではありません。読者がお使いの端末機器状況、通信キャリアなどの利用環境によって、紙面とは異なる画面、異なる手順となる場合があります。
- 読者固有の環境についてのお問い合わせ、本書の発行後に変更されたアプリ、各種サービスなどについてのお問い合わせにはお答えできない場合があります。あらかじめご了承ください。
- 本書に掲載されている手順以外についてのご質問は受け付けておりません。
- 本書の内容に関するお問い合わせに際して、お電話によるお問い合わせはご遠慮ください。

本書サポートページ https://isbn2.sbcr.jp/30140/

著者紹介

原田 和也（はらだ・かずや）

テクニカルライター。デジタル機器の開発からスマホ向けのアプリ作りに携わったことで、ユーザーにとって本当に使いやすい機器、サービスを考える日々を過ごす。企業内でサービスのサポート担当を経て、デジタル家電などのガジェットの紹介記事の執筆をはじめる。最近は、スマホ教室で使い方の講師も行っている。日々登場する新しい技術やサービスを、よりわかりやすく伝えられる方法を日夜考えている。

- カバーデザイン　米倉 英弘（米倉デザイン室）

この一冊で安心（いっさつ あんしん）
Google Pixel 9/9 Pro/9 Pro XL /9 Pro Fold　スタートブック（グーグル ピクセル ナイン プロ プロ エックスエル プロ フォールド）

2025年1月10日　初版第1刷発行

著　者　原田 和也（はらだ かずや）
発行者　出井 貴完
発行所　SBクリエイティブ株式会社
〒105-0001 東京都港区虎ノ門2-2-1
https://www.sbcr.jp/
印　刷　株式会社シナノ

落丁本、乱丁本は小社営業部にてお取り替えいたします。
定価はカバーに記載されております。
Printed in Japan　ISBN978-4-8156-3014-0